020例　调整曝光不足的照片

022例　变化照片中的颜色

026例　制作单色照片效果

028例　修复照片中的红眼

029例　修复被撕裂的照片

036例　翻新老照片

037例　消除照片中的紫边

038例　清除多余的人物

040例　更换照片背景

041例　清除图像边缘色调

044例　高反差保留锐化

045例　通道边缘锐化

047例　高斯柔化

048例　图层柔化

049例　高级柔化

050例　修整人物唇型

052例　美白人物牙齿

053例　给人物瘦脸

058例　上眼影

068例　扫描线效果

069例　撕裂的照片效果

071例　制作底片效果

072例　冰封图像效果

074例　拼贴图像效果

081例　水彩效果

082例　梦幻图像效果

084例　细雨蒙蒙

085例　淡色艺术效果

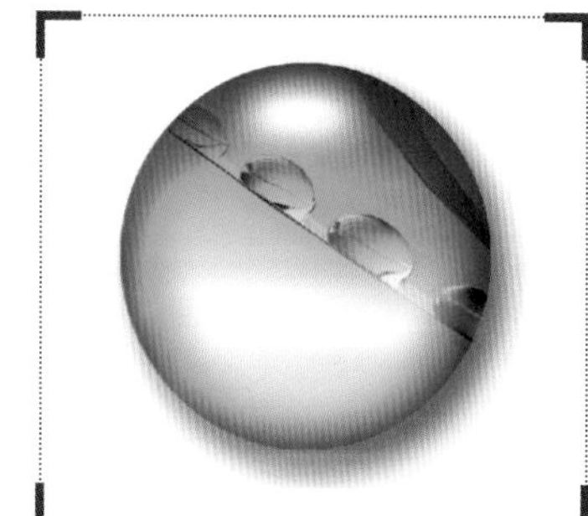

086例　梦幻水晶效果

089例　梦幻烟雨

092例　浮雕边框

094例　喷溅边框

096例　染色玻璃边框

097例　工笔画美女

099例　浪漫彩虹

100例　双胞胎效果

101例　制作桌面壁纸

102例　磨砂玻璃效果

104例　天使的翅膀

105例　阳光的味道

108例　邮票效果

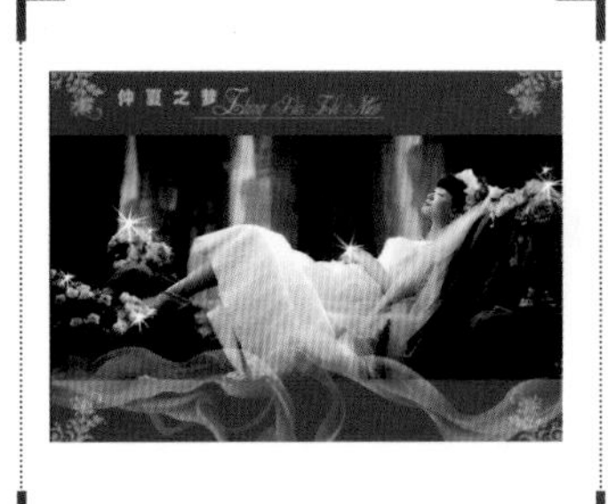

112例　梦游仙境

113例　永恒的爱恋

114例　你的微笑

115例　艺术照设计

116例　蜗牛小孩

117例　星座天使

经典技法118例

中文版 Photoshop 数码照片处理经典技法118例

一线科技 曾 全 邱雅莉 编著

飞思数字创意出版中心 监制

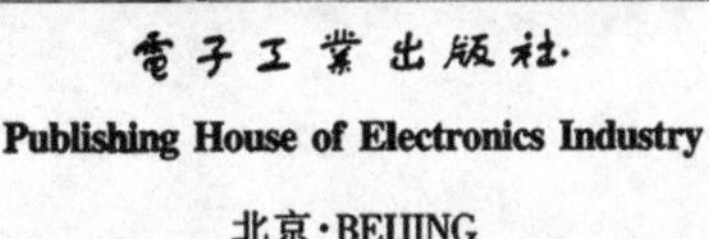

電子工業出版社

Publishing House of Electronics Industry

北京·BEIJING

内容简介

本书由经验丰富的设计师执笔编写，详细地介绍了Photoshop CS5中文版在数码照片处理方面的应用技巧。全书精心设计了118个常用的照片处理技巧和照片艺术化、特效化制作实例，对每个实例的制作步骤都进行了详细介绍，并且包括了一些对制作方法和思路的阐述，使读者在实践中可以举一反三。

本书由浅入深地讲解了Photoshop CS5在数码照片处理方面的应用，包括照片的基本调整、照片的色彩调整、修复有缺陷的照片、照片的锐化与柔化、人物照片美容、为照片添加特效、数码照片艺术化、照片合成与装饰，以及数码照片之商业应用等案例。全书通过对118个经典案例制作步骤的讲解，全面地介绍了Photoshop CS5的知识与应用，让读者在练习中学习既能积累实用的工作经验，又能掌握Photoshop软件的应用。

本书适用于初、中级水平的电脑使用者学习使用，同时也可以作为大中专院校相关专业的教材及各类社会培训学校的教学参考书使用。

图书在版编目（CIP）数据

中文版Photoshop数码照片处理经典技法118例 / 曾全, 邱雅莉编著. -- 北京 : 电子工业出版社, 2012.5
（经典技法118例）

ISBN 978-7-121-15800-1

Ⅰ. ①中… Ⅱ. ①曾… ②邱… Ⅲ. ①图像处理软件，Photoshop Ⅳ. ①TP391.41

中国版本图书馆CIP数据核字(2012)第012608号

责任编辑：侯琦婧
特约编辑：陈晓婕 李新承
印　　刷：
装　　订：北京市蓝迪彩色印务有限公司
出版发行：电子工业出版社
　　　　　北京市海淀区万寿路173信箱　　邮编：100036
开　　本：787×1092　1/16　印张：20.5　字数：524.8千字　彩插：2
印　　次：2012年5月第1次印刷
定　　价：59.00元（含光盘1张）

凡所购买电子工业出版社图书有缺损问题，请向购买书店调换。若书店售缺，请与本社发行部联系，联系及邮购电话：（010）88254888。

质量投诉请发邮件至zlts@phei.com.cn，盗版侵权举报请发邮件至dbqq@phei.com.cn。

服务热线：（010）88258888。

Preface

前言

现在市面上的电脑书籍琳琅满目、种类繁多，读者面对这类书籍往往不知道该如何选择，那么选择一本好书的根本方法是什么呢？

首先，要看这本书所讲内容的实用性，所讲内容是否为最新的知识，是否紧跟时代的发展；其次，看其讲解方法是否合理，是否易于接受；最后，看其内容是否丰富，是否物超所值。

■ 丛书主要特色

作为一套面向初、中级电脑使用者的图书，《中文版Photoshop数码照片处理经典技法118例》系列丛书的语言流畅、版式精美，书中案例完全是从实践的角度出发。该丛书采用目前市场上最新版本的软件，以全程图解的讲解方式带领读者轻松愉悦地学习，让读者能够快速、全面地掌握软件的应用技巧和案例设计的精髓。

◎ 案例精美专业、学以致用

《中文版Photoshop数码照片处理经典技法118例》在案例选择上更加精美、实用，学以致用是本丛书最根本的宗旨。

从书案例在结构安排上逻辑清晰、由浅入深，符合循序渐进、逐步提高的学习方法。丛书精选了适合初学读者快速入门、轻松掌握的案例与技能，再配合相应操作技巧的详细讲解，可以达到事半功倍、学以致用的效果。

◎ 全程图解教学、一学就会

《中文版Photoshop数码照片处理经典技法118例》丛书使用“全程图解”的讲解方式，以图形为主、文字为辅。

首先以简洁、流畅的语言对操作内容进行说明，然后以图形的表现方式将各种操作直观地表现出来。形象地说，初学者只需“按图索骥”对照图书中讲解的操作步骤进行操作练习，即可快速掌握书中所讲的丰富技能。

◎ 全新教学体例、轻松自学

作者在编写本丛书时，非常注重初学者的认知规律和学习心态，每个案例都安排了“学习目的”、“技法解析”、“光盘路径”等内容，以使读者在自学过程中提高学习效率。

◎ 知识全面 内容超值

从书在讲解中，全面地介绍了软件的知识与应用，虽然仍属于纯案例图书，但是内容丰富、超值实用。

■ 本书内容结构

Photoshop CS5是目前Adobe公司推出的最新版本图形图像处理软件，其功能强大、操作方便，是当今功能最强大、使用范围最广泛的平面图形图像处理软件之一。Photoshop CS5因其良好的工作界面、强大的图像处理功能，以及完善的可扩充性，而成为摄影师、专业照片处理人员、专业美工人员、平面广告设计者，以及广大电脑爱好者的必备工具。

本书定位于Photoshop的初、中级读者，从一个数码照片和图像处理初学者的角度出发，合理安排知识点，运用简练流畅的语言，结合丰富实用的实例，由浅入深地对Photoshop CS5照片处理功能进行讲解，让读者可以在最短的时间内学习到最实用的知识，轻松掌握Photoshop CS5照片处理的应用方法和技巧。

本书共9章，各章的主要内容如下：

PART 01：本章将重点介绍照片的基本调整方法，其中包括图像的裁切、改变图像的效果等内容，使图像更加具有感染力。

PART 02：本章将介绍图像色彩和色调的调整方法，通过这些方法能够将照片的画面色彩调整得更加丰富、漂亮。

PART 03：本章将通过多个案例详细讲解修复工具组的操作方法，让读者能够通过这些方法更好地修复有缺陷的照片。

PART 04：本章主要是介绍照片处理技术中的锐化和柔化操作方法。

PART 05：本章主要讲解如何进行人物照片的美容处理。

PART 06：本章主要介绍使用滤镜命令给数码照片添加特效的技术，讲解了如何巧妙地结合Photoshop中的多种滤镜命令，为图像添加各种特殊效果，从而制作出经典案例效果。

PART 07：本章将结合人物照片和风景照片对照片艺术化处理的方法和技巧进行讲解。

PART 08：本章主要介绍对数码照片的创意表现，讲解了如何巧妙地运用Photoshop软件，本章通过不同的方法制作出12个经典的案例效果。

PART 09：本章将介绍一些常见商业应用案例的设计处理技巧，主要包括个人写真照片设计和儿童照片设计。

■ 本书读者对象

本书内容丰富、结构清晰、图文并茂、通俗易懂，专为初、中级读者编写，适合以下读者学习使用：

（1）从事照片摄影的工作者及摄影爱好者。

（2）从事照片处理和图像修饰的工作者。

（3）对Photoshop感兴趣的业余爱好者和自学者。

（4）在电脑培训班中学习图像处理的学员。

（5）大中专院校相关专业的学生。

■ 本书创作团队

本书由一线科技和卓文编写，设计实例由在相应的设计公司任职的专业设计人员创作提供，在此对他们为本书的辛勤劳动深表感谢。由于编写时间仓促，书中难免有疏漏与不妥之处，欢迎广大读者来信咨询指正，我们将认真听取您的宝贵意见，推出更多的精品图书，联系网址：http://www.china-ebooks.com。

编著者

2011年5月

Contents

Contents

PART 05 人物照片美容......97

PART 06 为照片添加特效......135

Contents

Contents

PART 07 数码照片艺术化 179

PART 08 照片合成与装饰 227

PART 09 综合案例.......................................275

Contents

PART 01

照片的基本调整

本章将介绍照片的基本调整方法，其中包括图像的裁切、改变图像的效果等内容。

在Photoshop中，对图像进行快速裁切和放大、旋转和翻转等可以处理常见的照片问题，从而使照片更加符合用户需要。

效果展示 XIAOGUO ZHANSHI

实例001 裁切照片

本实例将介绍裁切照片的方法，并介绍裁剪工具的使用方法，实例的原照片和处理后的照片对比效果如图1-1所示。

原图

效果图

图1-1 效果对比

技法解析

本实例介绍了裁切照片的操作方法，首先选择裁剪工具，然后在图像左上方单击选择定位点并确定裁切范围，最后进行确定即可完成裁切照片的操作。

	实例路径	实例\第1章\建筑.psd
	素材路径	素材\第1章\建筑.jpg

步骤01 按【Ctrl+O】组合键打开“建筑.jpg”照片素材，如图1-2所示。

图1-2 打开照片素材

图1-3 选择定位点

步骤02 选择工具箱中的裁剪工具，在打开的素材图像左上方单击选择定位点，如图1-3所示。

步骤03 按住鼠标左键拖动到适当的位置，然后松开鼠标左键，形成裁切区域，如图1-4所示。

图1-4 裁切区域

步骤04 按住鼠标左键拖动裁切框，对需要裁剪的区域进行调整，如图1-5所示。

图1-5 调整裁剪区域

步骤05 在裁剪区域中双击，即可完成照片的基本裁切，完成本实例的制作效果如图1-6所示。

图1-6 照片裁切效果

实例002 定制裁切照片

本实例将介绍照片定制裁切的方法，实例的原照片和处理后的照片对比效果如图1-7所示。

原图

效果图

图1-7 效果对比

技法解析

本实例介绍了照片定制裁切的方法，首先在属性栏中设置"样式"的固定大小，然后在图像中指定需要选取的范围，这样可以快速地定位所需图像，从而方便、快速地裁切图像。

	实例路径	实例\第1章\漂亮女孩.psd
	素材路径	素材\第1章\漂亮女孩.jpg

步骤01 按【Ctrl+O】组合键打开“漂亮女孩.jpg”照片素材，如图1-8所示。

图1-8 打开照片素材

步骤02 选择矩形选框工具，在属性栏的“样式”下拉列表框中选择“固定大小”，并设置宽度和高度均为500px，如图1-9所示。

图1-9 设置选框属性

步骤03 单击照片，此时将在图像中出现一个已被指定大小的选区，效果如图1-10所示。

图1-10 创建选区

步骤04 执行“图像”→“裁切”命令，即可根据选区的大小裁切照片，然后按【Ctrl+D】组合键取消选区，即可完成照片定制裁切的操作。裁切后的效果如图1-11所示。

图1-11 裁切效果

技巧提示

在打开图像文件时，执行“文件”→“打开”命令，或者双击窗口的空白处都可以打开所需要的素材。

当用户选择矩形选框工具，并且在属性栏中设置固定比例的“宽度”和“高度”参数后，再进行裁剪操作时裁切框将按设置比例缩放。

实例003 透视裁切照片技术

透视裁切照片用于矫正倾斜的照片。本实例将介绍透视裁切照片的方法，实例的原照片和处理后的照片对比效果如图1-12所示。

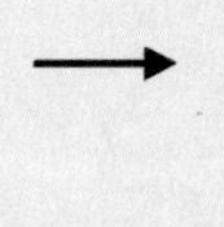

原图　　效果图

图1-12 效果对比

技法解析

本实例介绍了透视裁切照片的方法，首先设置好照片的大概裁剪区域，然后使用裁切的透视功能对裁切区域进行修改，最后进行确定即可完成透视裁切照片的操作。

	实例路径	实例\第1章\海边psd
	素材路径	素材\第1章\海边.jpg

步骤01 按【Ctrl+O】组合键打开“海边.jpg”照片素材，如图1-13所示。

图1-13 打开照片素材

步骤02 选择裁剪工具，在照片中按住鼠标左键拖动，形成图像的裁剪区域，如图1-14所示。

步骤03 在属性栏中选中“透视”复选框，然后按住鼠标左键拖动裁剪区域上方的控制柄，画面边缘将向右倾斜效果如图1-15所示，最后按【Enter】键即可得到透视裁切效果，如图1-16所示。

图1-14 设置裁剪区域

图1-15 倾斜边缘

图1-16 图像效果

技巧提示

当只需要获取图像的某一部分时，就可以使用裁剪工具来快速实现对多余部分的删除操作。

按【C】键可快速选择裁剪工具，按【Esc】键可放弃当前的裁切操作。

实例004 无损裁切照片大小

放大或缩小照片将影响到图像效果，为了在缩放照片时保持照片的整体质量，可以使用无损裁切照片大小的方法。实例的原照片和处理后的对比效果如图1-17所示。

原图

效果图

图1-17 效果对比

技法解析

本实例介绍了无损裁切照片大小的操作方法，使用了“画布大小”命令。在“画布大小”对话框中设置参数更改画布的大小，以使裁切后的照片保持原有的整体质量。

	实例路径	实例\第1章\天空.psd
	素材路径	素材\第1章\天空.jpg

步骤01 按【Ctrl+O】组合键打开“天空.jpg”照片素材，如图1-18所示。

图1-18 打开照片素材

技巧提示

当用户需要保存处理好的图像时，可以执行“文件”|“保存”命令，或者按【Ctrl+S】组合键对图像进行保存。

步骤02 执行“图像”|“画布大小”命令，打开“画布大小”对话框，然后选择定位点为画布中点处，如图1-19所示。

图1-19 选择定位点

步骤03 在该对话框中设置宽度为25厘米、高度为18厘米，如图1-20所示，然后单击“确定”按钮。

步骤04 在弹出的提示信息框中单击“继续”按钮，然后进行画布大小修改，完成以上操作后得到的照片最终效果如图1-21所示。

图1-20 设置画布大小

图1-21 照片最终效果

实例005 精细放大照片

本实例将介绍“精细放大照片”的操作方法。实例的原照片和处理后的照片对比效果如图1-22所示。

原图

效果图

图1-22 效果对比

技法解析

本实例介绍精细放大照片的操作方法，使用了“图像大小”命令。在“图像大小”对话框中设置参数更改图像的大小，并通过设置图像的分辨率来解决在放大照片时出现模糊不清现象的问题。

	实例路径	实例\第1章\照片精细放大.psd
	素材路径	素材\第1章\帆船.jpg

步骤01 按【Ctrl+O】组合键打开“帆船.jpg”照片素材，如图1-23所示。

图1-23 打开照片素材

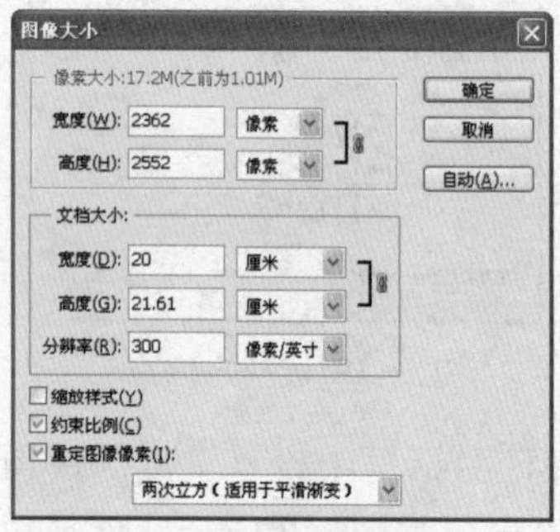

图1-24 修改参数

步骤02 执行“图像”|“图像大小”命令，然后在打开的“图像大小”对话框中选中“重定图像像素”和“约束比例”复选框，在“文档大小”选项区设置宽度为20厘米、“分辨率”为300像素/英寸，如图1-24所示。

步骤03 单击“图像大小”对话框中的“确定”按钮，即可放大照片。照片放大后的效果如图1-25所示。

图1-25 照片放大后的效果

实例006 照片翻转

本例将介绍如何在画布中翻转照片，主要介绍编辑中“变换”和“自由变换”命令的使用，实例的原照片和处理后的照片对比效果如图1-26所示。

原图

效果图

图1-26 效果对比

技法解析

本实例首先使用“变换”命令对照片进行旋转，然后在调节框以外的区域通过按住鼠标右键拖动照片对照片进行任意角度的旋转。

	实例路径	实例\第1章\照片翻转.psd
	素材路径	素材\第1章\小女孩.psd

步骤01 按【Ctrl+O】组合键打开“小女孩.psd”照片素材，如图1-27所示。

图1-27 打开照片素材

步骤02 执行“编辑”|“变换”|“旋转90度（顺时针）”命令，旋转照片，效果如图1-28所示。

图1-28 旋转照片

步骤03 执行“编辑”|“自由变换”命令，或者按下【Ctrl+T】组合键，打开“自由变换”调节框，在窗口中单击鼠标右键打开快捷菜单，选择“旋转180度”命令，同样可以旋转照片，效果如图1-29所示。

图1-29 旋转照片

步骤04 将鼠标光标移动到调节框以外的区域，当鼠标指针转换成旋转状态时按住鼠标左键并拖动，即可对图片进行任意角度的旋转，效果如图1-30所示。

图1-30 任意角度旋转

技巧提示

在对图像进行旋转操作时，必须保证该图像的图层没有被锁定，否则将无法对图像执行“变换”命令。

实例007 旋转照片

本实例将介绍将倾斜的照片调整过来的方法。本实例的原照片和处理后的照片对比效果如图1-31所示。

原图

效果图

图1-31 效果对比

本实例将介绍旋转照片的操作方法，首先使用“图像旋转”命令将照片旋转90度，然后使用“任意角度”命令对照片进行任意角度的旋转。

	实例路径	实例\第1章\小狗.psd
	素材路径	素材\第1章\可爱的小狗.jpg

步骤01 按【Ctrl+O】组合键打开“可爱的小狗.jpg”照片素材，如图1-32所示。

图1-32 打开照片素材

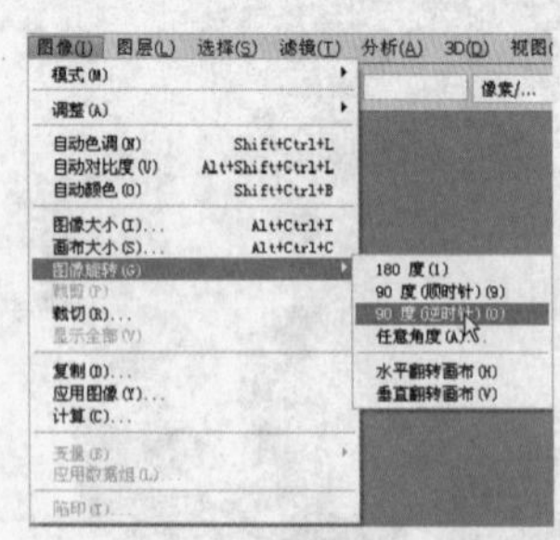

图1-33 选择命令

步骤02 执行“图像”|“图像旋转”|“90度（逆时针）”命令，如图1-33所示，旋转后的图像效果如图1-34所示。

图1-34 旋转后的效果

步骤03 执行“图像”|“图像旋转”|“任意角度”命令，打开“旋转画布”对话框，设置旋转角度为顺时针5度（顺时针），如图1-35所示。

图1-35 设置参数

图1-36 旋转后的效果

步骤04 单击“确定”按钮，完成实例的制作，旋转后的图像效果如图1-36所示。

技巧提示

调整倾斜的照片，也可以使用“变换”命令中的旋转功能，根据需求选择相应的旋转命令。

实例008 制作个人证件照

本实例将介绍使用生活中的照片制作个人证件照的方法，实例的原照片和处理后的照片对比效果如图1-37所示。

原图　　效果图

图1-37 效果对比

技法解析

本实例所制作的个人证件照，首先使用了裁剪工具，通过这个工具可以很方便地设置单张证件照的尺寸，然后将这个图像定义为图案，得到最终的证件照效果。

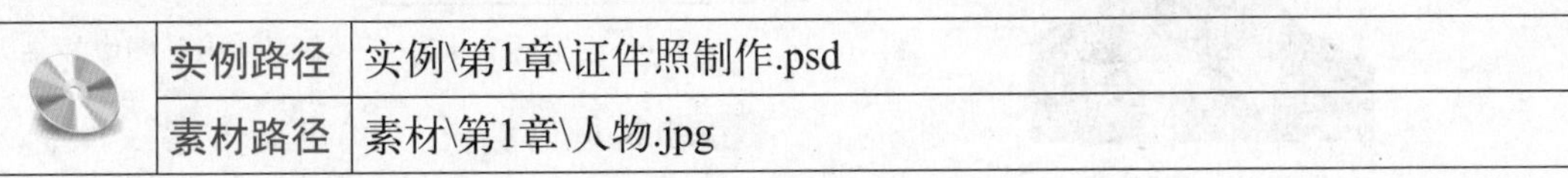	实例路径	实例\第1章\证件照制作.psd
	素材路径	素材\第1章\人物.jpg

步骤01 按【Ctrl+O】组合键打开素材“人物.jpg”文件，如图1-38所示。

图1-38 打开照片素材

步骤02 选择工具箱中的裁剪工具，在属性栏中设置宽度为3.5厘米、高度为4.5厘米、分辨率为150像素/厘米，如图1-39所示。

图1-39 设置属性栏

步骤03 设置好属性栏后，在窗口中创建裁切区域，如图1-40所示，然后按【Enter】键确定，完成裁切操作，裁切效果如图1-41所示。

图1-40 创建裁切区域

图1-41 裁切效果

步骤04 选择魔棒工具单击图像中的背景图像，然后按住【Shift】键加选没有被选到的部分背景图像，直至获取完整的背景选区，如图1-42所示。

图1-42 获取背景选区

步骤05 设置前景色为R185、G25、B25，然后按【Alt+Delete】组合键填充选区颜色，如图1-43所示。

图1-43 填充颜色

步骤06 单击图像窗口的“标题栏”，在弹出的快捷菜单中选择“画布大小”选项，然后在打开的“画布大小”对话框中分别将宽度和高度增加0.5厘米，如图1-44所示，扩展后的图像效果如图1-45所示。

图1-44 设置画布大小

图1-45 图像效果

步骤07 执行“编辑”|“定义图案”命令，打开“图案名称”对话框，设置图案名称

为“证件”，如图1-46所示。

图1-46 设置图案名称

步骤08 执行“文件”|“新建”命令，打开“新建”对话框，设置名称为证件照、宽度为20.5厘米、高度为12.7厘米、分辨率为300像素/英寸，其余设置如图1-47所示。

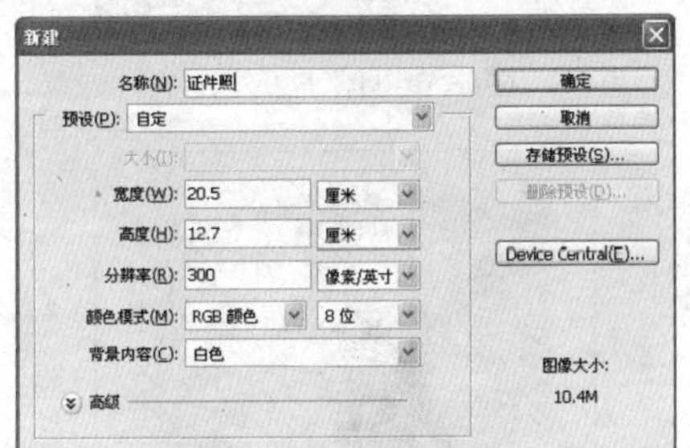

图1-47 新建文件设置

步骤09 选择工具箱中的油漆桶工具，在属性栏左端的下拉列表中选择“图案”选项，然后单击选中刚刚存储的“证件”图案，如图1-48所示。

图1-48 选择图案

步骤10 在新建文件窗口中单击，填充图案，完成证件照的制作，图像效果如图1-49所示。

图1-49 图像效果

实例009 对照片边缘进行羽化处理

本实例将介绍对照片边缘进行羽化处理的方法。实例的原照片和处理后的照片对比效果如图1-50所示。

原图

效果图

图1-50 效果对比

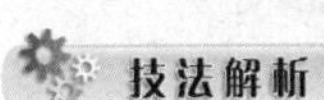

技法解析

本实例主要介绍图像的羽化操作方法，首先在图像中绘制矩形选区并羽化选区，然后反向选择图像，并做删除；最后绘制其他选区，做同样的操作。

	实例路径	实例\第1章\羽化效果.psd
	素材路径	素材\第1章\登山.jpg

步骤01 打开“登山.jpg”文件，选择工具箱中的矩形选框工具，按住鼠标左键从图像的左上角往右下角拖动，绘制矩形选区，效果 如图1-51所示。

图1-51 绘制矩形选区

步骤02 执行“选择”|“反选”命令，反向选择选区，即选择选区以外的区域，如图1-52所示。

图1-52 反向选择选区

步骤03 执行“选择”|“羽化”命令，在打开的“羽化选择”对话框中设置羽化半径为30像素，如图1-53所示。

图1-53 设置羽化半径

步骤04 单击“确定”按钮，可以看见选区变为圆角矩形，如图1-54所示。

步骤05 按【D】键，恢复前景色与背景色的默认值，然后按【Delete】键，将选区中的图像删除，效果如图1-55所示，再按【Ctrl+D】组合键取消选区。

图1-54 羽化后的选区

图1-55 删除选区图像

步骤06 使用椭圆选框工具对图像进行羽化的方法与矩形选框工具相同，其效果如图1-56所示。将图像放到一起，得到的最终图像效果如图1-57所示。

图1-56 椭圆形效果

图1-57 最终图像效果

实例010 输入照片

本实例将介绍将拍摄好的照片输入到电脑中的操作方法。输入照片的操作流程如图1-58所示。

连接相机

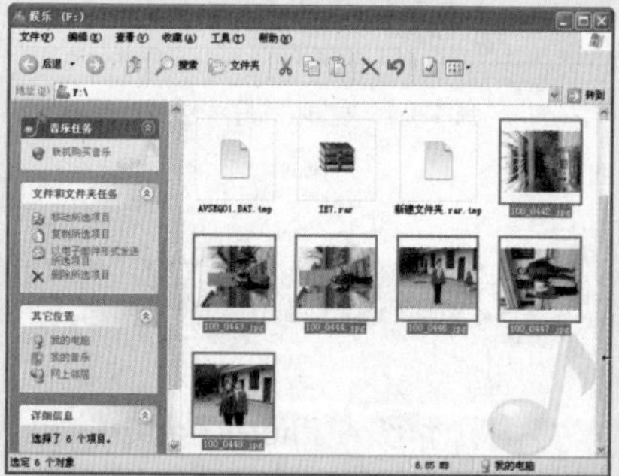

输入照片

图1-58 操作流程

技法解析

本实例以柯达普通相机为例，介绍利用数据线将数码相机连接到电脑上，然后将相机中的照片输入到电脑中的操作方法。

	实例路径	实例\第1章\无
	素材路径	素材\第1章\无

步骤01 用数据线将数码相机连接到电脑上，打开相机，电脑会自动显示出一个对话框，提示已经连接相机，如图1-59所示。

图1-59 连接相机

步骤02 选择默认设置，单击“确定”按钮，查看照片文件，如图1-60所示。

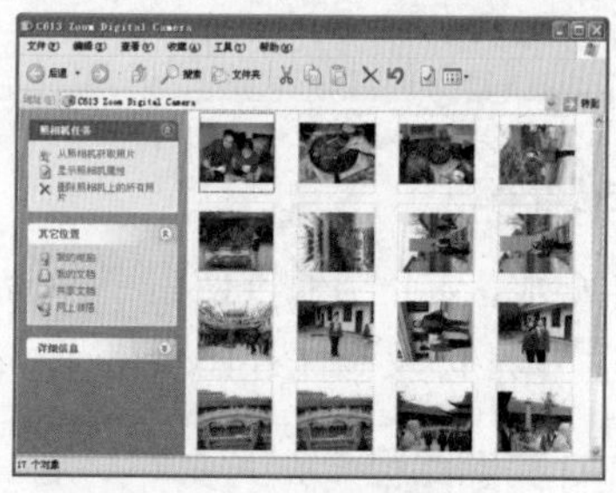

图1-60 查看照片

步骤03 选择所需的照片文件，按【Ctrl+C】组合键复制照片，如图1-61所示。

步骤04 选择保存的位置按【Ctrl+V】组合键粘贴照片，效果如图1-62所示。

技巧提示

不同品牌的数码相机导入到电脑中所显示的“导入”对话框会有所不同。

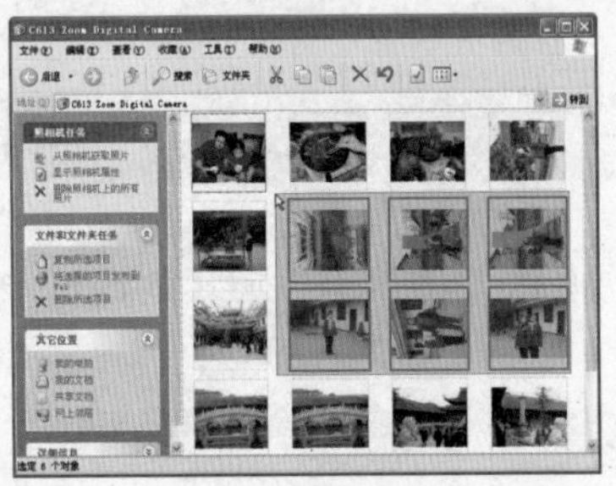

图1-61 复制照片

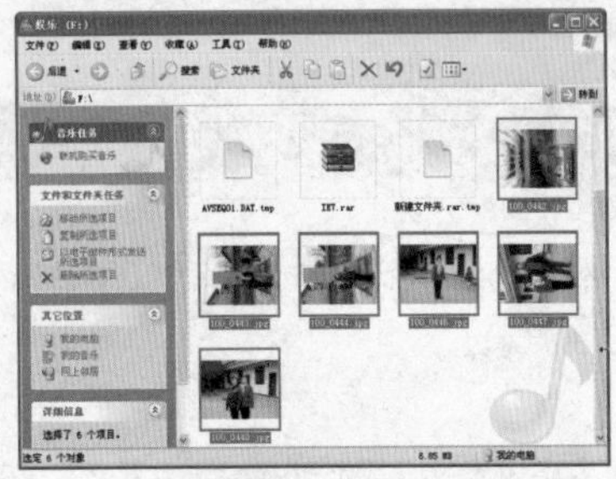

图1-62 粘贴照片

实例011 输出照片文件

本实例将介绍在Photoshop中输出照片文件的方法。输出照片的操作流程如图1-63所示。

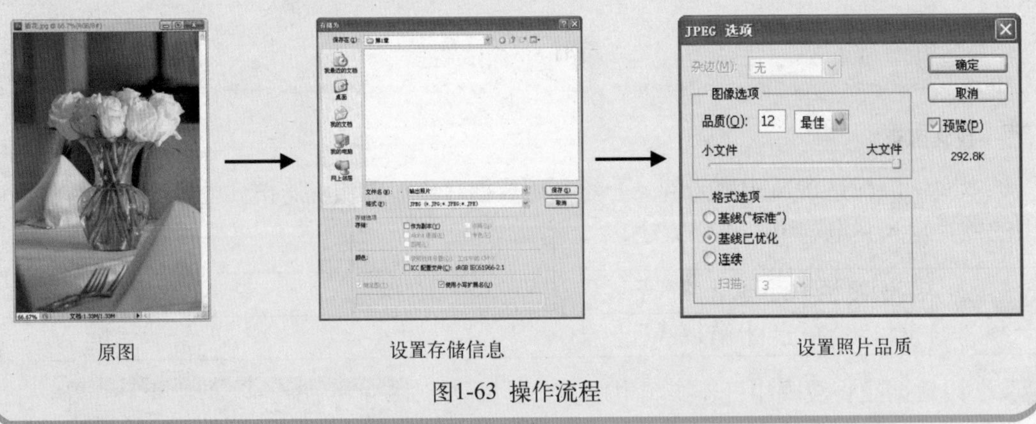

原图　　设置存储信息　　设置照片品质

图1-63 操作流程

技法解析

本实例主要介绍通过使用“存储为”命令将照片以不同的格式输出的操作方法，在输出的过程中还涉及到保存图像格式、路径，以及图像品质等设置。

	实例路径	实例\第1章\无
	素材路径	素材\第1章\插花.jpg

步骤01 打开“插花.jpg”素材照片，如图1-64所示，然后执行“文件”|“存储为”命令，如图1-65所示。

图1-64 打开素材照片

技巧提示

这里选择“存储为”命令是为了另存文件，以便进行文件格式的设置等操作。

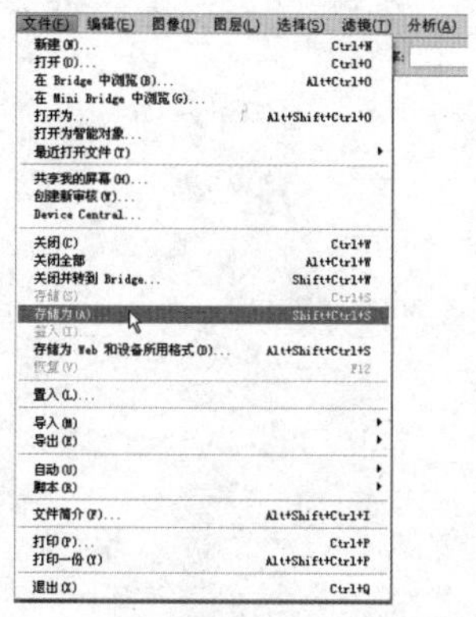

图1-65 选择命令

步骤02 在“存储为”对话框中设置好照片的路径和名称，如图1-66所示，然后在“格式”下拉列表中根据需要选择一种格式，如图1-67所示。

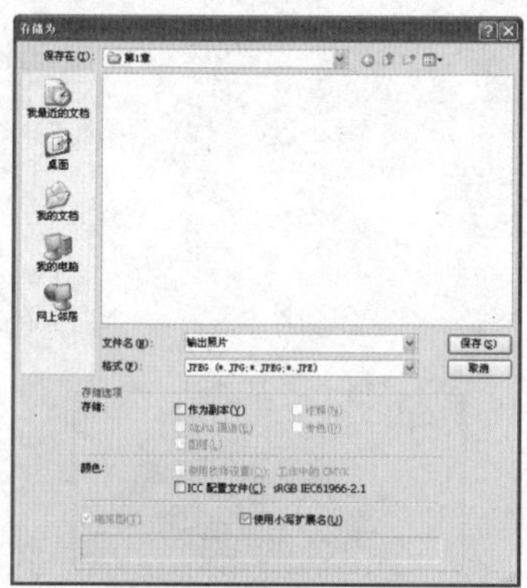

图1-66 “存储为”对话框

图1-67 选择文件格式

步骤03 单击“保存”按钮，以指定的格式保存照片。将照片保存为jpg格式时，系统会自动弹出“JPEG选项”对话框，如图1-68所示，在该对话框中设置照片的品质，然后单击“确定”按钮即可。

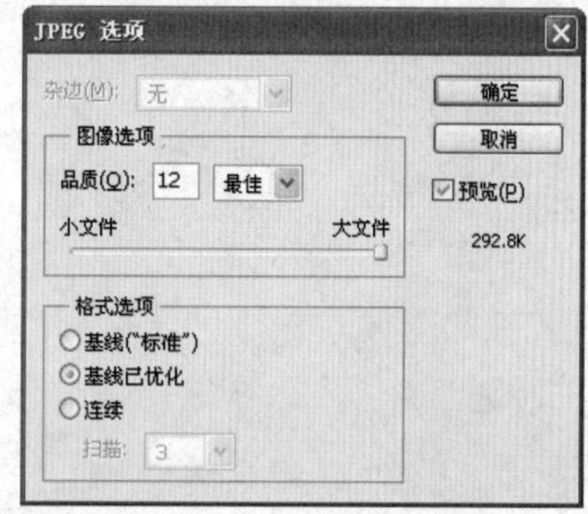

图1-68 设置照片品质

演绎不一般的精彩，

图说经典设计理念

PART

02 照片的色彩调整

本章将介绍照片的色彩调整方法，通过改变图像色调得到自己想要的图像效果。

在Photoshop中，对图像进行色彩与色调调整可以处理常见的照片问题，从而使照片色彩更加靓丽迷人，这些基本调整方法包括调整和校正照片色彩、调整照片曝光度等。

效果展示 XIAOGUO ZHANSHI

实例012 修复色彩失真的照片

本实例将介绍修复色彩失真照片的操作方法。实例的原照片和处理后的照片对比效果如图2-1所示。

原图

效果图

图2-1 效果对比

本实例主要使用了“变化”和“色彩平衡”命令对颜色进行修复。在修复照片时，首先查看照片色彩的偏色情况，然后根据所缺的颜色增加相应的色彩。

	实例路径	实例\第2章\修复失真照片.psd
	素材路径	素材\第2章\田野.jpg

步骤01 按【Ctrl+O】组合键打开“田野.jpg”照片素材，如图2-2所示。

图2-2 打开照片素材

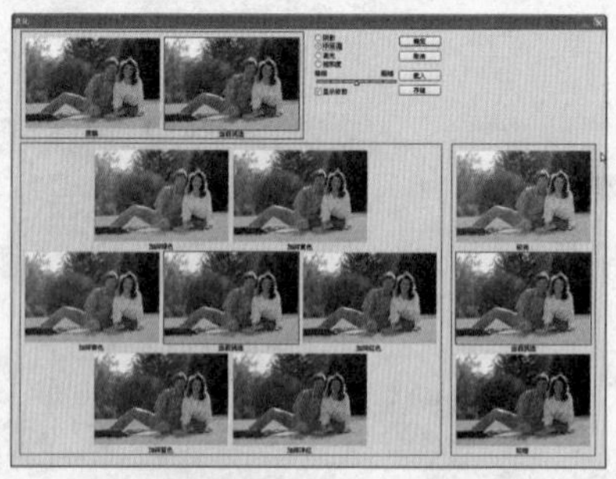

图2-3 “变化”对话框

步骤02 执行“图像”|“调整”|“变化”命令，打开“变化”对话框，选择“中间调”选项，如图2-3所示。

步骤03 由于照片颜色严重偏紫色和红色，所以首先修复紫色调，单击一次“加深青色”，让紫色得以平衡，效果如图2-4所示。

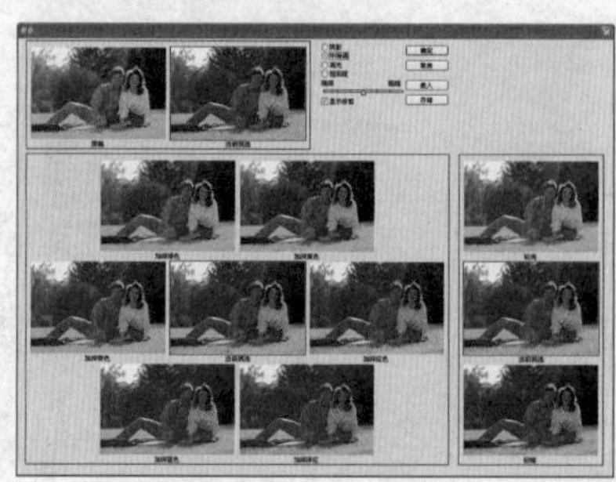

图2-4 加深青色

步骤04 单击一次“加深绿色”，让红色得以平衡效果如图2-5所示，单击“确定”按钮返回画面中，照片色彩效果如图2-6所示。

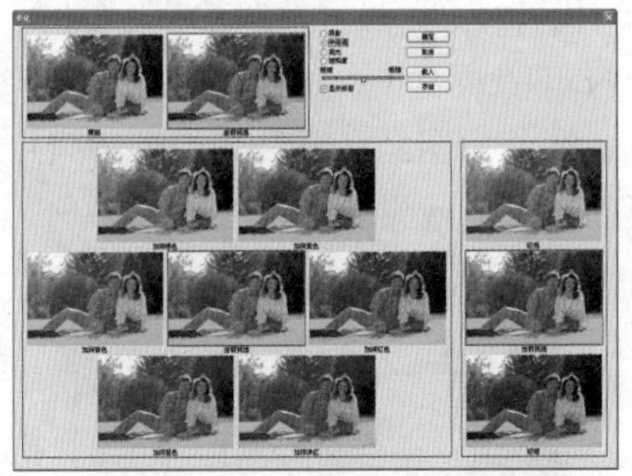

图2-5 加深绿色

图2-6 照片色彩效果

步骤05 执行“图像”|“调整”|“色相/饱和度”命令，打开“色相/饱和度”对话框，从中设置其参数，然后单击“确定”按钮，完成照片色彩的修复，效果如图2-7所示。

图2-7 照片调整后的效果

技巧提示

“变化”命令可通过调整对话框中的图像缩览图，来调整图像的色彩平衡、对比度和饱和度。该命令适用于不需精确调整某一种颜色，而只需调整平均色调的图像。需要注意的是该命令不能在索引颜色图像和16位通道图像中应用。

实例013 使用曲线调节照片的颜色

本实例将介绍使用“曲线”命令调节照片颜色的操作方法。调整照片前后的对比效果如图2-8所示。

原图

效果图

图2-8 效果对比

技法解析

本实例介绍调节照片颜色的操作方法，首先使用“自动色调”命令对照片明暗度进行调整，然后使用“曲线”命令，在“曲线”对话框中调整照片的整体色彩效果。

实例路径	实例\第2章\照片曲线调整.psd
素材路径	素材\第2章\向日葵.jpg

步骤01 按【Ctrl+O】组合键打开“向日葵.jpg”照片素材，如图2-9所示。

图2-9 打开照片素材

步骤02 执行“图像”|“自动色调”命令，系统将自动调整图像的明暗度，得到的图像效果如图2-10所示。

图2-10 调整后的图像效果

步骤03 执行“图像”|“调整”|“曲线”命令，打开“曲线”对话框，在该对话框中调整曲线，如图2-11所示，完成对照片整体色彩的调整，效果如图2-12所示。

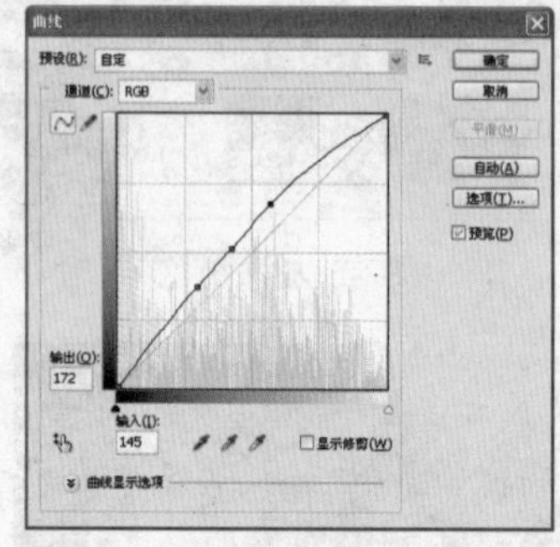

图2-11 调整曲线

图2-12 整体调整后的图像效果

实例014 调节照片的色彩平衡

本实例将介绍调节色彩平衡的方法，实例的原照片和处理后的照片对比效果如图2-13所示。

原图

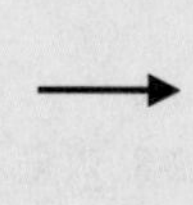

效果图

图2-13 效果对比

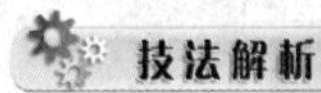

本实例主要使用了“色彩平衡”命令对照片的整体颜色进行调整，通过对照片整体色调进行统一，达到最满意的颜色效果。

	实例路径	实例\第2章\照片色彩平衡.psd
	素材路径	素材\第2章\冬天花朵.jpg

步骤01 按【Ctrl+O】组合键打开“冬天花朵.jpg”照片素材，如图2-14所示。

图2-14 打开照片素材

步骤02 执行“图像”|“调整”|“色彩平衡”命令，打开“色彩平衡”对话框，在该对话框中降低青色参数，如图2-15所示，得到的色彩平衡图像效果如图2-16所示。

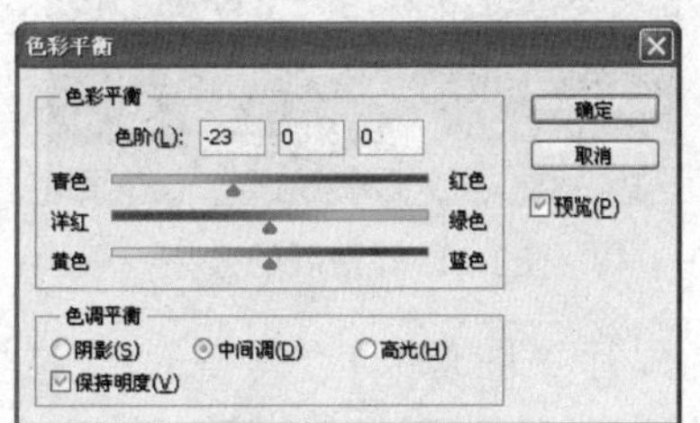

图2-15 调整参数

图2-16 调整后的效果

步骤03 为了使整个图像色调更加柔和，再加强一些蓝色效果，调整后的图像最终效果如图2-17所示。

图2-17 调整后的图像最终效果

技巧提示

按【Alt+Delete】组合键可填充前景色，按【Ctrl+Delete】组合键可填充背景色。

实例015 处理照片亮度不足的问题

本实例将介绍对亮度不足的照片进行调节的方法。实例的原照片和处理后的照片对比效果如图2-18所示。

原图

效果图

图2-18 效果对比

技法解析

本实例介绍对亮度不足的照片进行调节的方法，首先使用“曲线”命令对照片细节明暗度进行调整，然后使用“亮度/对比度”命令调整照片的整体亮度。

	实例路径	实例\第2章\照片亮度不足.psd
	素材路径	素材\第2章\鲜花.jpg

步骤01 按【Ctrl+O】组合键打开“鲜花.jpg”照片素材，如图2-19所示。

图2-19 打开照片素材

图2-21 调整后的效果

步骤02 执行“图像”|“调整”|“曲线”命令，在对话框中调整照片的细节明暗度，如图2-20所示，调整后的效果如图2-21所示。

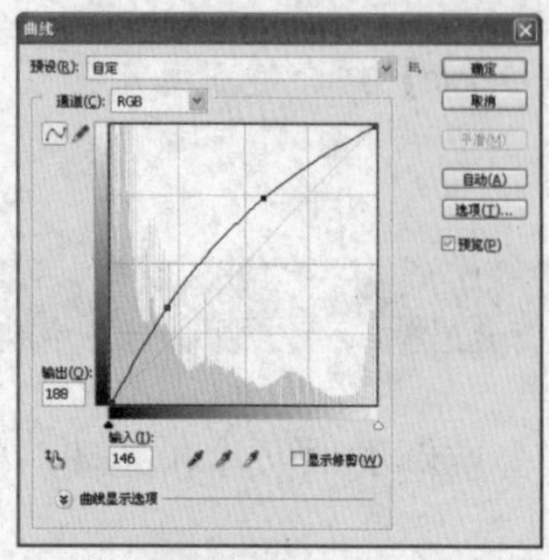

图2-20 “曲线”对话框

步骤03 执行“图像”|“调整”|“亮度/对比度”命令，打开的“亮度/对比度”对话框，从中设置“亮度”参数，调整照片的整体亮度，最终效果如图2-22所示。

图2-22 最终效果

实例016 调节照片对比度

本实例将介绍调节对比度不足的照片的操作方法。实例的原照片和处理后的照片对比效果如图2-23所示。

原图

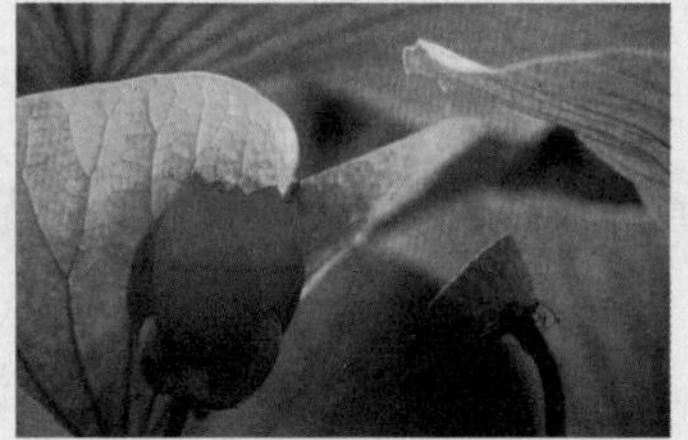

效果图

图2-23 效果对比

技法解析

本实例介绍调节对比度不足的照片的操作方法，首先使用“色阶”命令精细调整照片的亮度，然后使用“亮度/对比度”命令对照片整体亮度进行调整。

	实例路径	实例\第2章\调节照片对比度.psd
	素材路径	素材\第2章\荷花.jpg

步骤01 按【Ctrl+O】组合键打开“荷花.jpg”照片素材，如图2-24所示。

图2-24 打开照片素材

步骤02 执行“图像”|“调整”|“色阶”命令，打开“色阶”对话框，如图2-25所示，在该对话框中调整平衡整个图像的明暗度，调整后的图像效果如图2-26所示。

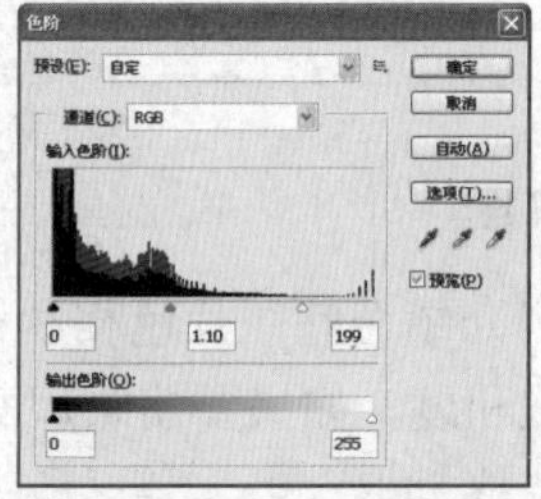

图2-25 调整图像色阶

图2-26 调整后的效果

技巧提示

“色阶”命令能有效地调整图像的色调范围，该命令的功能主要是用于处理逆光照、光线不足、曝光过度等照片。

步骤03 选择“图像”|“调整”|“亮度/对比度”命令，调整照片整体亮度，在打开的“亮度/对比度”对话框中设置对比度参数如图2-27所示，调整后得到的图像最终效果如图2-28所示。

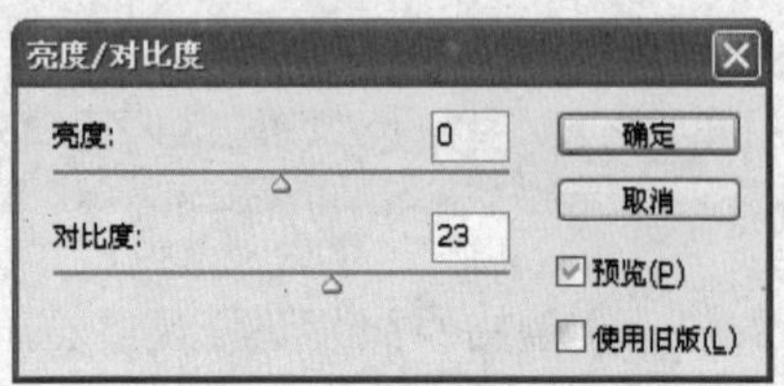

图2-27 调整对比度

图2-28 最终效果

实例017 调整照片的色相和饱和度

本实例将介绍调整照片色相和饱和度的方法。实例的原照片和处理后的照片对比效果如图2-29所示。

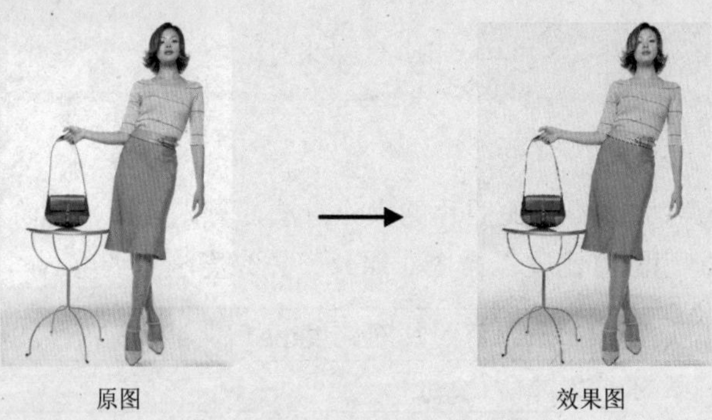

图2-29 效果对比

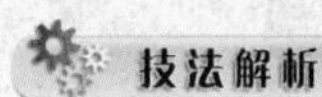

本实例介绍调整照片色相和饱和度的方法，首先使用“色相/饱和度”命令调整照片的色相和饱和度，如果要使照片变成一幅单色彩的照片，可以选中该对话框中的“着色”选项进行调整。

	实例路径	实例\第2章\色相和饱和度.psd
	素材路径	素材\第2章\拿包的女人.jpg

步骤01 按【Ctrl+O】组合键打开“拿包女人.jpg”照片素材，如图2-30所示。

步骤02 执行“图像”|“调整”|“色相/饱和度”命令，打开“色相/饱和度”对话框，选择“全图”下拉列表框中的“黄色”，调整色相并降低图像饱和度，如图2-31所示，调整后得到的图像效果如图2-32所示。

图2-30 打开照片素材

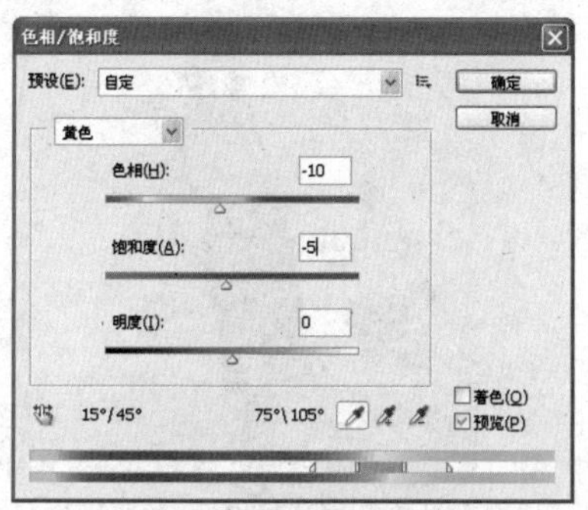
图2-31 调整参数

图2-32 调整后的图像效果

步骤03 接着调整照片整体色调。为了增强图像整体饱和度，可以将“饱和度”滑块向右移动，如图2-33所示，增强饱和度后的图像效果如图2-34所示。

步骤04 现在的图像有些偏红，将“色相”滑块向右移动，使图像更接近自然色，然后适当地调整图像明度，如图2-35所示，调整后得到的图像效果如图2-36所示。

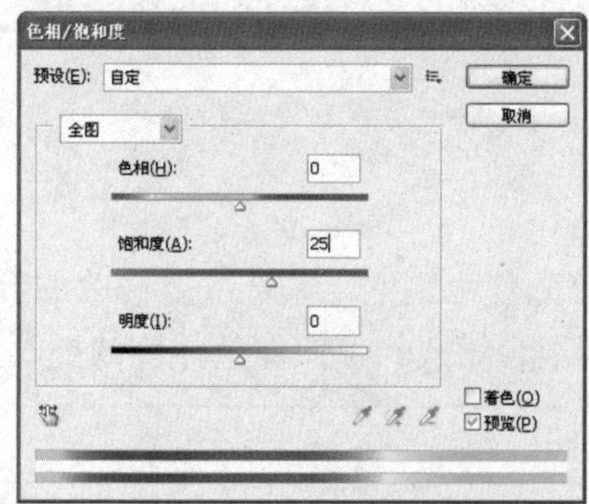
图2-33 调整饱和度

图2-34 图像效果

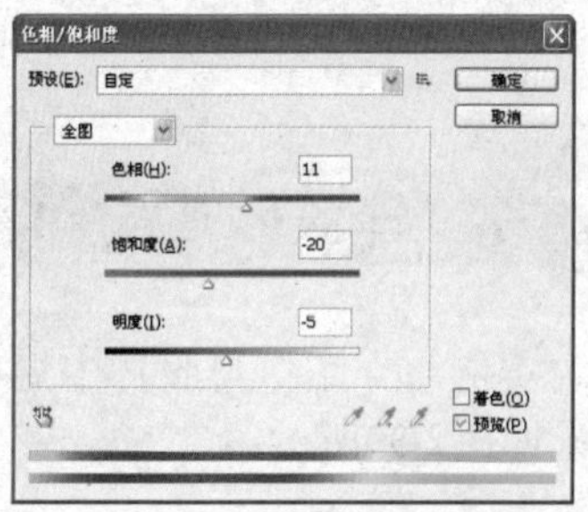
图2-35 调整图像色相/饱和度

图2-36 图像效果

步骤05 选中“着色”复选框，调整参数如图2-37所示，可以将一幅灰色或黑白图像变成一幅单色彩的图像，得到最终图像效果如图2-38所示。

技巧提示

在“色相/饱和度”对话框中相应的数字框中输入数字或拖动下方的滑块可改变图像的色相、饱和度和明度。

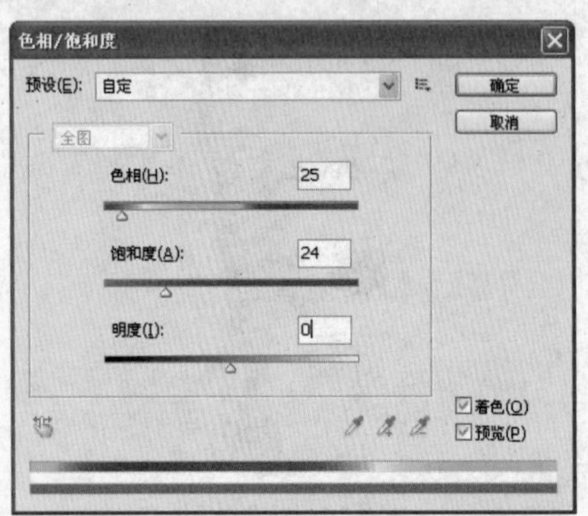

图2-37 选中“着色”复选框

图2-38 最终效果图

实例018 修改照片局部颜色

本实例将介绍更换照片中局部颜色的操作方法，实例的原照片和处理后的照片对比效果如图2-39所示。

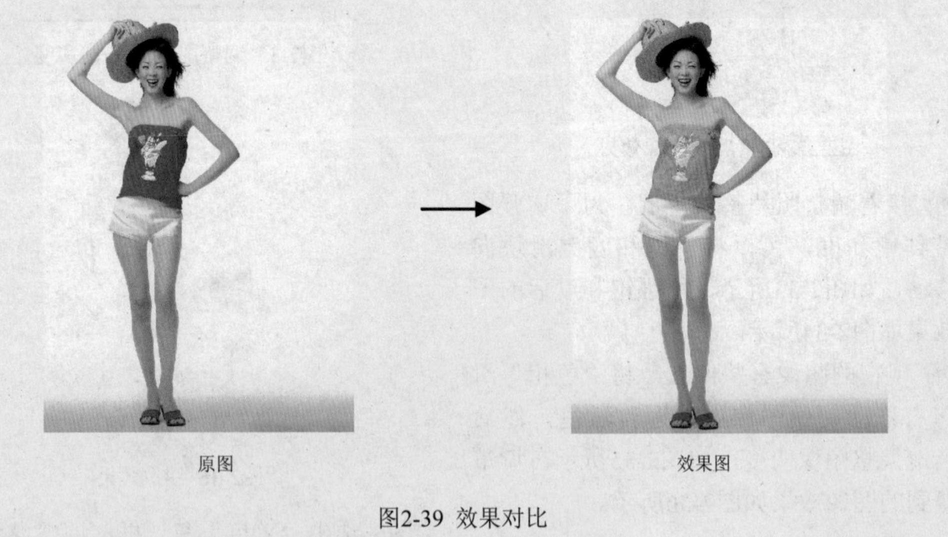

图2-39 效果对比

技法解析

本实例介绍更换照片中局部颜色的操作方法，首先使用钢笔工具选取要修改的颜色范围，然后新建图层，填充修改范围，最后设置图层的混合模式，使图像整体色调更柔和。

	实例路径	实例\第2章\修改照片局部颜色.psd
	素材路径	素材\第2章\夏季女人.jpg

步骤01 按【Ctrl+O】组合键打开“夏季女人.jpg”照片素材，如图2-40所示。

图2-40 打开照片素材

步骤02 选择工具箱中的钢笔工具，将人物衣服勾画出来，效果如图2-41所示。

图2-41 绘制路径

步骤03 按【Ctrl＋Enter】组合键将路径转换为选区，然后新建图层1，为衣服填充颜色为R68、G174、B98，效果如图2-42所示。

图2-42 填充颜色

步骤04 设置图层1的图层混合模式为“颜色”，设置后的图像效果如图2-43所示。

图2-43 图像效果

实例019 调整曝光过度的照片

本实例将介绍处理照片曝光过度的操作方法，实例的原照片和处理后的照片对比效果如图2-44所示。

原图

效果图

图2-44 效果对比

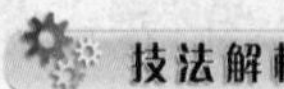

本实例介绍处理照片曝光过度的操作方法，首先使用“色阶”命令对照片的明暗度进行调整，使整体明暗度保持平衡，然后使用“色彩平衡”命令对照片进行调整，保持照片的色调统一。

	实例路径	实例\第2章\曝光过度照片.psd
	素材路径	素材\第2章\女人沉思.jpg

步骤01 按【Ctrl+O】组合键打开“沉思女人.jpg”照片素材，如图2-45所示。

图2-45 打开照片素材

步骤02 单击“图层”面板下方的“创建新的填充或调整图层”按钮，在弹出的菜单中选择“色阶”命令，如图2-46所示。

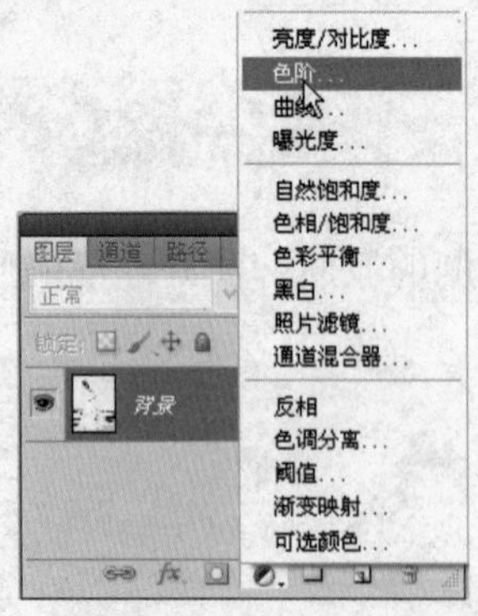

图2-46 选择“色阶”命令

步骤03 在打开的“色阶”对话框中调整图像的整体色调，将左边的三角形滑块向右拖动，加强照片暗部色调；然后再拖动中间的三角形滑块，加强中间色调，如图2-47所示。调整后得到的图像效果如图2-48所示。

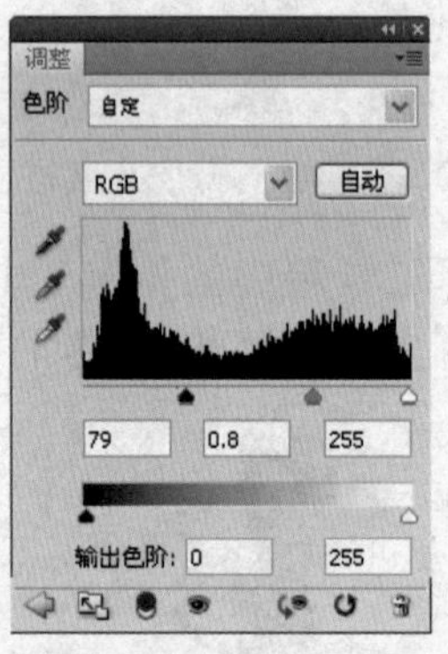

图2-47 调整图像色阶

图2-48 调整后的图像效果

技巧提示

默认情况下，新建的调整图层会自动生成一个图层蒙版，将在“图层”面板中以缩览图右边的蒙版图标表示。

步骤04 执行“图像”|“调整”|“色彩平衡”命令，在“色彩平衡”对话框中调整增强图像的黄色和红色，如图2-49所示，调整后得到的图像效果如图2-50所示。

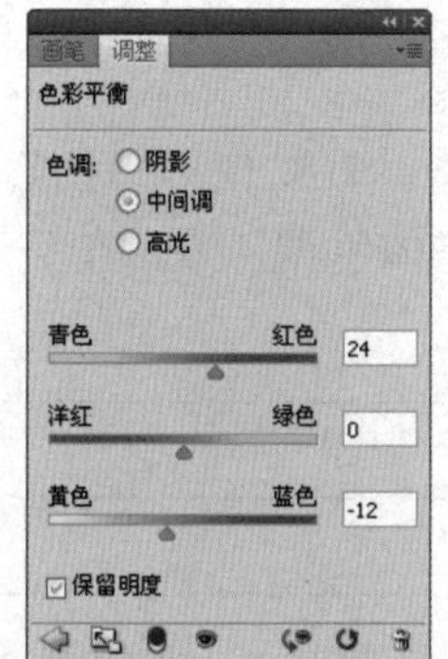

图2-49 调整图像色彩平衡

图2-50 调整后的图像效果

步骤05 执行“调整”|“自动对比度”命令，得到的最终图像效果如图2-51所示。

图2-51 最终图像效果

技巧提示

在Photoshop CS5中，前景色和背景色都位于工具箱下方。默认状态下，前景色为黑色、背景色为白色。

实例020 调整曝光不足的照片

本实例将介绍解决曝光不足、颜色偏暗照片的操作方法。实例的原照片和处理后的照片对比效果如图2-52所示。

原图

效果图

图2-52 效果对比

技法解析

本实例介绍解决曝光不足、颜色偏暗照片的操作方法，首先使用“色阶”命令调整照片的明暗度，然后使用“平衡色调”命令调整照片的整体色调，最后使用“亮度/对比度”命令调整照片的亮度和对比度。

	实例路径	实例\第2章\调整曝光不足.psd
	素材路径	素材\第2章\美女.jpg

步骤01 按【Ctrl+O】组合键打开“美女.jpg”照片素材，如图2-53所示。

图2-53 打开照片素材

步骤02 执行“图像”|“调整”|“色阶”命令，打开“色阶”对话框，将右边的白色三角形滑块向左移动，以增强图像亮度，如图2-54，调整后得到的图像效果如图2-55所示。

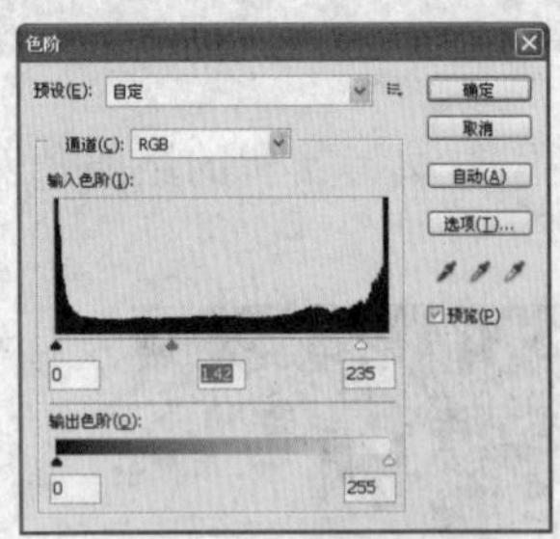

图2-54 调整色阶

图2-55 调整后的图像效果

步骤03 执行“图像”|“调整”|“色彩平衡”命令，统一整体的色调，得到的图像效果如图2-56所示。

图2-56 调整图像色彩平衡后的效果

步骤04 执行“图像”|“调整”|“亮度/对比度”命令，再适当地调整图像的整体明暗度，如图2-57所示，调整后得到的图像最终效果如图2-58所示。

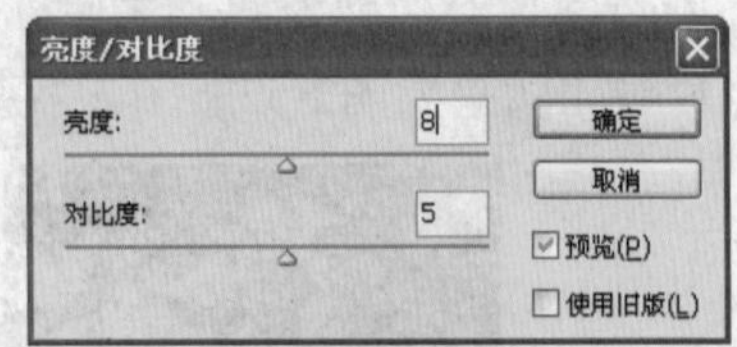

图2-57 调整图像亮度/对比度

图2-58 图像最终效果

实例021 使照片色彩更鲜艳

本实例将介绍使照片色彩变得更鲜艳的操作方法。调整照片的前后对比效果如图2-59所示。

原图　　　　效果图

图2-59 效果对比

技法解析

本实例介绍使照片色彩变鲜艳的操作方法，首先使用“色彩平衡”命令调整照片的色调，然后使用“色相/饱和度”命令对照片色彩鲜艳度进行调整，最后使用“填充”和“羽化”命令对照片进行修改。

	实例路径	实例\第2章\使照片色彩更鲜艳psd
	素材路径	素材\第2章\蜜蜂采花.jpg

步骤01 按【Ctrl+O】组合键打开“蜜蜂采花.jpg”照片素材，如图2-60所示。

图2-60 打开照片素材

步骤02 要使图像保持色彩平衡，首先为图像添加一些红色，执行“图像”|“调整”|“色彩平衡”命令，将第一个滑块向红色拖动，为图像添加红色，如图2-61所示，调整后得到的图像效果如图2-62所示。

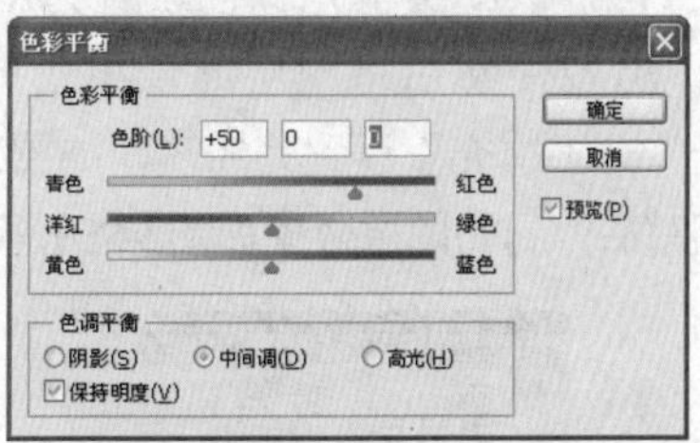

图2-61 添加红色

图2-62 调整后的图像效果

步骤03 选择“图像”|“调整”|“色相/饱和度”命令，调整增强图像颜色的饱和度和明度，如图2-63所示，调整后得到的图像效果如图2-64所示。

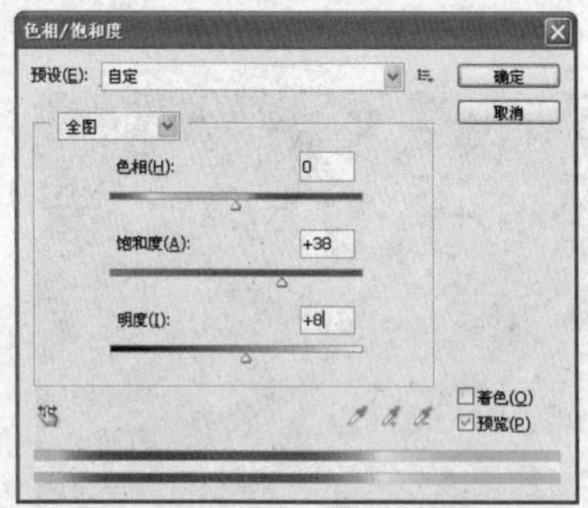

图2-63 调整色相/饱和度

图2-64 调整后的图像效果

步骤04 为了使背景与花朵能融合在一起，新建图层1，将该图层填充颜色设置为R168、G107、B172，然后将图层混合模式设置为“柔光”、“填充”设置为50%，如图2-65所示，调整后得到的图像效果如图2-66所示。

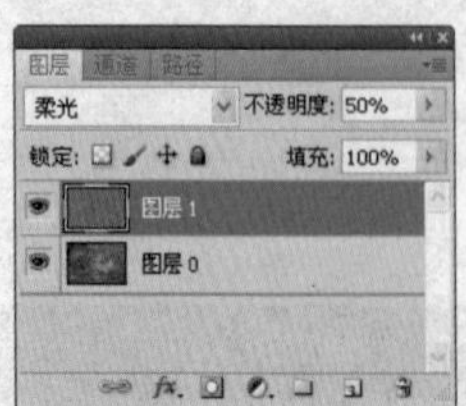

图2-65 设置图层的混合模式

技巧提示

图层可用的混合模式很多，它们决定了这一图层的图层像素与图像中的下一图层像素进行混合的方式。

图2-66 调整后的图像效果

步骤05 使用多边形套索工具将花和蜜蜂框选出来形成选区，效果如图2-67所示。

图2-67 绘制选区

步骤06 在选区中右击，选择“羽化”命令，弹出“羽化”对话框，设置羽化半径为20像素，如图2-68所示。然后返回到图像中，按【Delete】键删除图像，取消选区后得到的最终图像效果如图2-69所示。

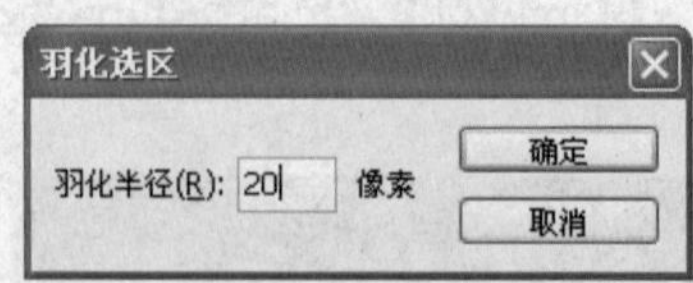

图2-68 设置羽化半径

图2-69 最终图像效果

实例022 变化照片中的颜色

本实例将介绍通过“变化”命令调整照片颜色的操作方法。调整照片的前后对比效果如图2-70所示。

原图

效果图

图2-70 效果对比

技法解析

本实例介绍通过“变化”命令调整照片颜色的操作方法，首先使用“变化”命令对照片色调进行调整。然后使用“亮度/对比度”对照片亮度和对比度进行调整。另外，使用“变化”命令也可以使黑白照片转换为彩色照片。

	实例路径	实例\第2章\变化照片中的颜色.psd
	素材路径	素材\第2章\荷叶jpg

步骤01 按【Ctrl+O】组合键打开“荷叶.jpg”照片素材，如图2-71所示。

图2-71 打开照片素材

步骤02 执行“图像”|“调整”|“变化”命令，打开“变化”对话框，为了给照片增添颜色，单击“加深黄色”图像如图2-72所示，为照片添加黄色，得到图像颜色的统一，效果如图2-73所示。

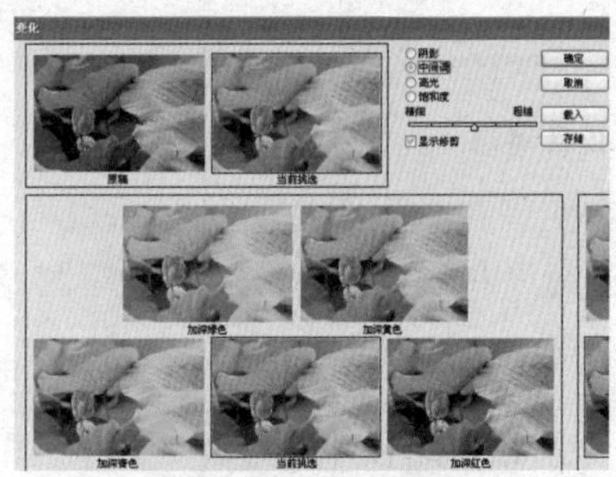
图2-72 “变化”对话框

图2-73 调整后的图像效果

步骤03 执行"图像"|"调整"|"亮度/对比度"命令，调整图片的亮度和对比度如图2-74所示，调整后得到的最终图像效果如图2-75所示。

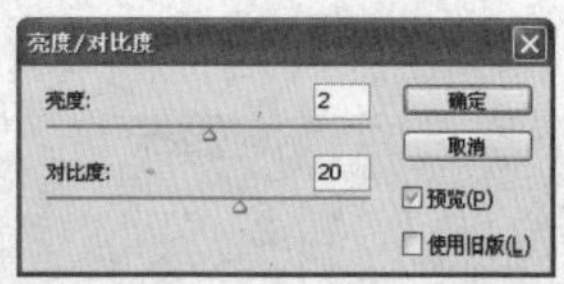

图2-74 调整亮度/对比度

图2-75 最终图像效果

实例023 照片明暗度的处理

本实例将介绍对照片颜色过亮或过暗进行快速处理的操作方法。本实例处理照片明暗度的前后对比效果如图2-76所示。

原图

效果图

图2-76 效果对比

技法解析

本实例在处理照片明暗度的过程中，主要使用了"亮度/对比度"命令。通常在调整图像的亮度和对比度后，还需要对图像颜色进行校正，以使图像效果更好。

	实例路径	实例\第2章\照片明暗度的处理.psd
	素材路径	素材\第2章\景色.jpg

步骤01 按下【Ctrl+O】组合键打开"景色.jpg"照片素材，如图2-77所示。可以看到该图像色调很暗，下面将通过"亮度/对比度"命令调整图像。

图2-77 打开照片素材

技巧提示

调整图像明暗度的方法有很多，用户可以根据需要选择不同的方法。

步骤02 单击“图层”面板下方的“创建新的填充或调整图层”按钮，执行“亮度”|“对比度”命令，如图2-78所示。

图2-78 选择命令

步骤03 在“调整”面板中设置亮度为30、设置对比度为60，如图2-79所示，此时将自动生成调整图层，如图2-80所示。

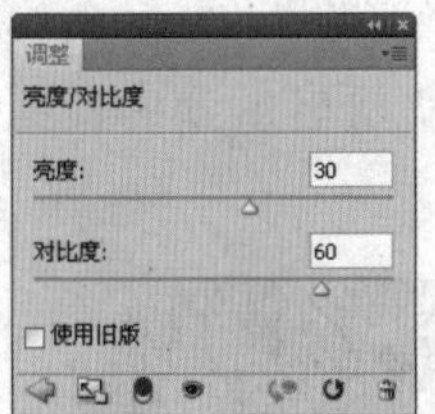

图2-79 调整参数

图2-80 生成调整图层

步骤04 执行“背景”图层，然后选择“图像”|“自动颜色”命令，系统将自动校正照片颜色，调整后得到的最终图像效果如图2-81所示。

图2-81 最终图像效果

实例024 照片色调的调整

本实例将介绍调整照片整体色调简单、快捷的操作方法。实例的原照片和处理后的照片对比效果如图2-82所示。

原图

效果图

图2-82 效果对比

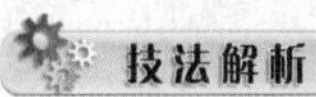

本实例主要使用“匹配颜色”命令调整照片的色调，在使用“匹配颜色”命令后，可

以根据实际情况考虑是否需要使用一次“自动颜色”命令校正颜色。

	实例路径	实例\第2章\色调调整.psd
	素材路径	素材\第2章\桃花.jpg

步骤01 按【Ctrl+O】组合键打开“桃花.jpg”照片素材，如图2-83所示。

图2-83 打开照片素材

步骤02 执行“图像”|“调整”|“匹配颜色”命令，打开“匹配颜色”对话框，选中“中和”复选框，如图2-84所示，以恢复部分颜色。

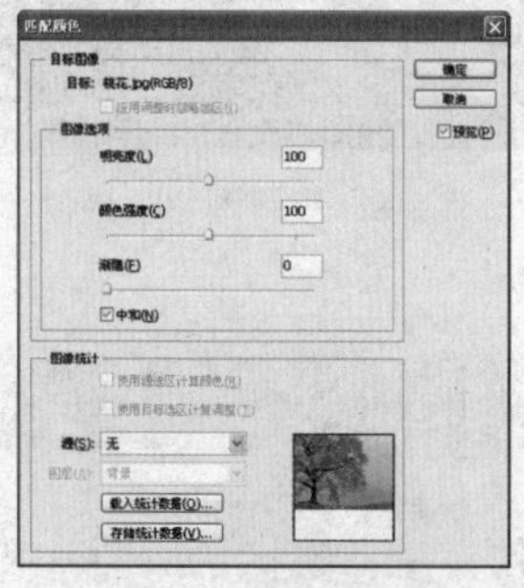

图2-84 匹配颜色设置

步骤03 单击“确定”按钮返回到画面中，图像效果如图2-85所示。

图2-85 匹配颜色后的图像效果

步骤04 执行“图像”|“自动颜色”命令，校正调整，调整后得到的最终图像效果如图2-86所示。

图2-86 最终图像效果

实例025 去除照片的颜色

本实例将介绍去除照片颜色的操作方法。实例的原照片和处理后的照片对比效果如图2-87所示。

原图

效果图

图2-87 效果对比

技法解析

本实例介绍去除彩色照片颜色的操作方法，可以使用执行“图像”|“调整”|“去色”命令和“图像”|“模式”|“灰度”命令两种方法来实现。

	实例路径	实例\第2章\照片去色.psd
	素材路径	素材\第2章\玻璃球.jpg

步骤01 按【Ctrl+O】组合键打开“玻璃球.jpg”照片素材，如图2-88所示。

图2-88 打开照片素材

步骤02 执行“图像”|“调整”|“去色”命令，将照片变为黑白效果，如图2-89所示。

图2-89 调整后的图像效果

步骤03 另外，使用“灰度”命令也可以去掉照片的颜色。执行“图像”|“模式”|“灰度”命令，如图2-90所示。

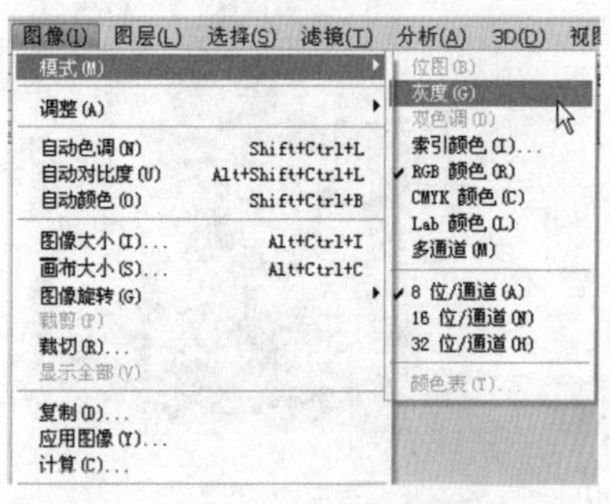

图2-90 选择命令

步骤04 在打开的“信息”对话框中单击“扔掉”按钮，如图2-91所示，即可去除照片的颜色，最终图像效果如图2-92所示。

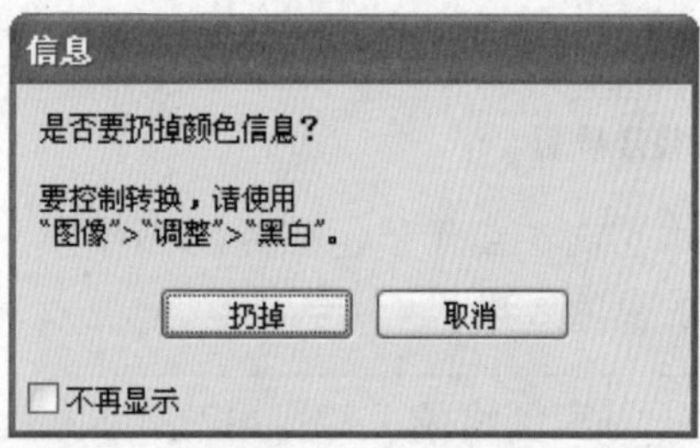

图2-91 单击“扔掉”按钮

图2-92 最终图像效果

技巧提示

使用“去色”命令可以去除图像中所有颜色信息，从而使图像呈单色显示，但图像的色彩模式不会变。

实例026 制作单色照片效果

本实例将介绍制作单色照片的操作方法。实例的原照片和处理后的照片对比效果如图2-93所示。

原图

效果图

图2-93 效果对比

技法解析

本实例在制作单色照片的操作中，可以通过“色相/饱和度”对话框中的设置来实现照片的单色效果。

	实例路径	实例\第2章\单色效果.psd
	素材路径	素材\第2章\多色花.jpg

步骤01 按【Ctrl+O】组合键打开“多色花.jpg”照片素材，如图2-94所示。

图2-94 打开照片素材

步骤02 执行“图像”|“调整”|“色相/饱和度”命令，打开“色相/饱和度”对话框，选中“着色”复选框，如图2-95所示。

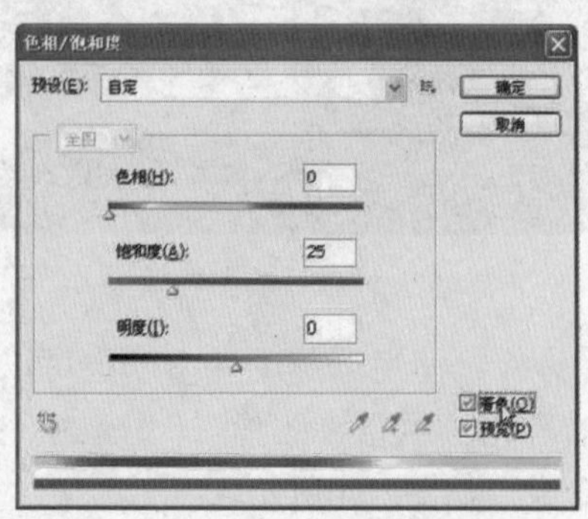

图2-95 选中“着色”复选框

步骤03 此时图像将呈现单色显示，拖动色相下面的三角形滑块，可以调整图像颜色，如图2-96所示。

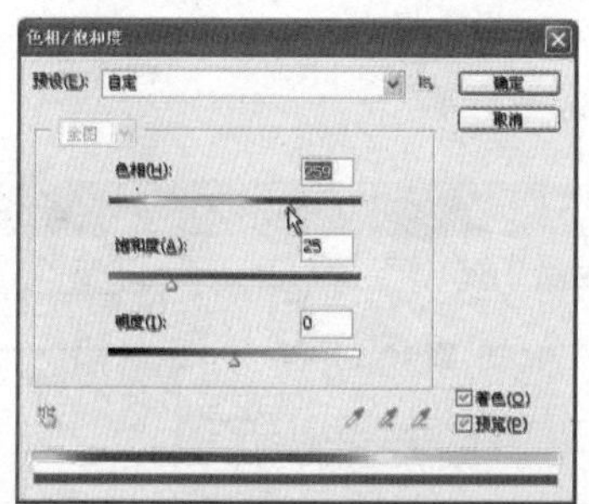

图2-96 移动滑块

步骤04 适当地调整饱和度和明度参数，即可完成单色照片的制作，最终图像效果如图2-97所示。

图2-97 最终图像效果

技巧提示

执行“图像”|“调整”|“黑白”命令，打开的“黑白”对话框，选中“色调”复选框，然后设置参数，同样可以制作出各种单色效果的图像。

实例027 调整特定颜色

本实例将介绍为图像中特定颜色做调整的操作方法。实例的原照片和处理后的照片对比效果如图2-98所示。

原图

效果图

图2-98 效果对比

技法解析

本实例在为特定颜色做调整的操作中，使用了“可选颜色”命令，通过选择某一种颜色调整参数来得到特定颜色的图像效果。

	实例路径	实例\第2章\调整特定颜色.psd
	素材路径	素材\第2章\大树.jpg

步骤01 按【Ctrl+O】组合键打开“大树.jpg”照片素材，如图2-99所示。

图2-99 打开照片素材

步骤01 执行“图像”|“调整”|“可选颜色”命令，打开“可选颜色”对话框，在“颜色”下拉菜单中选择“青色”，然后设置如图2-100所示的各项参数。

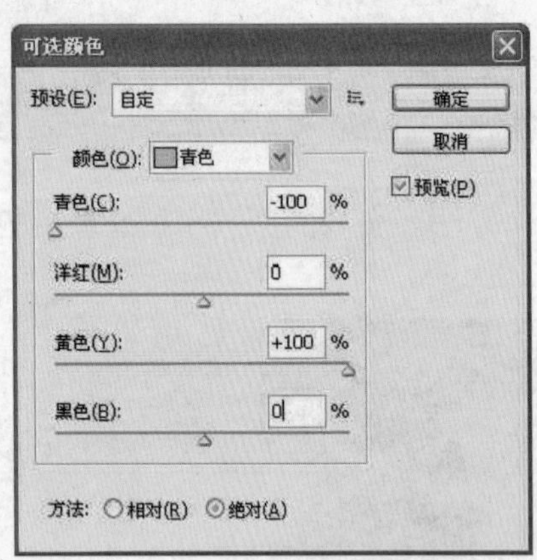

图2-100 调整青色设置参数

步骤03 选择“蓝色”，然后设置如图2-101所示的颜色参数。

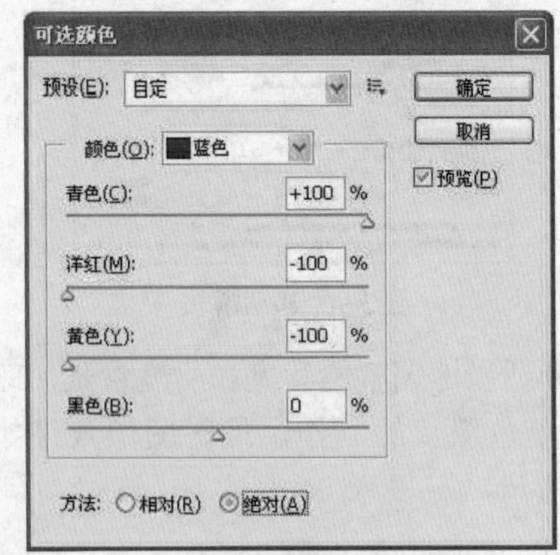

图2-101 调整蓝色设置参数

步骤04 单击“确定”按钮，得到调整颜色后的最终图像效果，如图2-102所示。

图2-102 最终图像效果

PART 03

修复有缺陷的照片

使用数码相机拍摄的照片，通常因为拍摄的角度和光线问题，会产生红眼、紫边、杂乱背景等现象。老照片因存放太久而发生腐蚀等现象。

为了解决上述问题，本章将介绍照片的修复操作，主要是有针对性地修复有缺陷的照片，在对照片进行修复操作时，使用最为广泛的是修复工具组，再配合其他工具，就能更好地将照片进行修复。

效果展示 XIAOGUO ZHANSHI

实例028 修复照片中的红眼

本实例将介绍修复照片中的红眼的操作方法。实例的原照片和处理后的照片对比效果如图3-1所示。

原图

效果图

图3-1 效果对比

技法解析

本实例在修复照片中红眼的操作中，首先选择红眼工具，绘制一个眼眶，然后使用同样的方法对另一只红眼进行修复。

	实例路径	实例\第3章\修复照片中的红眼.psd
	素材路径	素材\第3章\红眼美女.jpg

步骤01 按【Ctrl+O】组合键打开“红眼美女.jpg”照片素材，如图3-2所示。

图3-2 打开照片素材

步骤02 选择工具箱中的红眼工具，在其属性栏中使用默认设置，即“瞳孔大小”为50%、“变暗量”为50%，如图3-3所示。

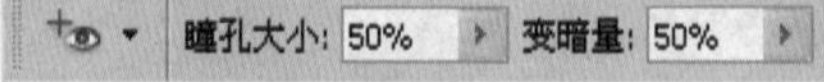

图3-3 设置属性栏

步骤03 使用红眼工具在左边红眼的周围拖拽鼠标绘制选框，注意要使瞳孔图像置于所绘制选框的中间，如图3-4所示。

技巧提示

绘制选框时，一定要将瞳孔置于选框的中间。

图3-4 绘制选框

步骤04 绘制选框后松开鼠标按键，可以看到左眼的红眼已经被修复，图像效果如图3-5所示。

图3-5 修复后的图像效果

步骤05 使用红眼工具在人物右边红眼处绘制选框，如图3-6所示，将右边红眼进行修复，最终的图像效果如图3-7所示。

图3-6 绘制选框

图3-7 最终的图像效果

实例029 修复被撕裂的照片

本实例将介绍修复被撕裂的照片的操作方法。实例的原照片和处理后的照片对比效果如图3-8所示。

原图

效果图

图3-8 效果对比

技法解析

本实例在修复被撕裂的照片的操作中，首先建立一个新图层，然后移动图像到新图层中进行调整，最后使用仿制图章工具，对撕裂边缘进行修复。

	实例路径	实例\第3章\修复撕裂照片.psd
	素材路径	素材\第3章\撕裂照片.jpg

步骤01 按【Ctrl+O】组合键打开“撕裂照片.jpg”照片素材，如图3-9所示。

图3-9 打开照片素材

步骤02 按【Ctrl+N】组合键，在打开的“新建”对话框中设置宽度参数为500像素、高度参数为600像素、分辨率为72像素/英寸，如图3-10所示。然后单击“确定”按钮，建立一个新的图像窗口。

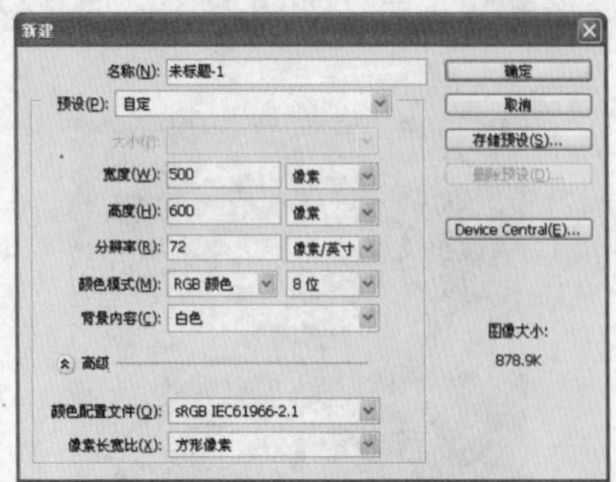

图3-10 新建文档

步骤03 使用套索工具，框选左边撕裂的图像，使用移动工具将其拖动到新建文件中，如图3-11所示，系统将在新文件“图层”面板中自动生成图层1，如图3-12所示。

图3-11 拖入照片

图3-12 生成图层1

步骤04 使用同样的方法将撕裂照片右边的图像框选，并拖拉到新建文件的图像窗口中，如图3-13所示，系统将在新文件“图层”面板中自动生成图层2，如图3-14所示。

图3-13 拖入照片

图3-14 生成图层2

步骤05 按【Ctrl+T】组合键执行“自由变换”命令，对图层2中撕裂的照片进行旋转，效果如图3-15所示。

图3-15 旋转图层

步骤06 使用移动工具对“图层1”和“图层2”中的图像位置进行再次调整，使两个图像完全拼合在一起，效果如图3-16所示。

图3-16 拼合图层

步骤07 按【Ctrl+Shift+E】组合键合并所有的图层，如图3-17所示。然后按下【Ctrl+J】组合键复制背景图层，得到图层1，以便后面进行修复操作，如图3-18所示。

图3-17 合并图层

图3-18 创建副本图层

步骤08 使用仿制图章工具，将画笔大小设置为15像素、硬度参数设置为0%、不透明度参数设置为80%，然后将鼠标光标移动到没有受损的图像上，按【Alt】键并同时单击，选取样本，修复后的照片效果如图3-19所示。

图3-19 修复后的照片效果

技巧提示

在本实例中，也可以使用修补工具对撕裂的图像边缘进行修复。

实例030 去除照片中的刮痕

本实例将介绍去除照片中的刮痕的操作方法。实例的原照片和处理后的照片对比效果如图3-20所示。

原图

效果图

图3-20 效果对比

 技法解析

本实例在去除照片中的刮痕的操作中，首先自动调节色调，校正照片颜色，然后选择修复画笔工具，取样后对照片刮痕部位进行修复。

	实例路径	实例\第3章\修复照片中的刮痕.psd
	素材路径	素材\第3章\海边.jpg

步骤01 按【Ctrl+O】组合键打开“海边.jpg”照片素材，如图3-21所示。

图3-21 打开照片素材

步骤02 按【Ctrl＋Shift＋L】组合键，系统将自动调整图像色调，校正照片颜色，效果如图3-22所示。

技巧提示

也可以通过执行“图像”|“调整”|“色阶”命令，对图像色调进行调整。

图3-22 校正后的照片效果

步骤03 选择修复画笔工具，对照片右上方的折痕进行修复。按【Alt】键并单击天空部分取样，如图3-23所示。

图3-23 对图像取样

步骤04 完成取样后，仔细在照片折痕处进行涂抹，如图3-24所示，如果有重复的区域，可以进行重新取样。

图3-24 涂抹图像

步骤05 在涂抹的过程中，可以放大图像，并调整画笔大小进行修复操作，修复完成后的图像效果如图3-25所示。

图3-25 修复折痕后的图像效果

步骤06 使用缩放工具🔍放大人物的衣服部分，可以看到其中有许多刮痕，如图3-26所示。

步骤07 使用修复画笔工具在右边衣服取样，然后对有刮痕的部分进行仔细的修复，修复衣服后的图像效果，如图3-27所示。

图3-26 放大图像

图3-27 修复衣服后的图像效果

步骤08 最后再放大图像，仔细查看照片中的刮痕部分，进行再次修复，修复后的最终图像效果如图3-28所示。

图3-28 最终图像效果

技巧提示

在修复照片中的一些折痕、污点时，还可以使用仿制图章工具进行修复，适当地跟修复画笔工具交替使用。

实例031 为照片去除网纹

本实例将介绍为照片去除网纹的操作方法。实例的原照片和处理后的照片对比效果如图3-29所示。

原图

效果图

图3-29 效果对比

技法解析

本实例在为照片去除网纹的操作中，首先使用“高斯模糊”命令，对图像进行模糊效果处理；然后使用“色彩范围”命令，对图像进行色彩调整。

	实例路径	实例\第3章\为照片去除网纹.psd
	素材路径	素材\第3章\小女孩.jpg

步骤01 按【Ctrl+O】组合键打开“小女孩.jpg”照片素材，如图3-30所示。

图3-30 打开照片素材

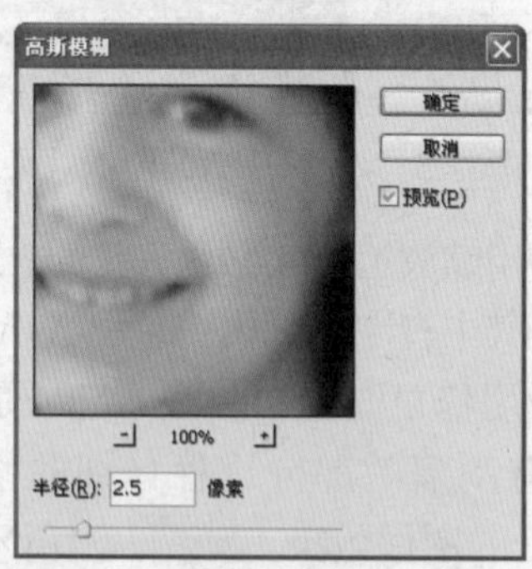

图3-31 设置高斯模糊参数

步骤02 执行“图层”|“复制图层”命令，创建“背景副本”图层，然后执行“滤镜”|“模糊”|“高斯模糊”命令，打开“高斯模糊”对话框，设置半径为2.5像素，如图3-31所示。

步骤03 单击“确定”按钮返回到画面中，可以看到图像网纹已被消除，但图像显得有些模糊，效果如图3-32所示。

图3-32 图像效果

步骤04 复制背景副本图层，得到背景副本2图层，按【Ctrl+I】组合键，图像呈现反相效果，如图3-33所示。

图3-33 反相效果

步骤05 执行“选择”|“色彩范围”命令，打开“色彩范围”对话框，将鼠标光标移动到图像中，吸取白色部分，然后适当地调整其容差值，如图3-34所示。

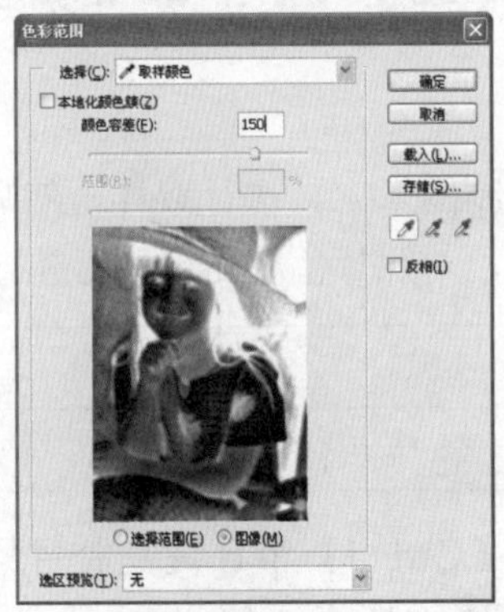

图3-34 “色彩范围”对话框

步骤06 单击“确定”按钮，获得白色部分图像的选区，如图3-35所示。然后隐藏反相效果的图层，选择背景副本图层，如图3-36所示。

图3-35 获得选区

图3-36 选择图层

步骤07 执行“滤镜1”|“锐化”|“USM锐化”命令，打开“USM锐化”对话框，从中设置如图3-37所示的参数。

图3-37 设置滤镜参数

步骤08 完成锐化设置后，单击“确定”按钮回到画面中，按【Ctrl+D】组合键取消选区，完成网纹的去除效果，最终图像效果如图3-38所示。

图3-38 最终图像效果

实例032 修复有缺损的照片

本实例将介绍修复有缺损的照片的操作方法。实例的原照片和处理后的照片对比效果如图3-39所示。

原图

效果图

图3-39 效果对比

技法解析

本实例在修复有缺损的照片的操作中，首先选择仿制图章工具进行取样，然后对墙面进行修复，最后执行“图像”|“调整”|“色相/饱和度”，对照片色相和饱和度进行调整。

	实例路径	实例\第3章\修复有缺损的照片.psd
	素材路径	素材\第3章\缺损照片.jpg

步骤01 按【Ctrl+O】组合键打开“缺损照片.jpg”照片素材，如图3-40所示。

图3-40 打开照片素材

步骤02 按【Ctrl+J】组合键复制背景层为图层1，如图3-41所示。

图3-41 复制背景图层

步骤03 选择仿制图章工具，设置其画笔直径参数为80像素、不透明度参数为80%，将鼠标光标移到墙面图像上，按【Alt】键并单击，选取该位置的图像为样本，如图3-42所示。

图3-42 选取样本

步骤04 将鼠标光标移到墙面的缺损区域对墙面描绘修复，修复后的图像效果如图3-43所示。

图3-43 修复后的图像效果

步骤05 根据墙面效果在不同的位置取样，反复描绘修复，将缺损区域的图像修复完整，修复后的图像效果如图3-44所示。

图3-44 修复其余部分后的图像效果

图3-45 选取图像

步骤06 使用矩形选框工具选取照片边框，如图3-45所示。然后按下【Ctrl+ShifT+I】组合键对选区进行反选，最后将选区填充为白色，填充后的图像效果如图3-46所示。

图3-46 填充颜色后的图像效果

步骤07 执行“图像”|“调整”|“色相/饱和度”命令，在“色相/饱和度”对话框中设置色相参数为8、明度参数为12，如图3-47所示。

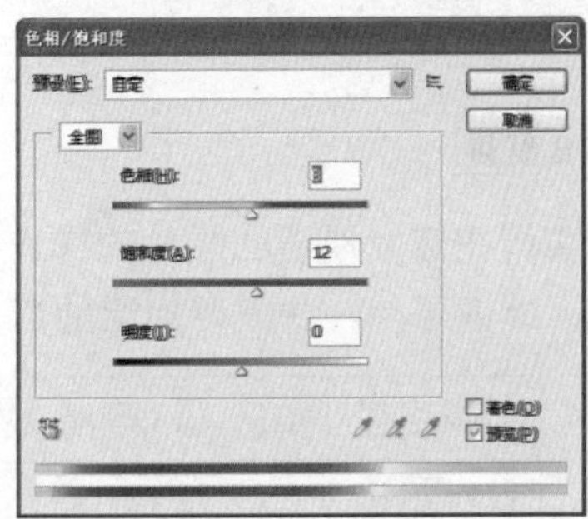

图3-47 设置参数

步骤08 执行“图像”|“调整”|“亮度/对比度”命令，在“亮度/对比度”对话框中设置亮度参数为5，如图3-48所示，完成后的最终图像效果如图3-49所示。

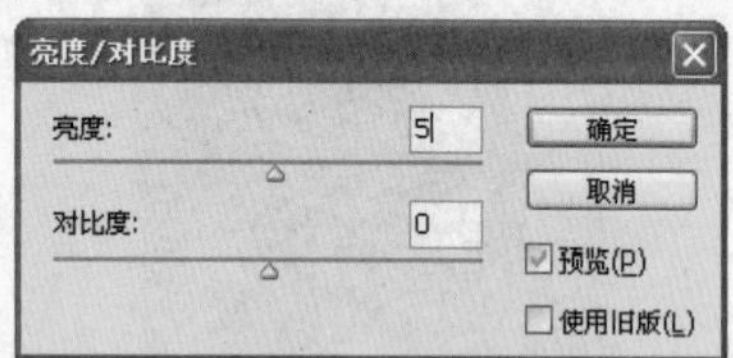

图3-48 设置参数

图3-49 最终图像效果

技巧提示

可以通过执行“图像”|“调整”|“曲线”命令，细致地调整照片的亮度，使照片视觉效果更加自然。

实例033 修复浸渍的照片

本实例将介绍修复浸渍的照片的操作方法，学习修补工具的使用。实例的原照片和处理后的照片对比效果如图3-50所示。

原图

→

效果图

图3-50 效果对比

技法解析

本实例在修复浸渍的照片的操作中，首先选择修补工具修复沾水的地方，然后使用加深工具，处理照片一些需要加深的部分。

	实例路径	实例\第3章\修复浸渍的照片.psd
	素材路径	素材\第3章\浸渍的照片.jpg

步骤01 按【Ctrl+O】组合键打开“浸渍的照片.jpg”照片素材，如图3-51所示。

图3-51 打开照片素材

步骤02 按【Ctrl+J】组合键复制背景层为图层1，如图3-52所示，然后选择“图像”|“自动对比度”命令，系统将自动调整图像的对比度，得到的图像效果如图3-53所示。

图3-52 复制背景图层

图3-53 调整自动对比度

步骤03 使用修补工具在照片中勾选照片左边沾水的区域，如图3-54所示，然后将其拖动到附近正常的地方，对沾水的图像进行修复，修复后的图像效果如图3-55所示。

技巧提示

在修复照片的过程中，可以适当地使用仿制图章工具，交替使用修复工具，可以更好地处理照片。

图3-54 选取要修复的区域

图3-55 修复选区的图像效果

步骤04 使用同样的方法，用修补工具将照片左上方沾水的区域进行修复，效果如图3-56所示。

图3-56 修复后的图像效果

步骤05 使用修复画笔工具对图像进行修复，设置其画笔主直径大小为80像素、硬度为70%，按【Alt】键并同时单击，在照片中选取正常的样本，然后对照片左边的修复图像进行补充修复，效果如图3-57所示。

图3-57 补充修复图像效果

步骤06 结合使用修补工具和修复画笔工具对其余非正常的区域进行修复，效果如图3-58所示。

图3-58 修复其余区域后的图像效果

步骤07 由于使用修补工具修复的图像有点偏白，此时需要使用加深工具对图像进行调节，设置其画笔主直径大小为110像素、曝光度设置为30%，对照片局部色彩进行细微的调整，效果如图3-59所示。

图3-59 调整修复颜色后的图像效果

步骤08 执行“图像”|“调整”|“亮度/对比度”命令，在“亮度/对比度“对话框中设置亮度参数为6、对比度参数为6，如图3-60所示，调整后的效果如图3-61所示。

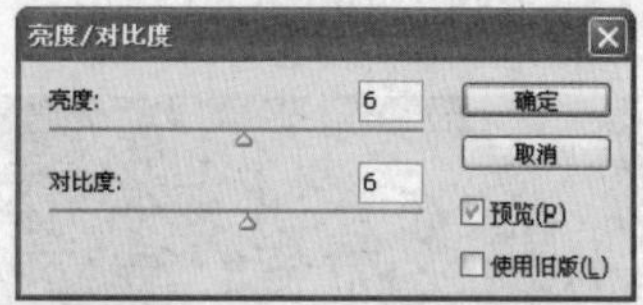

图3-60 设置亮度和对比度的参数

图3-61 调整后的图像效果

步骤09 使用矩形选框工具选取照片边框如图3-62所示，按【Ctrl+Shift+I】组合键对选区进行反选，然后将选区填充为白色，完成后的图像效果如图3-63所示。

图3-62 选择要填充的区域

图3-63 调整后的图像效果

技巧提示

在填充图案时，还可以执行“编辑”|“填充”命令，或者按【Ctrl+ShifT+I】组合键，进行快速填充。

实例034 去除照片中的噪点

本实例将介绍去除照片中的噪点的操作方法。实例的原照片和处理后的照片对比效果如图3-64所示。

原图

效果图

图3-64 效果对比

技法解析

本实例在去除照片中的噪点的操作中，首先执行“图像”|“调整”|“亮度/对比度”命令，对图像进行亮度和对比度的调整，然后使用修复画笔工具对图像进行修复。

	实例路径	实例\第3章\去除照片中的噪点.psd
	素材路径	素材\第3章\照片中的噪点.jpg

步骤01 按【Ctrl+O】组合键打开“照片中的噪点.jpg”照片素材，如图3-65所示，可以看到其中有些噪点。

图3-65 打开照片素材

步骤02 执行“图像”|“调整”|“亮度/对比度”命令，打开“亮度/对比度”对话框，在该对话框中调整图像的亮度和对比度，如图3-66所示。

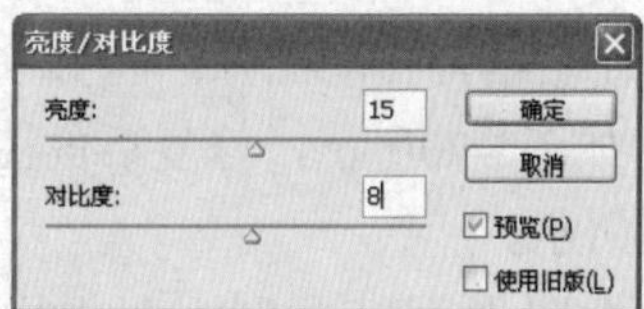

图3-66 调整亮度和对比度

步骤03 单击“确定”按钮返回到画面中，完成图像亮度和对比度的调整，效果如图3-67所示。

图3-67 调整后的图像效果

步骤04 使用缩放工具放大图像，然后使用仿制图章工具将图像中的杂点去除，如图3-68所示，修复后的图像效果如图3-69所示。

图3-68 对图像取样

图3-69 修复后的图像效果

步骤05 按住空格键移动图像，将其余的杂点也去除，如图3-70所示，修复后的图像效果如图3-71所示。

步骤06 放大图像可以看到，图像中还有一些斜线和斑点，对这些斜线和斑点进行修复，如图3-72所示。

图3-70 去除杂点

图3-71 修复后的图像效果

图3-72 放大并移动图像

步骤07 使用修复画笔工具对图像进行修复，在修复的过程中应尽量细致地涂抹，如图3-73所示，涂抹后的图像效果如图3-74所示。

图3-73 对图像取样

图3-74 涂抹后的图像效果

步骤08 在选择修复工具的情况下，按住空格键移动图像，使用相同的方法清除图像中其他位置的斑点图像，完成后的最终图像效果如图3-75所示。

图3-75 最终图像效果

技巧提示

在修复图像的过程中，要适当放大图像，对图像做仔细的涂抹。

在修复照片中的斑点时，可以使用污点修复画笔工具，快速地修复照片中的污点和杂点痕迹。

实例035 校正眼镜上的反射光

本实例将介绍校正眼镜上的反射光的操作方法。实例的原照片和处理后的照片对比效果如图3-76所示。

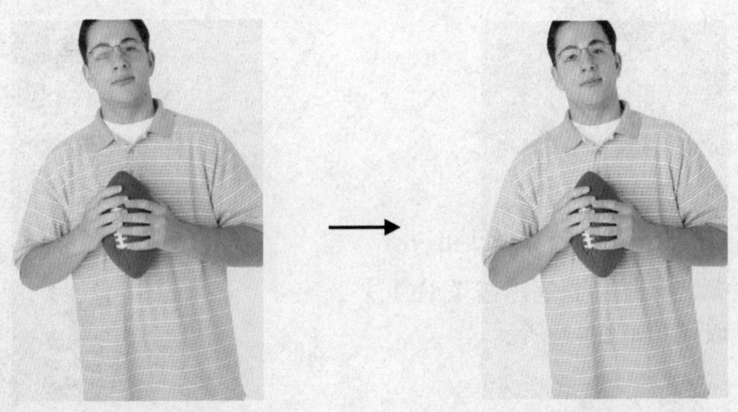

图3-76 效果对比

技法解析

本实例在校正眼镜上的反射光的操作中，主要使用修复画笔工具，对镜片上的反射光进行修复。

	实例路径	实例\第3章\校正眼镜上的反射光.psd
	素材路径	素材\第3章\眼镜男.jpg

步骤01 按【Ctrl+O】组合键打开“眼镜男.jpg”照片素材，如图3-77所示。

图3-77 打开照片素材

步骤02 为了便于修复镜片，先将眼镜局部放大显示，效果如图3-78所示。

图3-78 放大眼镜局部

步骤03 先校正左边眼镜中的图像，使用修复画笔工具，并适当地缩小画笔，按【Alt】键对图像进行取样，如图3-79所示。

图3-79 对图像取样

步骤04 在对图像进行修复时，可以根据修复的图像大小进行重新取样，修复后的左边眼镜图像效果如图3-80所示。

图3-80 修复后的图像效果

步骤05 使用相同的方法，对右边眼镜上的反射光进行校正，如图3-81所示，修复后的最终图像效果如图3-82所示。

图3-81 校正图像

图3-82 最终图像效果

技巧提示

在校正镜片上的反光时，应该注意设置画笔的大小，以便更准、更好地使用画笔工具，校正图像。

实例036 翻新老照片

本实例将介绍翻新老照片的操作方法。实例的原照片和处理后的照片对比效果如图3-83所示。

原图

效果图

图3-83 效果对比

技法解析

本实例在翻新老照片的操作中，首先进入“以快速蒙版模式编辑”，涂抹照片中要改变颜色的各个部分，然后选择“色彩平衡”命令调整画面颜色。

	实例路径	实例\第3章\翻新老照片.psd
	素材路径	素材\第3章\翻新美女.jpg

步骤01 按【Ctrl+O】组合键打开“翻新美女.jpg”照片素材，如图3-84所示。

图3-84 打开照片素材

步骤02 单击工具箱下方的“以快速蒙版模式编辑”按钮，然后使用画笔工具涂抹人物脸部和手部的皮肤，完成后的图像效果如图3-85所示。

图3-85 涂抹皮肤后的图像效果

步骤03 按【Q】键获取选区并返回到正常

编辑模式，然后执行“选择”|“反向”命令，获取皮肤的选区，如图3-86所示。

图3-86 获取选区

步骤04 切换到“图层”面板，单击下方的“创建新的填充和调整图层”按钮，在弹出的菜单中选择“色彩平衡”命令，如图3-87所示。

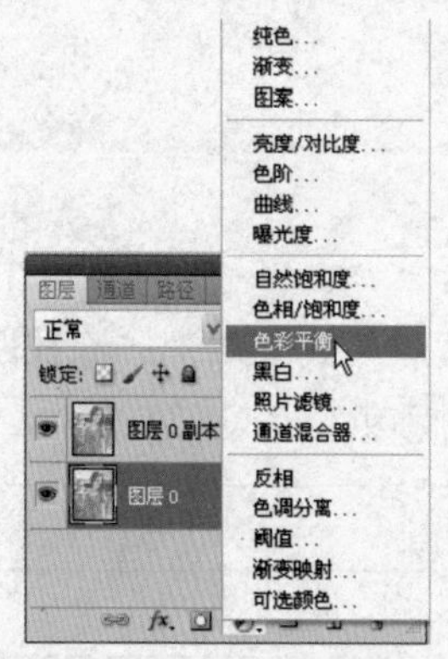

图3-87 选择“色彩平衡”命令

步骤05 此时将进入“调整”面板，在其中调整人物皮肤颜色，分别为图像添加红色和黄色，如图3-88所示。

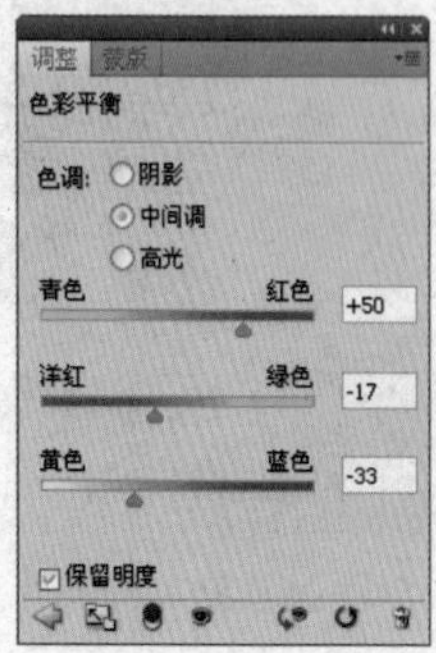

图3-88 设置颜色

步骤06 单击“确定”按钮返回到图像中，可以看到添加颜色后的效果，再按【Ctrl+D】组合键取消选区，效果如图3-89所示。

图3-89 添加颜色后的图像效果

步骤07 此时在“图层”面板中会出现一个调整图层，如图3-90所示，单击按钮可以进入“调整”面板进行调整。

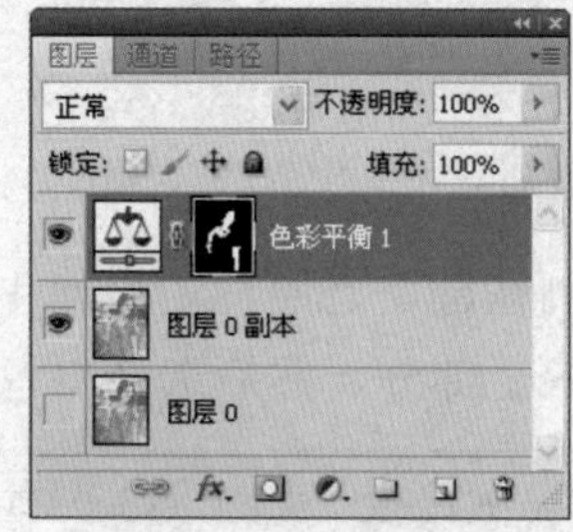

图3-90 图层面板

步骤08 单击“创建新的填充和调整图层”按钮，执行“亮度/对比度”命令，在打开的“调整”面板中调整增强图像对比度，如图3-91所示。

图3-91 设置对比度

步骤09 再添加图层蒙版，使用画笔工具选择人物衣服部分进行涂抹，效果如图3-92所示。

图3-92 选取衣服涂抹的图像

步骤10 按【Q】键获取选区，然后执行“选择”|“反向”命令获取衣服的选区，如图3-93所示。

图3-93 获取选区

步骤11 使用调整图层，为图像做“色彩平衡”调整，如图3-94所示，将衣服调整为青色。

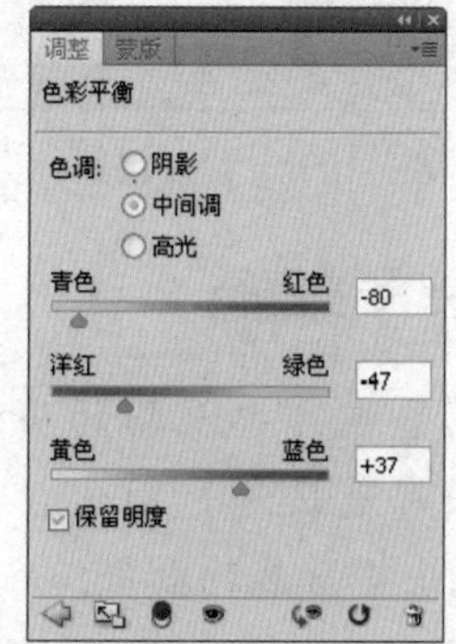

图3-94 设置色彩平衡参数

步骤12 完成色彩平衡设置后，返回到画面中，取消选区，得到衣服的颜色效果如图3-95所示。

图3-95 添加衣服颜色

步骤13 使用相同的方法，对图像背景进行选择，获取选区，如图3-96所示

图3-96 获取背景图像选区

步骤14 对背景图像做色彩平衡调整，为图像适当添加各种颜色，保持照片整体色调的统一，如图3-97所示。

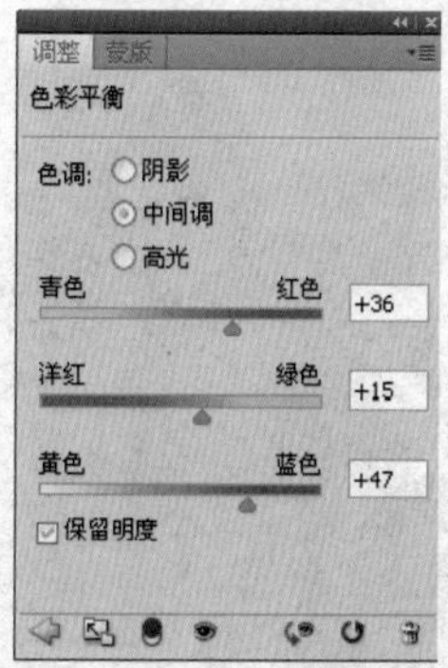

图3-97 设置色彩平衡参数

步骤15 添加颜色后的背景图像效果如图3-98所示，如果还需要调整可以再次使用“色彩平衡”命令进行调整。

图3-98 添加颜色后的背景图像效果

步骤16 使用相同的方法对照片中的项链进行颜色处理，效果如图3-99所示。

图3-99 项链的效果

步骤17 此时已经完成照片大体色调的调整了，接着对人物面部做一些细节的调整。新建图层1，使用添加蒙版功能选择人物头发部分区域，如图3-100所示。

图3-100 选择头发区域

步骤18 在选区中单击右键选择“羽化”命令，在打开的对话框中设置羽化半径为5像素，如图3-101所示。

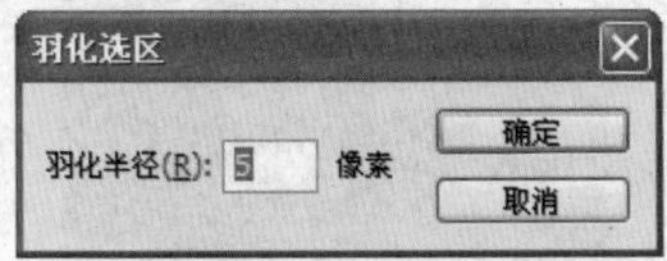

图3-101 设置羽化半径

步骤19 单击“确定”按钮返回到图像中，将选区填充为黑色，效果如图3-102所示。

图3-102 填充颜色效果

步骤20 设置图层1的图层混合模式为“叠加”、图层不透明度为65%、填充为50%，如图3-103所示，完成各项设置后，得到的头发效果显得更加自然，如图3-104所示。

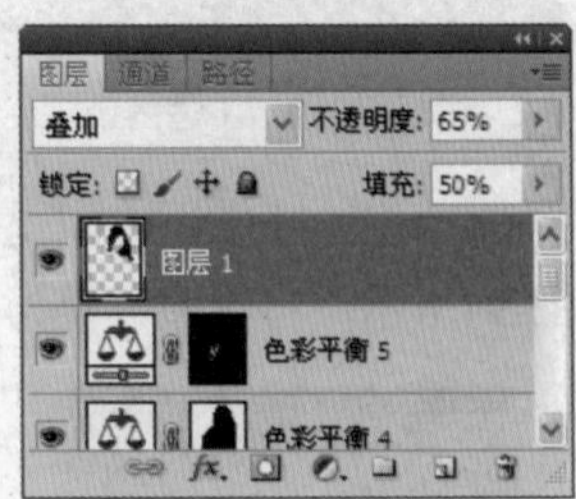

图3-103 设置图层属性

技巧提示

在调整照片中人物的头发时，要对人物头部选区进行羽化设置，以使头发呈现出更自然的效果。

图3-104 调整后的头发效果

步骤21 新建图层2，使用缩放工具将人物面部放大显示，然后设置前景色为R247、G154、B134，使用画笔工具为人物面部添加腮红效果，如图3-105所示。

图3-105 添加腮红效果

步骤22 将图层2的图层混合模式设置为“颜色”，得到的腮红效果显得更柔和，适当调整图层的不透明度，效果如图3-106所示。

图3-106 设置图层的混合模式

步骤23 新建图层3，设置前景色为R229、G96、B91，为人物唇部添加颜色，并设置图层混合模式为“颜色”、不透明度为71%，效果如图3-107所示。

图3-107 嘴唇上色

步骤24 新建图层4，将前景色设置为白色，选取画笔工具，将笔触缩小，然后对人物眼睛和唇部添加高光效果，如图3-108所示。

图3-108 对眼、唇添加高光的图像效果

步骤25 设置图层不透明度为30%，使添加的高光部分更自然，完成老照片的上色，最终图像效果如图3-109所示。

图3-109 最终图像效果

实例037 消除照片中的紫边

本实例将介绍消除照片中紫边的操作方法。实例的原照片和处理后的照片对比效果如图3-110所示。

原图

效果图

图3-110 效果对比

技法解析

本实例在消除照片中紫边的操作中，首先选择“色相/饱和度”命令，对图像进行色调的调整；然后通过执行“亮度/对比度”命令调整图像亮度。

	实例路径	实例\第3章\消除照片中的紫边.psd
	素材路径	素材\第3章\紫边照片.jpg

步骤01 按【Ctrl+O】组合键打开“紫边照片.jpg”照片素材，如图3-111所示。

图3-111 打开照片素材

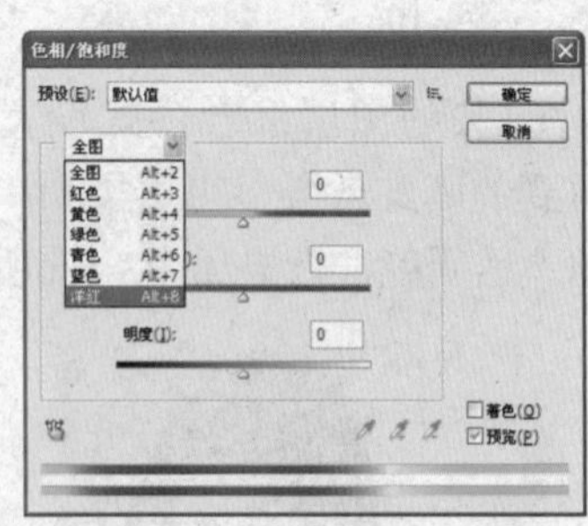

图3-112 选择“洋红”选项

步骤02 执行“图像”|“调整”|“色相/饱和度”命令，在“色相/饱和度”对话框的“全图”下拉列表中选择“洋红”选项，如图3-112所示，然后对色相进行调整，其参数如图3-113所示。

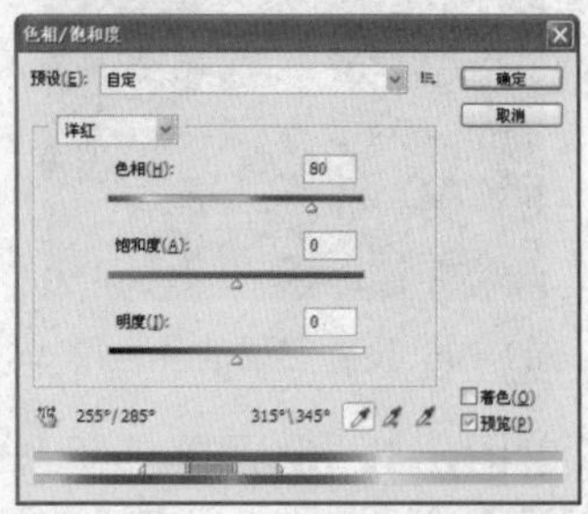

图3-113 调整参数

步骤03 在“全图”下拉列表中选择“蓝色”选项，然后调整其参数如图3-114所示，单击“确定”按钮，调整后的图像效果如图3-115所示。

图3-114 调整参数

图3-115 调整后的图像效果

步骤04 执行“图像”|“调整”|“亮度/对比度”命令，调整图像的亮度和对比度参数如图3-116所示，调整后的最终图像效果如图3-117所示。

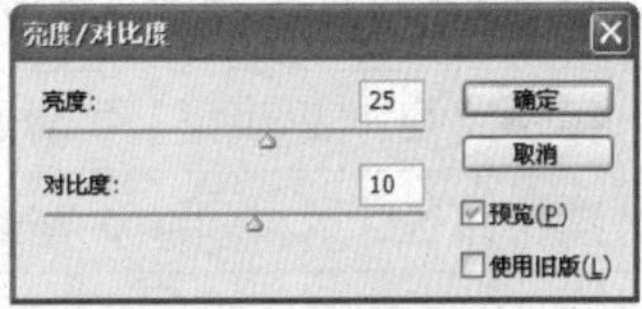

图3-116 调整亮度和对比度

图3-117 最终图像效果

技巧提示

调整照片亮度时，还可以执行“图像”|“调整”|“曲线”命令，细致地对照片的明暗度进行调整。

实例038 清除多余的人物

本实例将介绍清除照片中多余人物的操作方法。实例的原照片和处理后的照片对比效果如图3-118所示。

原图

效果图

图3-118 效果对比

技法解析

本实例在清除多余的人物的操作中，首先执行“图像”|“调整”|“亮度/对比度”命令，对照片亮度和对比度做调整；然后使用“移动选区”对照片进行修复。

	实例路径	实例\第3章\清除多余的人物.psd
	素材路径	素材\第3章\清除多余的人物.jpg

步骤01 按【Ctrl+O】组合键打开“清除多余的人物.jpg”照片素材，如图3-119所示。

图3-119 打开照片素材

步骤02 执行“图像”|“调整”|“亮度/对比度”命令，打开“亮度/对比度”对话框，调整图像“亮度”为15，如图3-120所示，调整亮度后的图像效果如图3-121所示。

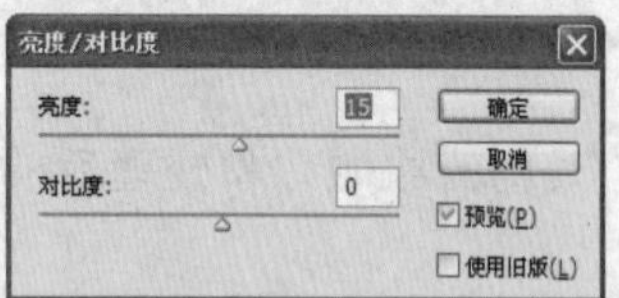

图3-120 调节照片亮度

图3-121 调整后的图像效果

步骤03 将背景图层拖动到“创建新图层”按钮上，形成图层1，如图3-122所示。

图3-122 复制背景图层

步骤04 选择矩形选框工具，在如图3-123所示的位置创建矩形选区，然后按【Ctrl+J】组合键，复制选区内的图像并生成新图层，如图3-124所示。

图3-123 创建选区

图3-124 复制图像，生成新图层

步骤05 选择移动工具将图像移到如图3-125所示的位置，然后按【Ctrl+T】组合键，对图像进行适当缩放，效果如图3-126所示。

图3-125 移动图像

图3-126 缩放图像效果

步骤06 在如图3-127所示的位置创建矩形选区，按【Ctrl+J】组合键复制选区内的图像，然后将其移到如图3-128所示的位置。

图3-127 创建新选区

图3-128 移动图像

步骤07 按【Ctrl+T】组合键，对图像进行适当缩放如图3-129所示，然后使用同样的方法对图像进行调整，调整后的图像效果如图3-130所示。

图3-129 缩放图像效果

图3-130 调整后的图像效果

步骤08 使用相同的方法依次修复其他部分，效果如图3-131所示。

图3-131 修复后的图像效果

步骤09 按两次【Ctrl+E】组合键向下合并图层，然后选择仿制图章工具，在如图3-132所示的位置进行图像取样，随后在图像连接边缘进行涂抹，使图像边缘接合得更加自然，效果如图3-133所示。

图3-132 图像取样

图3-133 修复墙面的图像效果

步骤10 使用相同的方法对地面进行修复，在图像连接边缘进行涂抹，使图像边缘接合得更加自然，修复后的最终图像效果如图3-134所示。

图3-134 最终图像效果

技巧提示

在修复图像边缘接合的地方时，要放大照片，细致地修复边缘，使照片达到更好的效果。

实例039 修饰闭眼照片

本实例将介绍修饰闭眼照片的操作方法。实例的原照片和处理后的照片对比效果如图3-135所示。

原图

效果图

图3-135 效果对比

技法解析

本实例在修饰闭眼照片的操作中，首先选择套索工具，勾选要移动的眼睛；然后移动勾选的部分，放到适当的位置，最后对眼部进行适当调整。

	实例路径	实例\第3章\修饰闭眼照片.psd
	素材路径	素材\第3章\闭眼照片.jpg、眼睛.jpg

步骤01 按【Ctrl+O】组合键打开“闭眼照片.jpg”照片素材，如图3-136所示。

图3-136 打开照片素材

步骤02 打开“眼睛.jpg”照片素材，如图3-137所示，下面将选用其中的眼睛替换闭眼照片中的一只眼睛。

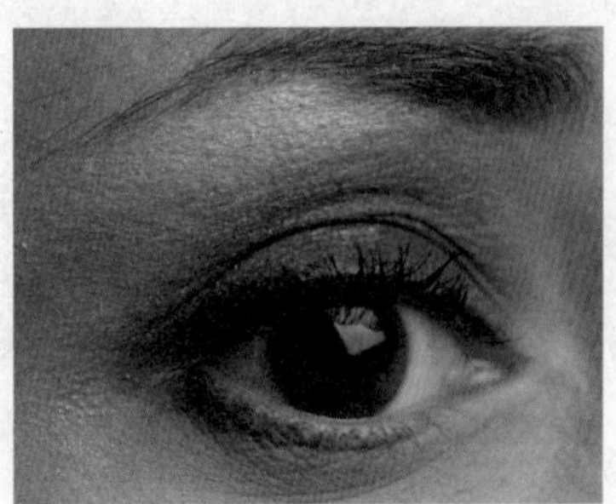
图3-137 打开图片

步骤03 在工具箱中选择套索工具，选取“眼睛.jpg”照片素材中人物的眼睛部分创建选区如图3-138所示，再将选区拖至需要修改的图像中，效果如图3-139所示。

技巧提示

选择素材图片时，注意选择适当的素材，不要选择与主题照片偏差太大的素材。

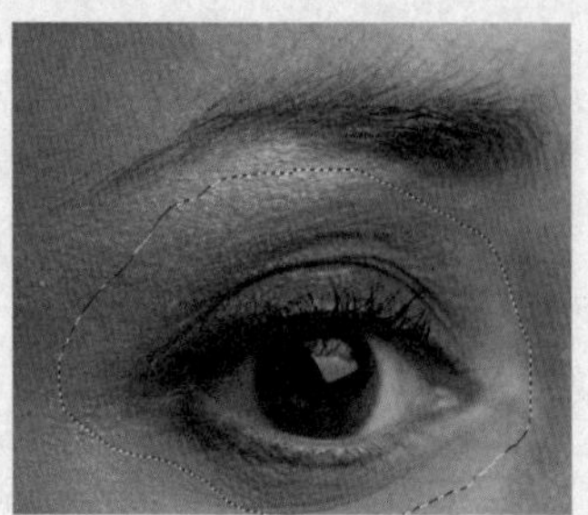

图3-138 创建选区

图3-139 移动选区

步骤04 切换到“图层”面板，将“图层1”拖至人物脸上，在“图层”面板中改变“图层1”的不透明度为80%，如图3-140所示，调整后的图像效果如图3-141所示。

图3-140 调整图层的不透明度

图3-141 调整后的图像效果

步骤05 调整好眼睛的位置后，再切换到“图层”面板，设置图层不透明度为100%，如图3-142所示，然后按【Ctrl+T】组合键调整图像的大小，得到的图像效果如图3-143所示。

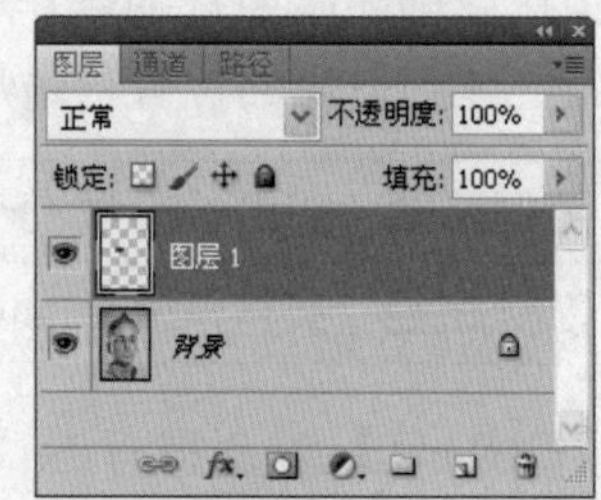

图3-142 调整图层的不透明度

图3-143 图像效果

技巧提示

移动好图像位置之后，注意调整移动图像的位置和大小，参照人物头部的偏移来改变眼睛的大小和位置。

步骤06 在“图层”面板中单击“添加图层蒙版”按钮为图层1添加蒙版，如图3-144所示。在工具箱中选择橡皮擦工具，在属性栏中设置不透明度为10%、流量为50%，涂抹眼睛四周的轮廓，使翻转的左眼部位与脸部和谐统一，修复后的图像效果如图3-145所示。

图3-144 添加蒙版

图3-145 修复后的图像效果

步骤07 在工具箱中选择多边形套索工具，并在属性栏中将羽化值设置为3像素。然后使用多边形套索工具将人物左眼部位框选出来，效果如图3-146所示。

图3-146 创建新选区

步骤08 按【Ctrl+J】组合键，复制选区，“图层”面板自动生成如图3-147所示的图层1。在工具箱中选择移动工具将复制部分移动到右眼部位，效果如图3-148所示。

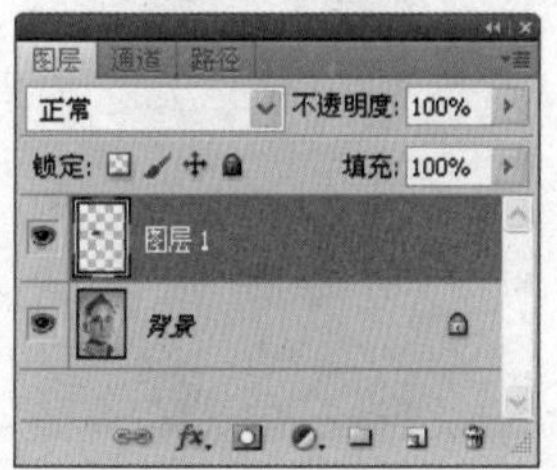

图3-147 生成图层

图3-148 移动到右眼的图像效果

步骤09 执行“编辑”|“变换”|“水平翻转”命令，如图3-149所示，翻转后的图像效果如图3-150所示.

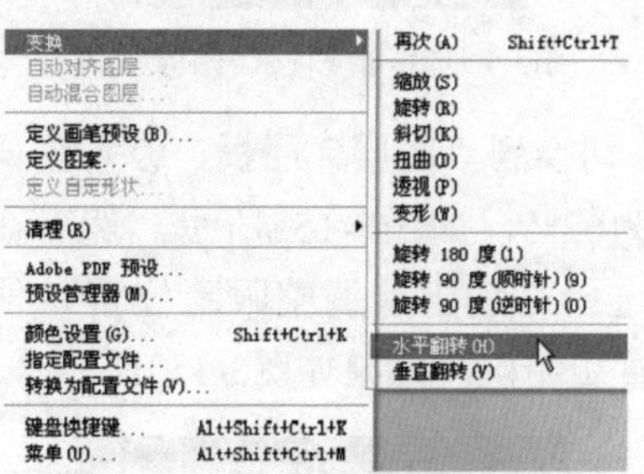

图3-149 选择“水平翻转”命令

技巧提示

调整图像的“自由变换”时，也可以按【Ctrl+T】组合键，快速地调整图像。

图3-150 翻转后的效果

步骤10 选择图层1，执行“编辑”|“自由变换”命令，按住鼠标左键，旋转图层至合适位置，按【Enter】键进行确定，效果如图3-151所示。

图3-151 编辑和移动图像效果

步骤11 切换到“图层”面板，设置图层不透明度为63%，如图3-152所示，然后在工具箱中选择移动工具调整眼睛位置，使眼睛的位置更精确，效果如图3-153所示。

图3-152 设置图层的不透明度

图3-153 设置后的图像效果

步骤12 调整好眼睛的位置后，切换到“图层”面板，设置图层不透明度为100%，图像效果如图3-154所示。

图3-154 设置图层不透明度的图像效果

步骤13 在工具箱中选择橡皮擦工具，在属性栏中调整眼睛的不透明度和大小，擦除眼睛边缘部分。眼睛调整完成后的最终图像效果如图3-155所示。

图3-155 最终图像效果

实例040 更换照片背景

本实例将介绍更换照片背景的操作方法。实例的原照片和处理后的照片对比效果如图3-156所示。

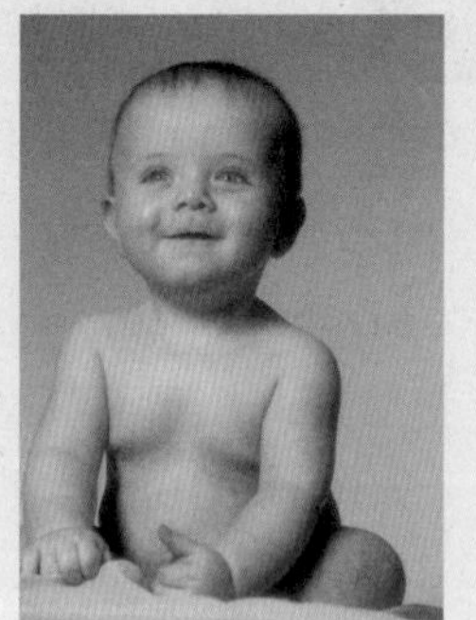

原图

效果图

图3-156 效果对比

技法解析

本实例在更换照片背景的操作中，首先选择魔棒工具，选取照片中“宝宝”部分，对“宝宝”部分进行羽化；然后移动图像，更换新背景。

实例路径	实例\第3章\更换照片背景.psd
素材路径	素材\第3章\宝宝.jpg、花朵.jpg

步骤01 按【Ctrl+O】组合键打开“宝宝.jpg”照片素材，如图3-157所示。

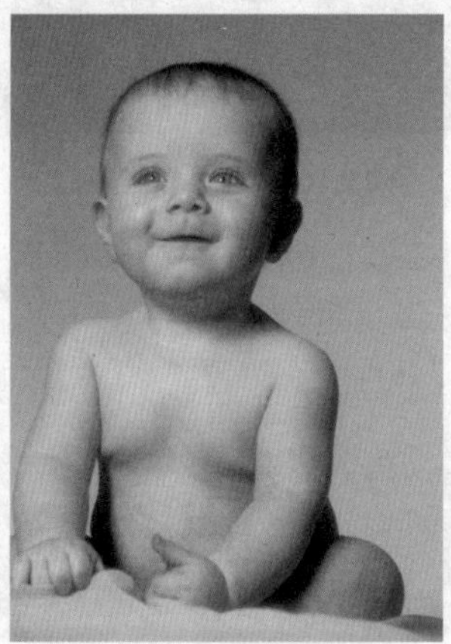

图3-157 打开照片素材

步骤02 选择魔棒工具，按【Shift】键选择照片中宝宝以外的区域，选择后的图像效果如图3-158所示。

图3-158 选择选区后的图像效果

步骤03 按【Ctrl+Shift+I】组合键进行反选，然后执行“选择”|“修改”|“羽化”命令，打开“羽化选区”对话框，设置“羽化半径”为5像素，如图3-159所示，最后打开“花朵.jpg”照片素材，如图3-160所示。

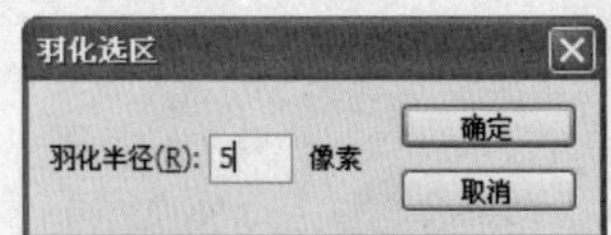

图3-159 羽化选区

图3-160 打开照片素材

步骤04 选择移动工具，将框选的宝宝图像拖到图像中，如图3-161所示。然后按【Ctrl+T】组合键对图像进行缩放，效果如图3-162所示。

图3-161 拖入照片

技巧提示

移动完图像后，可以选择橡皮擦工具并设置好大小和不透明度，对“宝宝”图层进行细微调整。

图3-162 缩放后的图像效果

步骤05 单击“图层”面板下方的“添加图层蒙板”按钮，如图3-163所示，然后选择工具箱中的渐变工具，在画面任意处向左下角拉动鼠标，如图3-164所示，得到最终图像效果如图3-165所示。

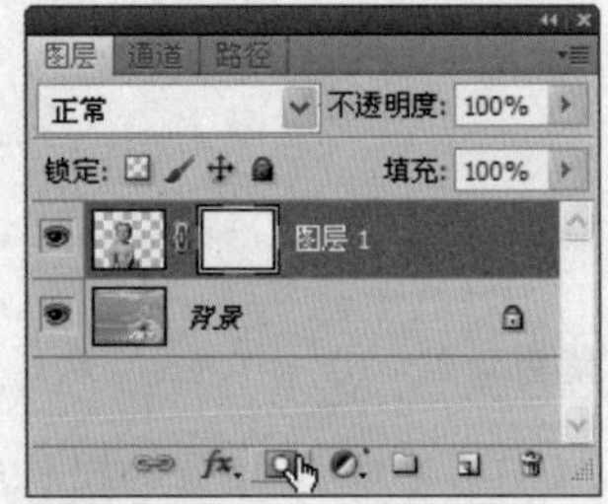

图3-163 添加图层蒙版

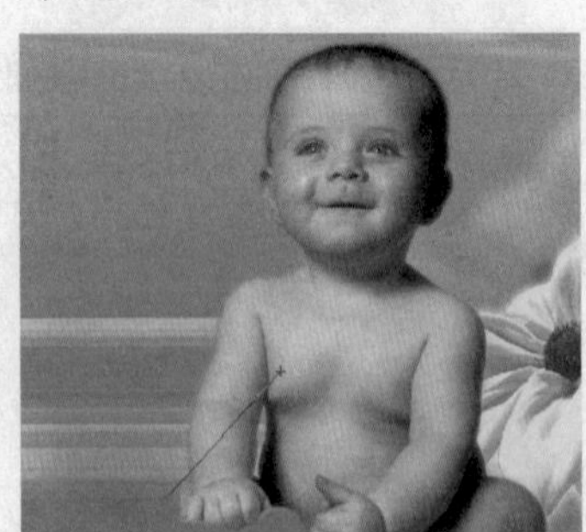

图3-164 渐变调整图像

图3-165 最终图像效果

实例041 清除图像边缘色调

本实例将介绍清除图像边缘不真实色调的操作方法。实例的原照片和处理后的照片对比效果如图3-166所示。

原图

效果图

图3-166 效果对比

技法解析

本实例在消除图像边缘色调的操作中，主要使用调整图层中的“色相/饱和度”命令，分别选择红色、黄色等颜色对图像边缘色调进行清除。

	实例路径	实例\第3章\边缘色调.psd
	素材路径	素材\第3章\树叶.jpg

步骤01 打开“树叶.jpg”文件，使用缩放工具放大图像显示，直至可以清楚地看到图像周围有些偏色现象，如图3-167所示。

图3-167 放大图像

步骤02 单击“图层”面板下方的“创建新的填充或调整图层”按钮，在弹出的菜单中选择“色相/饱和度”命令，如图3-168所示。

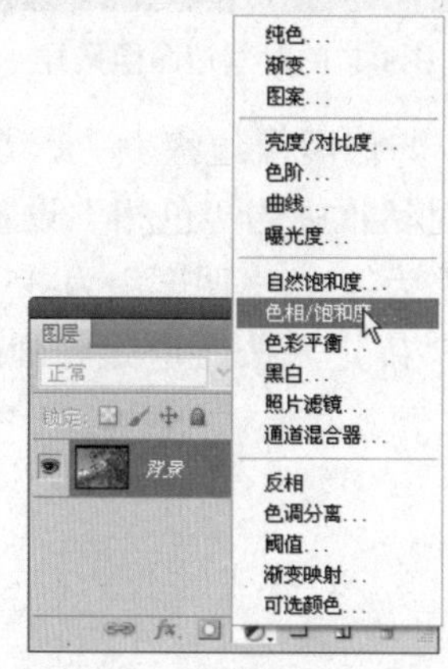

图3-168 选择“色相/饱和度”命令

步骤03 此时系统将自动进入到“调整”面板中，在“全图”下拉列表中选择“洋红”选项，如图3-169所示。

步骤04 选择该面板中的吸管工具，在紫边图像周围的树干上单击采样，得到图像色彩范围，效果如图3-170所示。

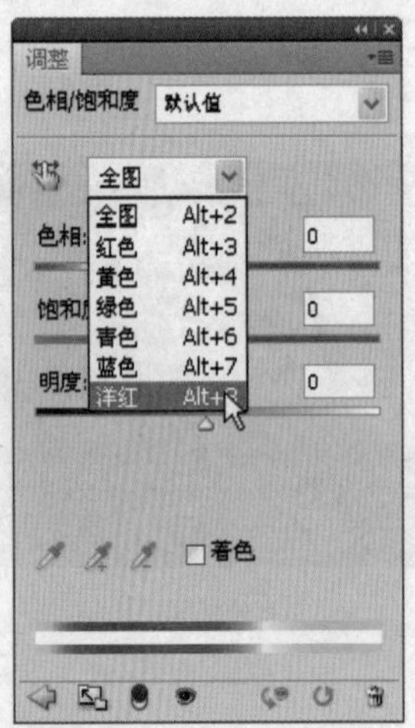

图3-169 “调整”面板

图3-170 对紫边图像采样

步骤05 为了降低图像边缘颜色，在“色相/饱和度”对话框中的“色相”设置为-40、“饱和度”为-43、“明度”为-35，完成设置后单击“确定”按钮返回到画面中，再选择抓手工具查看图像，此时可以看到图像边缘颜色消除了，效果如图3-171所示。

图3-171 调整图像色调

步骤06 为了更好地消除边缘颜色，可以再调整图像整体色调。双击抓手工具得到整个画面，为图像再新建一个“色相/饱和度”调整图层，分别设置黄色和绿色的饱和度为10，单击“确定”按钮返回到画面中，完成图像紫边现象的清除操作，效果如图3-172所示。

图3-172 清除紫边的图像效果

PART

04 照片锐化与柔化

本章主要是介绍照片处理技术中的锐化和柔化操作方法。其中锐化技术包括USM锐化技术、Lab锐化技术、高反差保留锐化和通道锐化等；柔化技术包括高斯柔化、图层柔化和高级柔化效果。

读者通过对本章的学习，能够掌握对模糊照片变清晰，以及清晰照片变柔和等技术。

效果展示 XIAOGUO ZHANSHI

实例042 USM锐化技术

本实例将介绍USM锐化的运用方法，该锐化功能可以在图像中相邻像素之间增大对比度，使图像边缘变清晰。实例的原照片和处理后的照片对比效果如图4-1所示。

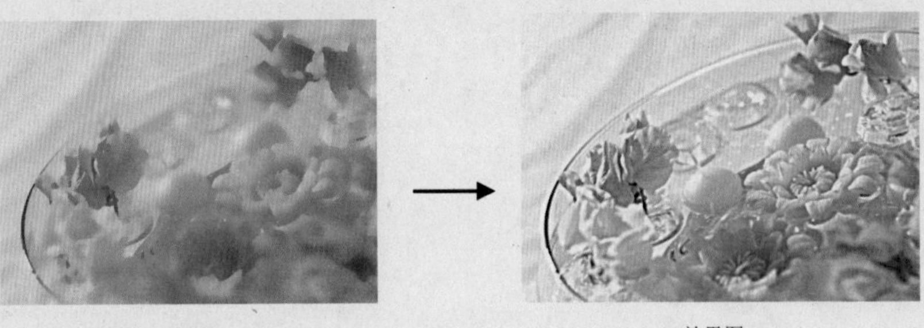

原图　　效果图

图4-1 效果对比

技法解析

使用“USM锐化”命令可以使图像达到比较好的锐化效果，它是非常流行的一种锐化方法，“USM锐化”会按用户指定的阈值找到与周围像素不同的像素，然后按指定的量增强邻近像素的对比度。因此，该命令对于邻近像素的作用是，较亮的像素将变得更亮、较暗的像素将变得更暗。

	实例路径	实例\第4章\USM锐化技术.psd
	素材路径	素材\第4章\水中花.jpg

步骤01 按【Ctrl+O】组合键打开“水中花.jpg”照片素材，如图4-2所示，可以看到图像中有部分图像边缘比较柔和，下面将对这张照片进行锐化处理。

图4-2 打开照片素材

步骤02 执行“滤镜”|“锐化”|“USM锐化”命令，打开“USM锐化”对话框，设置数量为86%、半径为5像素，如图4-3所示。

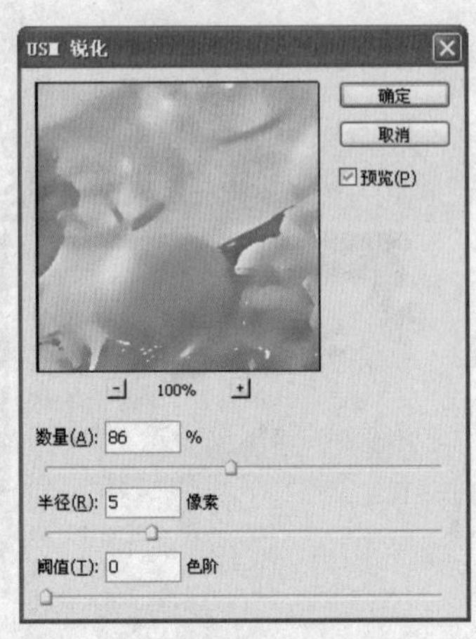

图4-3 设置锐化参数

步骤03 单击该对话框中的“确定”按钮，完成锐化参数的设置，得到的图像效果如图4-4所示。

图4-4 图像锐化效果

步骤04 执行“图像”|“调整”|“亮度/对比度”命令，打开“亮度/对比度”对话框，设置“亮度”为5、对比度为10，如图4-5所示，调整后的图像效果如图4-6所示。

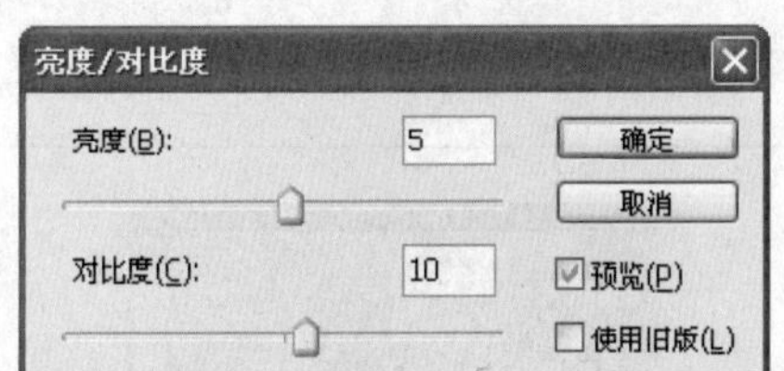

图4-5 调整亮度/对比度

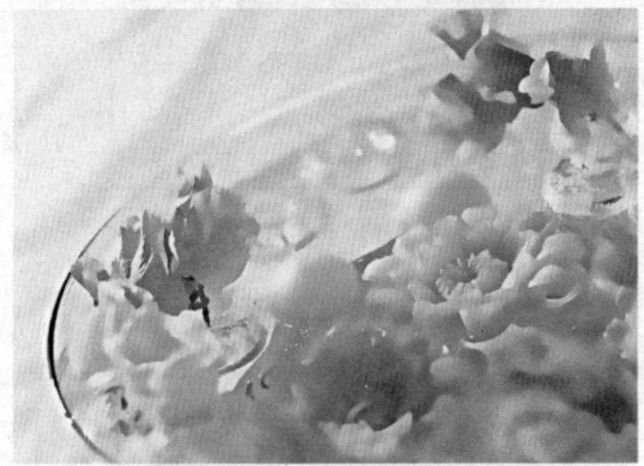

图4-6 调整亮度/对比度后的图像效果

步骤05 再次执行“滤镜”|“锐化”|“USM锐化”命令，打开“USM锐化”对话框，设置参数如图4-7所示，得到的最终锐化图像效果如图4-8所示。

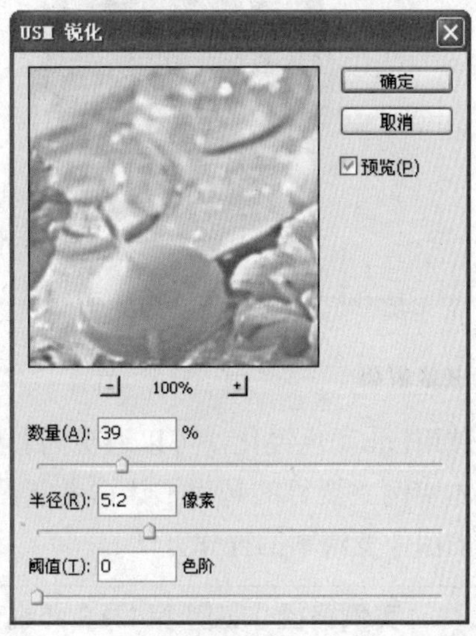

图4-7 设置锐化参数

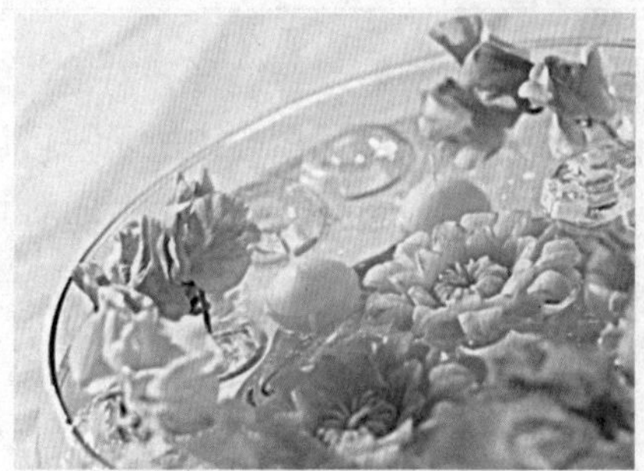

图4-8 最终锐化图像效果

技巧提示

锐化类滤镜主要是通过增强相邻像素间的对比度来减弱甚至消除图像的模糊现象，使图像轮廓分明、效果清晰。

实例043 Lab锐化技术

利用Lab模式对图像进行锐化，可以只对图像中的亮度通道锐化而不影响图像色彩，从而避免晕圈效果的产生。实例的原照片和处理后的照片对比效果如图4-9所示。

原图

效果图

图4-9 效果对比

使用Lab颜色锐化，可以避免因彩色像素在过度时，色彩过度饱和引起的色彩混乱现象。本实例主要目的是为了让读者掌握在Lab通道中选择明度通道，并且通过锐化处理使模糊的图像变清晰的操作方法。

	实例路径	实例\第4章\Lab锐化.psd
	素材路径	素材\第4章\抱花的女人.jpg

步骤01 按【Ctrl+O】组合键打开“抱花的女人.jpg”照片素材，如图4-10所示，可以看到一张比较模糊的照片图像，下面对这张照片进行锐化处理。

图4-10 打开照片素材

步骤02 打开“通道”面板，可以看到图像为RGB模式，分别有红色、绿色和蓝色通道，如图4-11所示。执行“图像”|“模式”|“Lab颜色”命令，将图像转换为Lab模式，此时“通道”面板中变为明度、a和b 3个通道，如图4-12所示。

图4-11 RGB通道

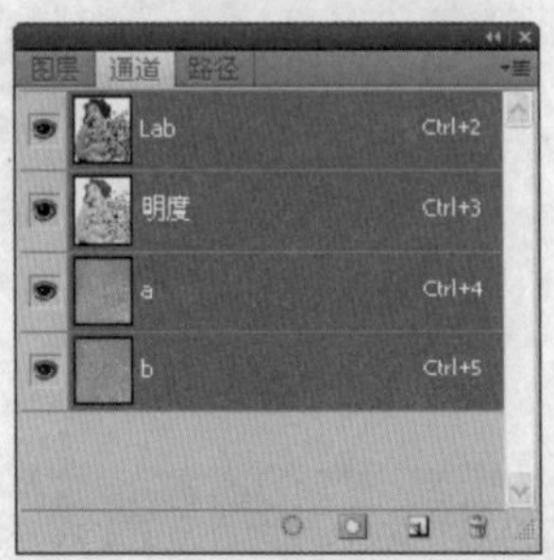

图4-12 Lab通道

步骤03 选择“明度”通道，图像以黑白形式显示，如图4-13所示。执行“滤镜”|“锐

化”|“锐化”命令，系统将自动使图像锐化，再按【Ctrl+F】组合键重复操作两次，以加深锐化效果，返回到彩色图像后的图像效果如图4-14所示。

图4-13 黑白显示图像

图4-14 图像锐化效果

步骤04 执行“明度”通道，选择“滤镜”|“锐化“|“USM锐化”命令，打开“USM锐化”对话框，参照图4-15设置各项参数。

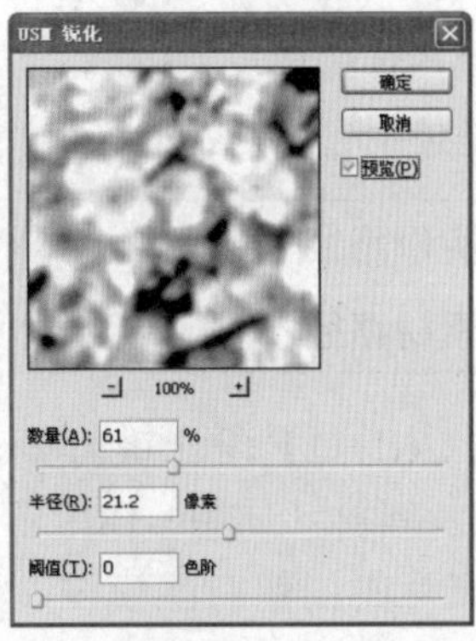

图4-15 设置锐化参数

步骤05 完成后单击“确定”按钮，然后在“通道”面板中选择Lab，得到彩色图像的最终锐化效果如图4-16所示。

图4-16 最终锐化的图像效果

实例044 高反差保留锐化

本实例将介绍使用“高反差保留”滤镜来锐化图像的操作方法。实例的原照片和处理后的照片对比效果如图4-17所示。

原图

效果图

图4-17 效果对比

技法解析

使用“高反差保留”滤镜，可以在图像明显的颜色过渡处保留指定半径内的边缘细节，并忽略图像颜色反差较低区域的细节。这与“锐化”命令的使用方法有明显的不同，但相同的是使用它们后都能得到清晰的锐化效果图像。

	实例路径	实例\第4章\高反差保留锐化.psd
	素材路径	素材\第4章\百合仙子.jpg

步骤01 按【Ctrl+O】组合键打开“百合仙子.jpg”照片素材（如图4-18所示），可以看到这张照片的图像有些模糊，下面将使用高反差滤镜对该图像进行锐化。

图4-18 打开照片素材

步骤02 选择“图层”面板，按【Ctrl+J】组合键复制一次背景图层，形成图层1，如图4-19所示。

图4-19 复制图层

步骤03 按【Ctrl+Shift+U】组合键去除颜色，得到黑白图像，效果如图4-20所示。

步骤04 执行“滤镜”|“其他”|“高反差保留”命令，打开“高反差保留”对话框，设置半径为30像素，如图4-21所示。

图4-20 黑白图像效果

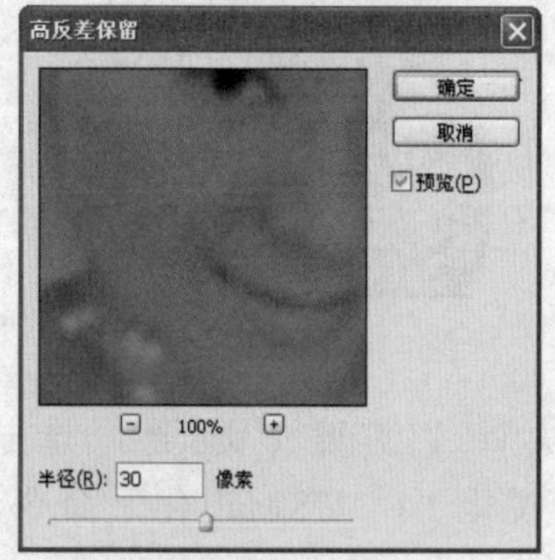

图4-21 设置高反差保留半径

步骤05 单击“确定”按钮返回到画面中，此时看到的图像效果如图4-22所示，然后在“图层”面板中设置图层1的图层混合模式为“叠加”，如图4-23所示。

图4-22 图像效果

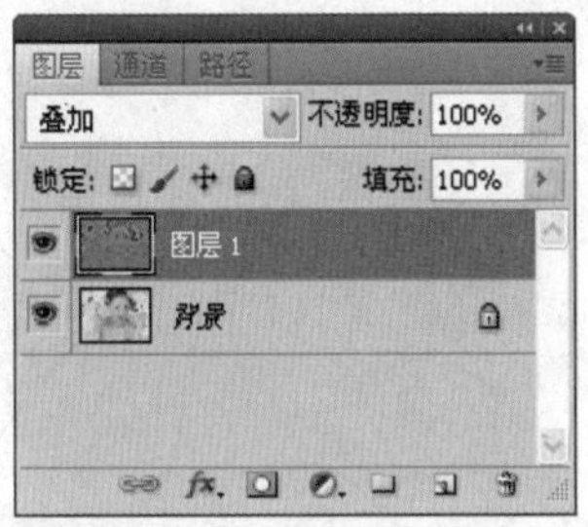

图4-23 设置图层属性

步骤06 此时可以看到设置图层混合模式后的图像比之前的图像更加清晰，并且更有层次感，图像效果如图4-24所示。

图4-24 图像效果

实例045 通道边缘锐化

本实例将介绍使用通道边缘来锐化图像的操作方法。实例的原照片和处理后的照片对比效果如图4-25所示。

原图

效果图

图4-25 效果对比

技法解析

进行通道边缘锐化时，通常使用通道和查找边缘工具来制作蒙版，其作用是可以选择性地用比较强的锐化选项突出边缘而不影响图像的其他地方，同时还可以去除噪点。

	实例路径	实例\第4章\通道边缘锐化.psd
	素材路径	素材\第4章\海边美女.jpg

步骤01 按【Ctrl+O】组合键打开“海边美女.jpg”照片素材，如图4-26所示，可以看到这张照片的图像有些模糊，下面将通过通道将该图像进行锐化。

图4-26 素材照片

步骤02 按【Ctrl＋A】组合键全选图像，再按【Ctrl+C】组合键复制图像。然后切换到“通道”面板中，新建Alpha 1通道，按【Ctrl＋V】组合键粘贴图像，此时的“通道”面板显示如图4-27所示。

图4-27 粘贴图像

步骤03 执行“滤镜”|“风格化”|“查找边缘”命令，得到图像清晰的边缘效果如图4-28所示。

步骤04 执行“图像”|“调整”|“色阶”命令，打开“色阶”对话框，将左边和中间的三角形滑块像右移动，如图4-29所示，使图像边缘的对比度更加明显，效果如图4-30所示。

图4-28 查找边缘图像效果

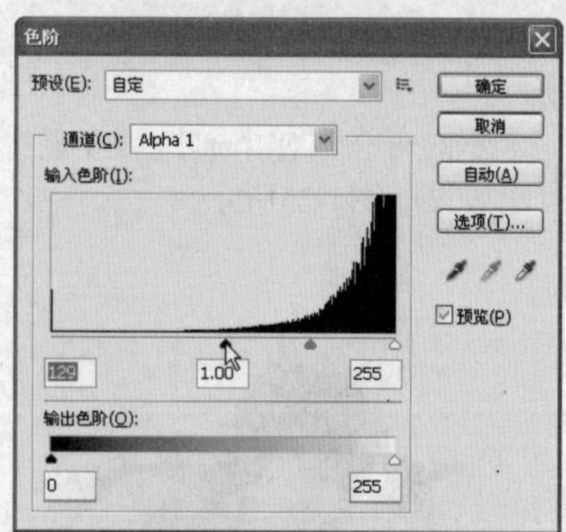

图4-29 拖动滑块

图4-30 图像效果

步骤05 执行“滤镜”|“模糊”|“高斯模糊”命令，打开“高斯模糊”对话框，设

置半径为1.0像素，如图4-31所示。

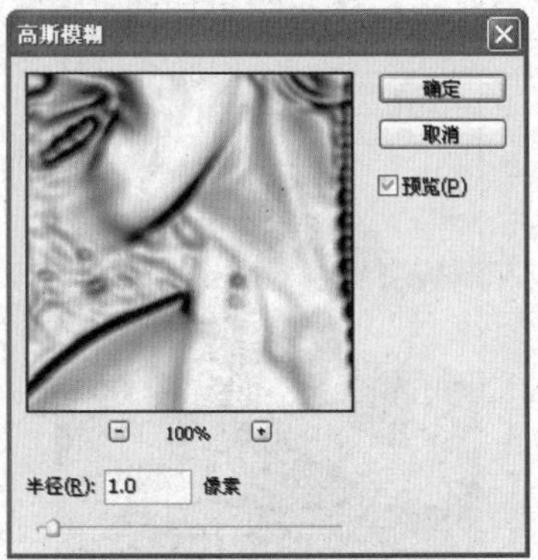

图4-31 设置模糊参数

步骤06 再次使用“色阶”命令，参照如图4-32所示的方式调整各参数，为图像在去除图像内部细节部分的同时保留边缘部分，效果如图4-33所示。

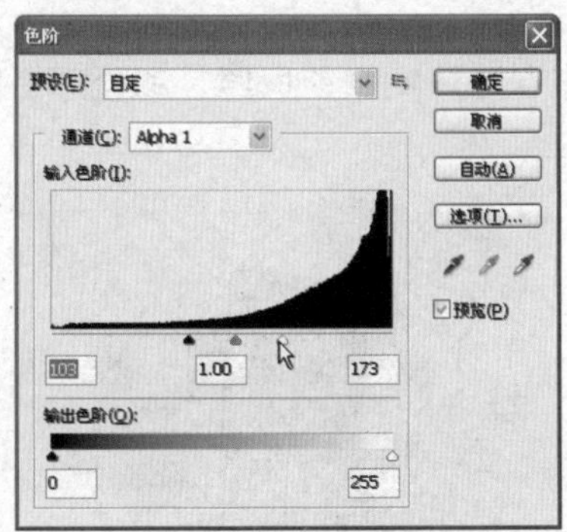

图4-32 调整图像色阶

图4-33 保留图像轮廓

步骤07 按【Ctrl】键并单击Alpha 1通道，获取选区，然后执行“选择”|“反选”命令，得到图像轮廓选区如图4-34所示。

图4-34 反选选区

步骤08 在“通道”面板中单击RGB通道，显示彩色图像，获取清晰的图像轮廓选区如图4-35所示，下面将对其进行锐化处理。

图4-35 图像轮廓选区

步骤09 切换到“图层”面板，按【Ctrl＋J】组合键复制选区图像，得到图层1，如图4-36所示。

图4-36 复制选区图像

步骤10 执行“滤镜”|“锐化”|“USM锐化”命令，打开“USM锐化”对话框，设置各项参数，如图4-37所示。

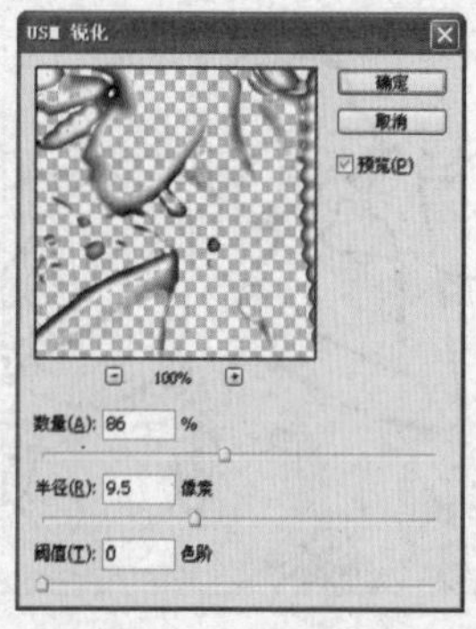

图4-37 设置锐化参数

步骤11 单击“确定”按钮返回到图像中，完成后的最终图像锐化效果如图4-38所示。

图4-38 最终图像锐化效果

实例046 蒙版锐化

本实例将介绍使用图层蒙版来锐化图像的操作方法。实例的原照片和处理后的照片对比效果如图4-39所示。

原图

效果图

图4-39 效果对比

技法解析

虽然使用锐化能够使图像变得更清晰，但是对整体图形进行操作时不需要锐化的部分会产生严重的晕圈现象，如果使用蒙版锐化即可解决这种问题。

	实例路径	实例\第4章\蒙版锐化.psd
	素材路径	素材\第4章\吹泡泡.jpg

步骤01 按【Ctrl+O】组合键打开“吹泡泡.jpg”照片素材，如图4-40所示，可以看到这张照片的图像有些模糊，下面将对该图像进行锐化处理。

图4-40 打开照片素材

步骤02 按【Ctrl+J】组合键复制背景图层，得到图层1，如图4-41所示。

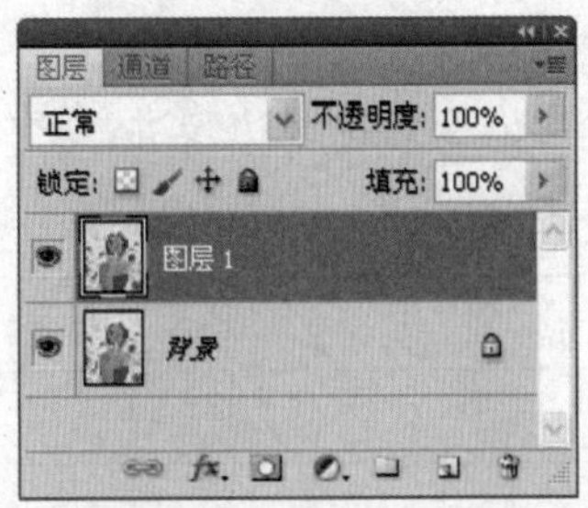

图4-41 复制图层

步骤03 执行“滤镜”|“锐化”|“USM锐化”命令，打开“USM锐化”对话框，参照图4-42设置各项参数。

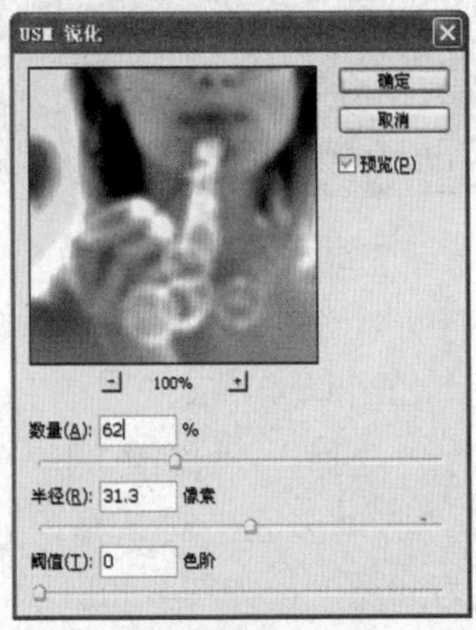

图4-42 设置锐化参数

步骤04 完成整体锐化后，单击“图层”面板下方的“添加图层蒙版”按钮，为图层添加蒙版，如图4-43所示。

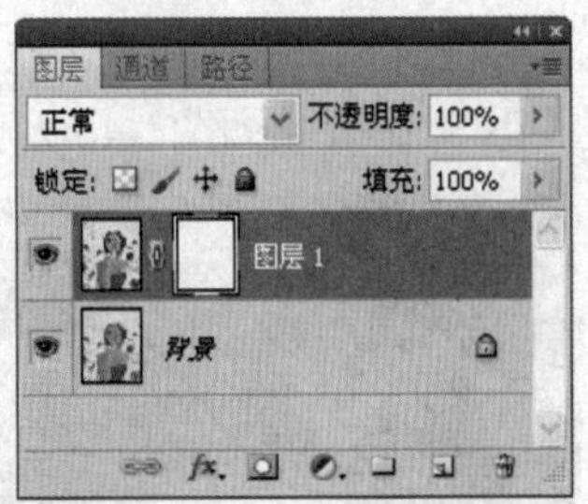

图4-43 添加图层蒙版

步骤05 确认前景色为黑色、背景色为白色。使用画笔工具涂抹头发部分，将其隐藏，隐藏的部分在“图层”面板中将以黑色部分显示，如图4-44所示。

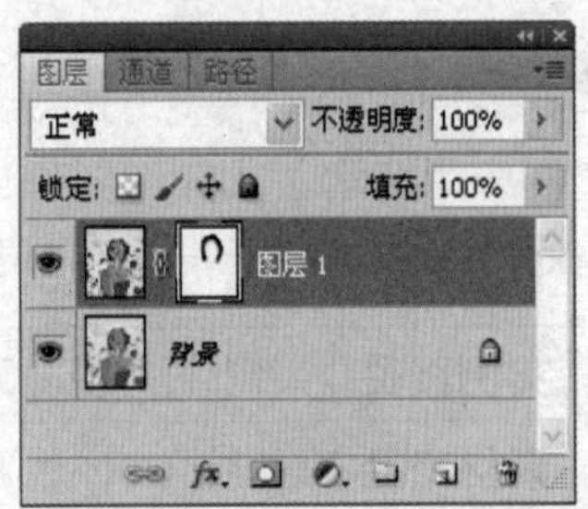

图4-44 隐藏图像

步骤06 在背景图像中做涂抹，直至得到满意的图像，使模糊的人物图像被隐藏，按【Ctrl+E】组合键合并图层，得到的最终图像锐化效果如图4-45所示。

图4-45 最终图像锐化效果

实例047 高斯柔化

本实例将介绍使用“高斯模糊”滤镜来柔化图像的操作方法。实例的原照片和处理后的照片对比效果如图4-46所示。

原图

效果图

图4-46 效果对比

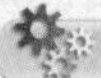

技法解析

本实例应用套索工具制作图像选区，并通过“羽化”命令对选区边缘进行柔化处理，最后使用滤镜中的“高斯模糊”命令对图像进行高斯柔化处理。

	实例路径	实例\第4章\高斯柔化.psd
	素材路径	素材\第4章\优雅气质.jpg

步骤01 按【Ctrl+O】组合键打开“优雅气质.jpg”照片素材，如图4-47所示，下面将对该图像进行柔化处理。

图4-47 打开照片素材

步骤02 选择工具箱中的套索工具，按住鼠标左键，在人物图像周围拖动，手动绘制一个不规则选区，如图4-48所示。

图4-48 绘制不规则选区

步骤03 执行“选择”|“反向”命令，获取反向选区，如图4-49所示。

步骤04 执行“选择”|“修改”|“羽化”命令，打开“羽化选区”对话框，设置羽化半径参数为30像素，如图4-50所示，然后单击“确定”按钮，得到选区的羽化效果。

图4-49 反选选区

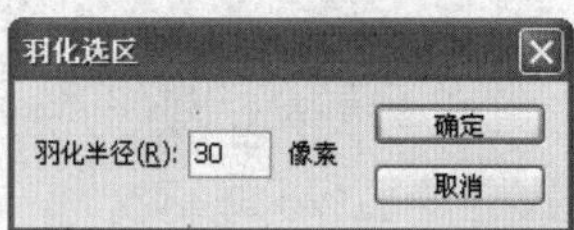

图4-50 设置羽化值

步骤05 执行“滤镜”|“模糊”|“高斯模糊”命令，打开“高斯模糊”对话框，设置半径为6.6像素，如图4-51所示。

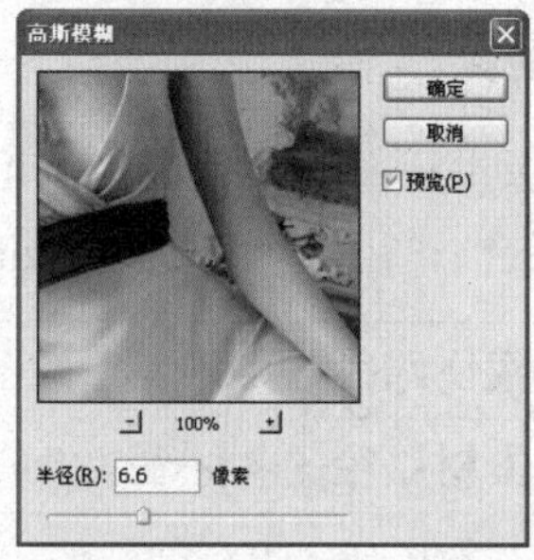

图4-51 设置模糊参数

步骤06 单击“确定”按钮，按【Ctrl+D】组合键取消选区，最终图像效果如图4-52所示。

图4-52 最终图像效果

实例048 图层柔化

本实例将介绍将一张普通的照片制作成柔化图像的操作方法。实例的原照片和处理后的照片对比效果如图4-53所示。

原图

效果图

图4-53 效果对比

技法解析

对图像进行图层柔化操作，可以让图像变得更加柔和、梦幻，让一张普通的照片变得更具有观赏性，用户可以通过Photoshop中的模糊滤镜和改变图层混合模式来实现。

	实例路径	实例\第4章\图层柔化.psd
	素材路径	素材\第4章\花朵.jpg、水样女子.jpg

步骤01 按【Ctrl+O】组合键打开“花朵.jpg”照片素材，如图4-54所示，下面将对这张图像做背景图像效果处理。

图4-54 打开照片素材

步骤02 执行“图像”|“图像旋转”|“水平翻转画布”命令，将图像水平翻转。然后执行“滤镜”|“艺术效果”|“调色刀”命令，打开“调色刀”对话框，参照图4-55设置各项参数。

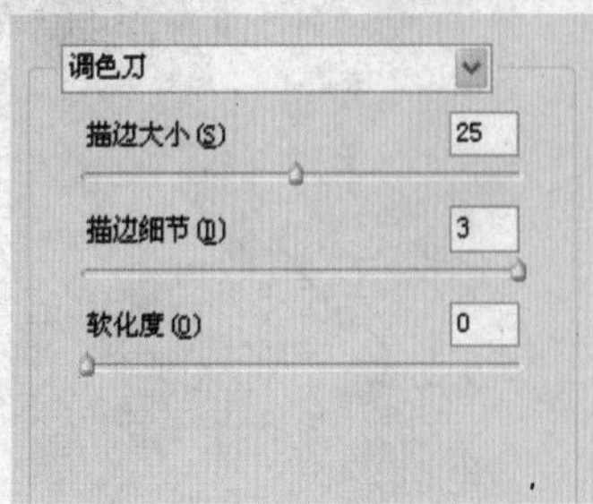

图4-55 设置“调色刀”参数

步骤03 单击该对话框中的“确定”按钮，得到的图像效果如图4-56所示。

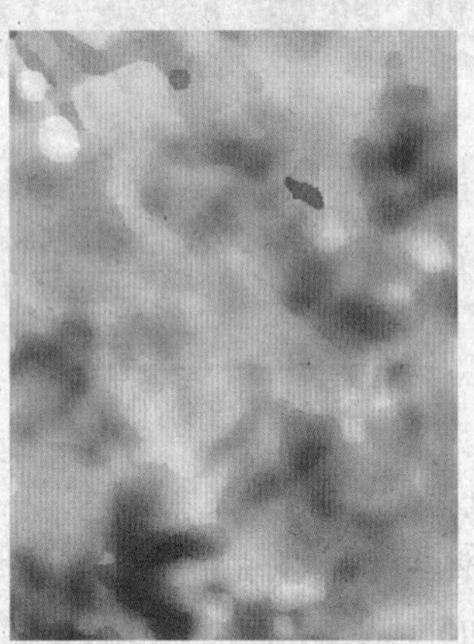

图4-56 图像效果

步骤04 执行“滤镜”|“模糊”|“动感模糊”命令，打开“动感模糊”对话框，设置角度为-34度、距离为50像素，如图4-57所示。

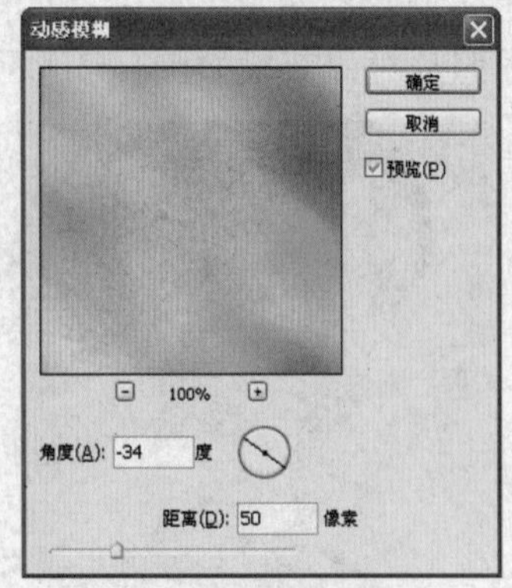

图4-57 设置模糊参数

步骤05 单击该对话框中的“确定”按钮，返回到画面中，得到的图像模糊效果如图4-58所示。

步骤06 执行“文件”|“打开”命令，打开“水样女子.jpg”照片素材，如图4-59所示。

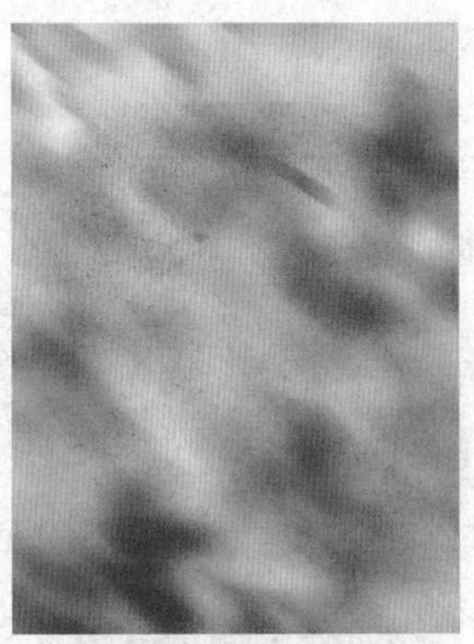
图4-58 图像模糊效果

图4-59 打开照片素材

步骤07 选择移动工具将人物照片直接拖动到背景模糊图像中，得到图层1，按【Ctrl+T】组合键适当调整人物照片的大小。然后设置图层1的图层混合模式为“正片叠底”，如图4-60所示，得到的图像效果如图4-61所示。

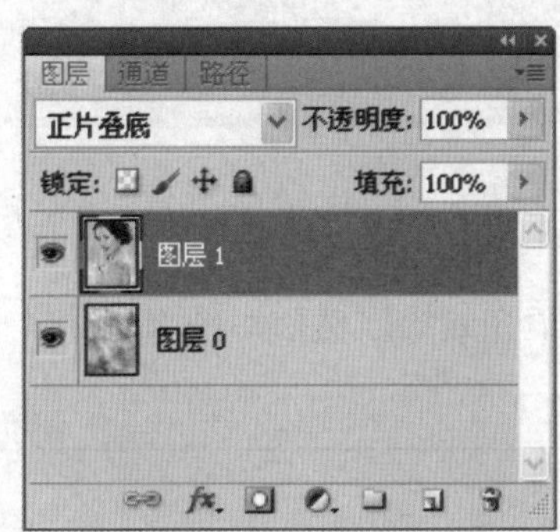

图4-60 设置图层混合模式

图4-61 图像效果

步骤08 按【Ctrl+J】组合键，将图层1复制一次，得到图层1副本，如图4-62所示。

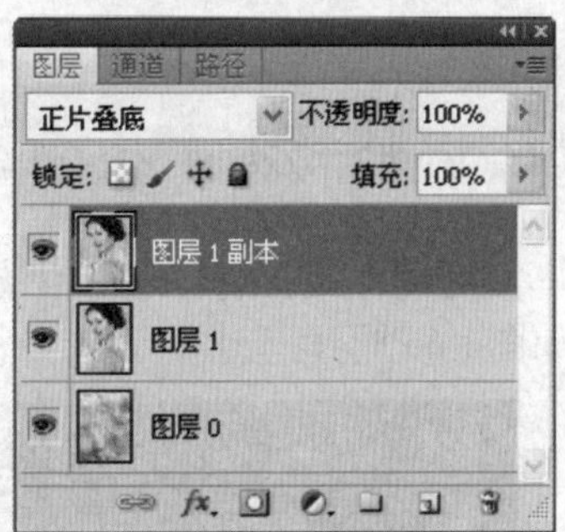

图4-62 复制图层

步骤09 执行“滤镜”|“模糊”|“高斯模糊”命令，打开“高斯模糊”对话框，设置半径为9.7像素，如图4-63所示。

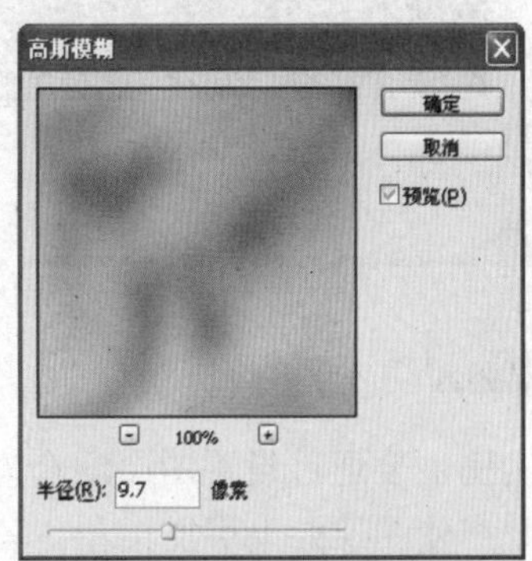

图4-63 设置高斯模糊参数

步骤10 单击“确定”按钮返回到画面中，可以看到图像效果如图4-64所示。

图4-64 图像模糊效果

步骤11 设置图层1副本的图层混合模式为“叠加”，得到的最终图像效果如图4-65所示，完成本实例的制作。

图4-65 最终图像效果

实例049 高级柔化

本实例将介绍一种高级柔化图像的制作方法。实例的原照片和处理后的照片对比效果如图4-66所示。

原图

效果图

图4-66 效果对比

技法解析

本实例主要通过设置图层混合模式让图像呈现出柔光效果，然后对图像应用“表面模糊”命令，使图像效果更加柔和。

	实例路径	实例\第4章\高级柔化.psd
	素材路径	素材\第4章\弯月.jpg

步骤01 按【Ctrl+O】组合键打开“弯月.jpg”照片素材，如图4-67所示，下面将对这张图像做柔化效果。

图4-67 打开照片素材

步骤02 执行“图层”|“复制图层”命令，打开“复制图层”对话框，如图4-68所示，默认设置后单击“确定”按钮，此时系统将在“图层”面板中自动形成复制的图层如图4-69所示。

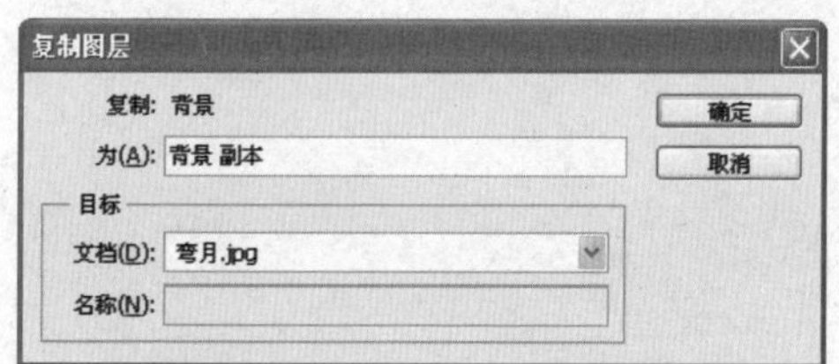

图4-68 “复制图层”对话框

图4-69 “图层”面板

步骤03 设置“背景 副本”图层的图层混合模式为“滤色”，得到的图像效果如图4-70所示。

图4-70 图像效果

步骤04 按【Ctrl+J】组合键复制图层，得到“背景 副本2”图层，改变其图层混合模式为“柔光”，如图4-71所示，得到的图像效果如图4-72所示。

图4-71 设置图层属性

图4-72 图像效果

步骤05 执行“图层”|“合并可见图层”命令，合并图层，如图4-73所示。

图4-73 合并图层

步骤06 执行“滤镜”|“模糊”|“表面模糊”命令，打开“表面模糊”对话框，设置半径参数为21像素、阈值为18色阶，如图4-74所示。

图4-74 设置模糊参数

步骤07 单击“确定”按钮，得到的最终图像效果如图4-75所示。

图4-75 最终图像效果

技巧提示

使用“表面模糊”滤镜可以在模糊图像的同时保留原图像边缘。

PART 05

人物照片美容

人人都希望自己拥有漂亮的面孔、洁白的牙齿、白净的肌肤、修长的身材，让自己展现出迷人的风彩。虽然现实生活几乎没有可能改变这些，但是使用Photoshop却可以将自己的照片进行美化处理，使自己变得更加迷人眩目。

本章将详细介绍修饰人物照片的各种方法，包括修饰人物头发、眼睛、嘴唇、眉毛和身材等内容。

效果展示 XIAOGUO ZHANSHI

实例050 修整人物唇型

本实例将介绍修正人物唇型的操作方法。实例的原照片和处理后的照片对比效果如图5-1所示。

原图

效果图

图5-1 效果对比

技法解析

本实例在修整人物唇型操作中，主要通过使用“液化”滤镜来修整人物唇型，在使用“液化”对话框中的工具时，注意调整右边的工具选项参数。

	实例路径	实例\第5章\修整人物唇型.psd
	素材路径	素材\第5章\少女.jpg

步骤01 按【Ctrl+O】组合键打开“少女.jpg”照片素材如图5-2所示，可以看到这张照片中美女的唇部周围不太好看，下面将对其修整，让整个画面看起来更加协调。

图5-2 打开照片素材

步骤02 执行“滤镜”|“液化”命令，打开“液化”对话框，选择左边工具箱中的向前变形工具，在右边的“工具选项”选项区中设置画笔大小为50，如图5-3所示。

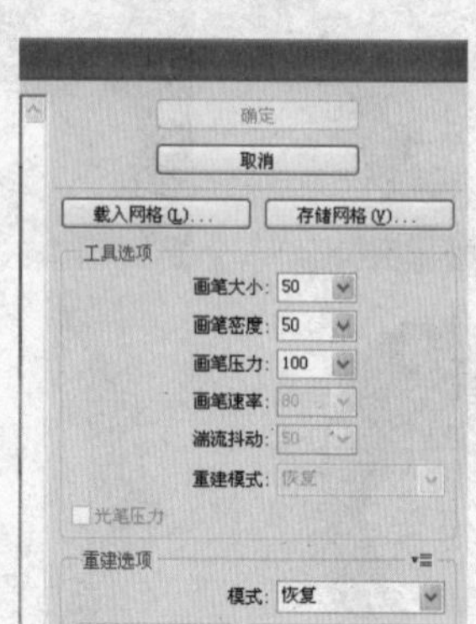

图5-3 设置画笔大小

步骤03 在“液化”对话框左边的图像中，对下唇部右边图像向上进行轻微的拖拉，如

图4-4所示，然后再慢慢地、细致地修整下唇部图像，得到的图像效果如图5-5所示。

图5-4 向上拖拉鼠标

图5-5 修复后的图像效果

步骤04 使用向前变形工具对上唇右边的图像进行修复，在修复时应注意画笔的使用要细致，以免将图像拖拉变形，修复后的图像效果如图5-6所示。

图5-6 修复后的图像效果

步骤05 此时看到的唇部图像，已经基本得到修整。为了让唇部图像更加完美，可以选择膨胀工具，在“液化”对话框的右边“工具选项”选项区中设置画笔大小为38，其余选项参数设置如图5-7所示。

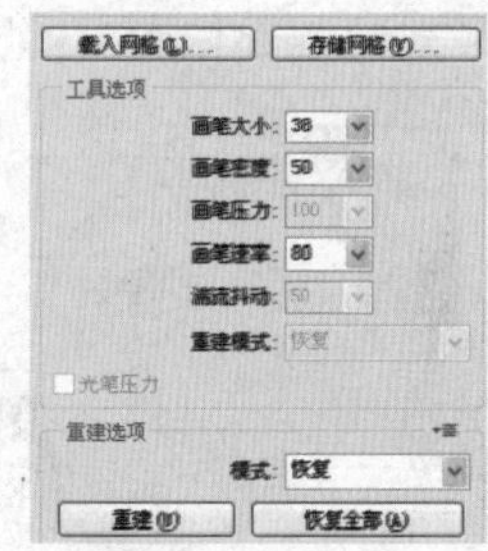

图5-7 调整画笔大小

步骤06 使用膨胀工具在人物唇部右边边角位置单击，然后适当的停留2～3秒钟，如图5-8所示，让唇部缝隙得到调整。

图5-8 调整唇部缝隙图像

步骤07 单击该对话框中的“确定”按钮返回到画面中，得到修整后的最终图像效果如图5-9所示。

图5-9 最终图像效果

实例051 添加闪亮唇彩

本实例将介绍添加闪亮唇彩的方法，并介绍钢笔工具的使用。实例的原照片和处理后的照片对比效果如图5-10所示。

原图

效果图

图5-10 效果对比

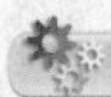

技法解析

本实例在添加闪亮唇彩的操作中，首先选择钢笔工具，在图像中选择嘴唇的范围；然后执行“滤镜”|“杂色”|“添加杂色”命令对人物唇部进行调整。

	实例路径	实例\第5章\添加闪亮唇彩.psd
	素材路径	素材\第5章\笑容.jpg

步骤01 按【Ctrl+O】组合键，打开“笑容.jpg”照片素材，如图5-11所示，可以看到图像中人物的唇部颜色较淡，下面将添加闪亮唇彩效果。

图5-11 打开照片素材

步骤02 选择工具箱中的缩放工具框选唇部图像，将其放大，放大后的图像效果如图5-12所示。

图5-12 放大后的图像效果

步骤03 选择钢笔工具，在图像中对唇部图像进行勾选，创建唇部路径，如图5-13所示。

图5-13 勾选路径

步骤04 按【Ctrl＋Enter】组合键将路径转换为选区，然后选择任意一个选框工具，将鼠标光标移动到选区中单击右键，在弹出的快捷菜单中选择“羽化”命令，如图5-14所示。

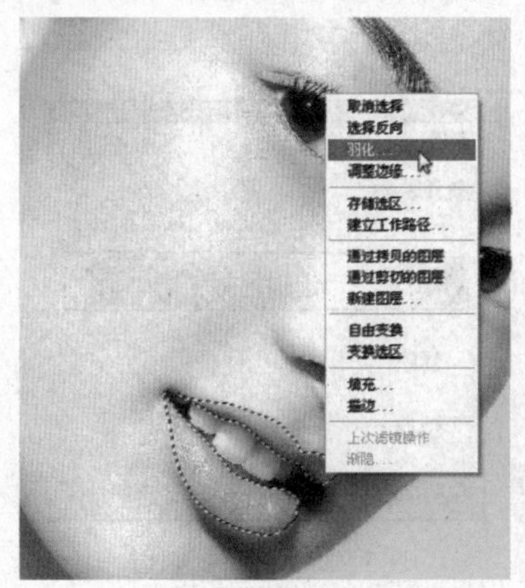

图5-14 选择羽化命令

步骤05 打开“羽化选区”对话框，设置羽化半径为2像素，如图5-15所示。

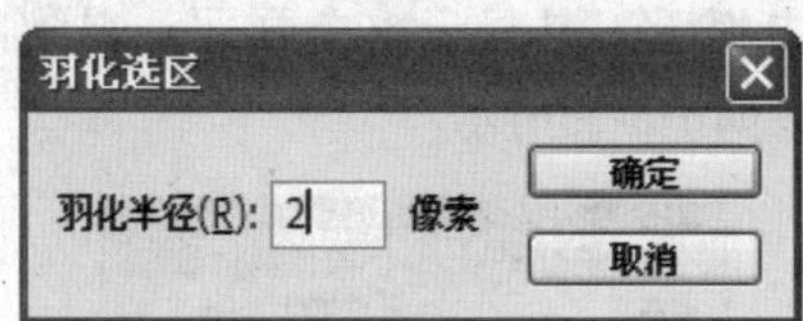

图5-15 设置羽化半径

步骤06 单击“确定”按钮返回到画面中，在“图层”面板中创建图层1，然后设置前景色为灰色，按【Alt＋Delete】组合键为图像填充颜色，效果如图5-16所示。

图5-16 填充选区后的效果

步骤07 执行“滤镜”|“杂色”|“添加杂色”命令，打开“添加杂色”对话框，设置数量为6%，如图5-17所示。

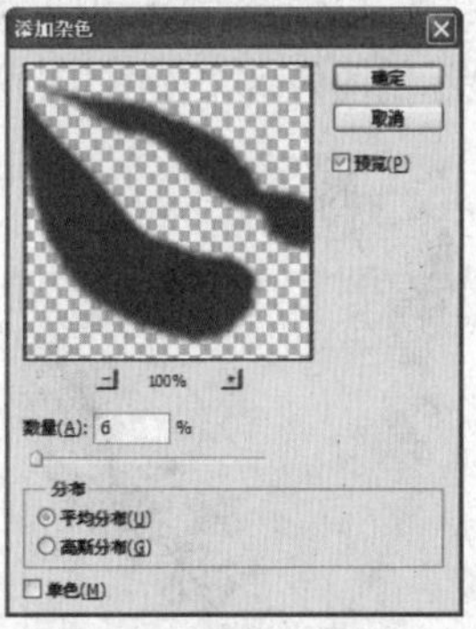

图5-17设置杂点数量

步骤08 单击“确定”按钮返回到画面中，然后执行“图像”|“调整”|“色阶”命令，打开“色阶”对话框，拖动下方的三角形滑块，以减小白色范围，如图5-18所示。

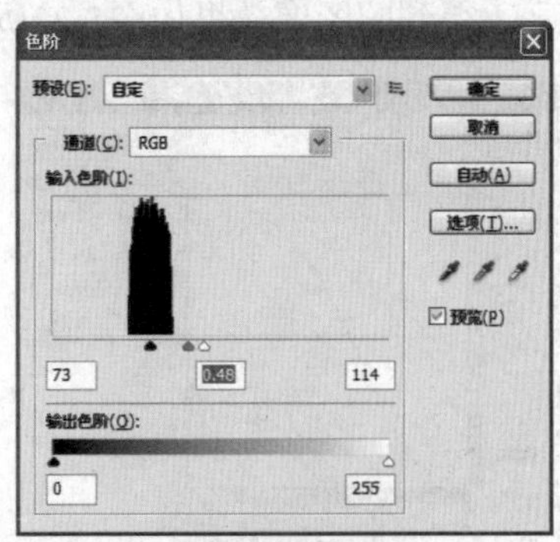

图5-18 调整色阶

步骤09 单击“确定”按钮返回到画面中，可以看到图像中的白色杂点有了明显的减少，并且增强了颜色对比度，调整后的图像效果如图5-19所示。

图5-19 调整后的图像效果

步骤10 在“图层”面板中设置图层混合模式为“线性减淡”，以使背景图层中的唇部图像显示出来，显示的图像效果如图5-20所示。

图5-20 设置混合模式

步骤11 执行“图像”|“调整”|“曲线”命令，打开“曲线”对话框，在该对话框中调整曲线，以增强唇部的明暗对比，如图5-21所示，得到的图像效果如图5-22所示。

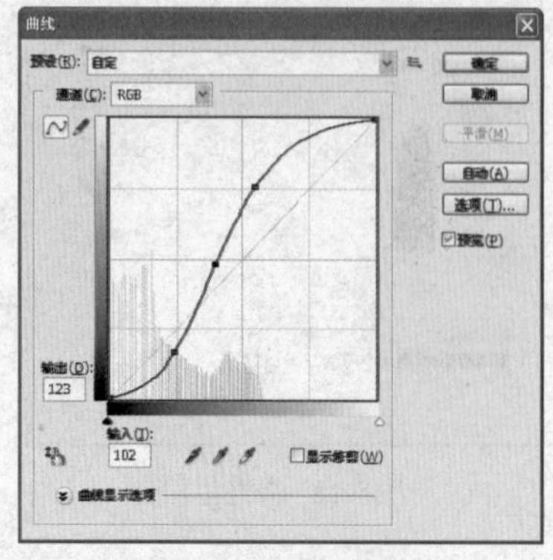

图5-21 调整曲线

图5-22 图像效果

步骤12 按【Ctrl】键并单击图层1，载入图层1图像选区，单击“图层”面板下方的“创建新的填充或调整图层”按钮，选择“渐变映射”命令，打开“渐变映射”对话框，设置渐变颜色为黑白渐变，如图5-23所示。

图5-23 设置渐变映射

步骤13 单击“确定”按钮返回到画面中，在“图层”面板中设置图层混合模式为“变亮”、不透明度为50%，如图5-24所示。然后双击抓手工具显示整个画面，得到的图像效果如图5-25所示。

图5-24 设置图层属性

图5-25 图像效果

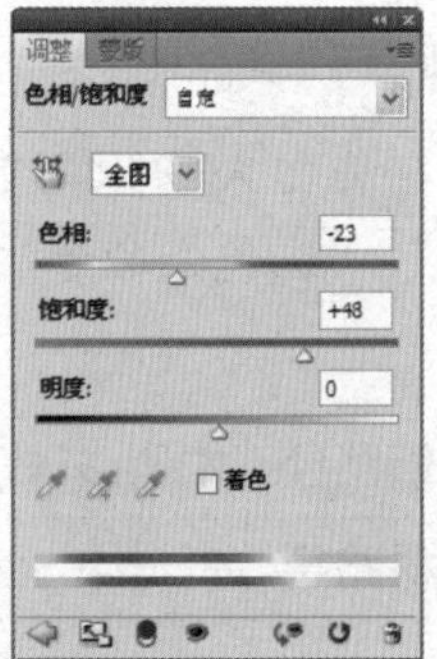

图5-26 调整图像色相和饱和度

步骤14 再次载入图层1的图像选区，单击“图层”面板下方的“创建新的填充或调整图层”按钮，在弹出的菜单中执行“色相/饱和度”命令，打开“调整”面板，调整图像色相和饱和度参数，如图5-26所示。

技巧提示

按【Ctrl】键，单击要转化的选区图层，这样可以快速地选取到需要的范围。

步骤15 调整图像的色相和饱和度后，可以看到唇部已经有了闪亮唇彩效果，如图5-27所示。

图5-27 最终图像效果

实例052 美白人物牙齿

本实例将介绍美白人物牙齿的操作方法。实例的原照片和处理后的照片对比效果如图5-28所示。

原图

效果图

图5-28 效果对比

技法解析

本实例在美白人物牙齿的操作中，首先选择钢笔工具绘制路径，然后执行“图像”|“调整”|“去色”命令，去除牙齿的颜色，最后使用“色彩平衡”对牙齿色调进行调整。

	实例路径	实例\第5章\美白人物牙齿.psd
	素材路径	素材\第5章\微笑美女.jpg

步骤01 按【Ctrl+O】组合键打开“微笑美女.jpg”照片素材，如图5-29所示，可以看到照片中人物的笑容很灿烂，但是牙齿有些泛黄，本案例将对该图像中的牙齿进行美白处理。

图5-29 打开照片素材

步骤02 选择工具箱中的钢笔工具，单击属性栏上的“路径”按钮，在人物图像中勾选出牙齿图像，绘制出路径，效果如图5-30所示。

图5-30 绘制路径

步骤03 单击“路径”面板下方的“将路径做为选区载入”按钮，将路径转换为选区，如图5-31所示，然后执行“图像”|“调整”|“去色”命令，去除选区中图像的颜色，效果如图5-32所示。

图5-31 获取选区

图5-32 去除图像颜色效果

步骤04 执行“图像”|“调整”|“色阶”命令，打开“色阶”对话框，在该对话框中拖动三角形滑块，如图5-33所示，调整后图像中的人物牙齿变得白净一些了，效果如图5-34所示。

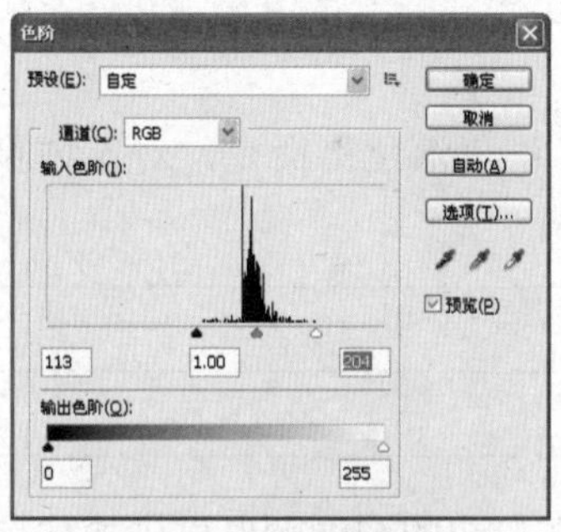

图5-33 调整图像色阶

图5-34 调整后的图像效果

步骤05 执行“图像”|“调整”|“色彩平衡”命令，打开“色彩平衡”对话框，为图像添加一些红色和黄色，如图5-35所示，得到的牙齿白色看起来更自然，调整后的图像最终效果如图5-36所示。

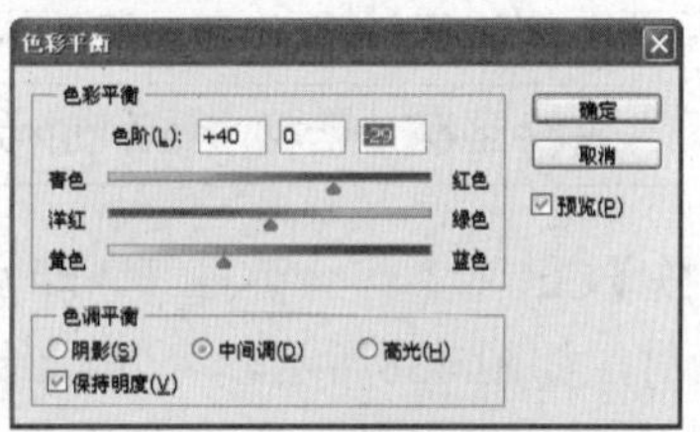

图5-35 调整颜色

图5-36 图像最终效果

实例053 给人物瘦脸

本实例将介绍给人物瘦脸的操作方法。实例的原照片和处理后的照片对比效果如图5-37所示。

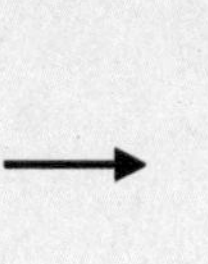

原图　　效果图

图5-37 效果对比

技法解析

本实例在给人物瘦脸的操作中，首先执行“滤镜”|“液化”命令，对人物脸部进行收缩；然后使用褶皱工具，对人物脸部进行细致的修饰。

	实例路径	实例\第5章\给人物瘦脸.psd
	素材路径	素材\第5章\胖女.jpg

步骤01 按【Ctrl+O】组合键打开“胖女.jpg”照片素材，如图5-38所示。可以看到照片中人物的脸部有点偏胖，为了使人物变的更加完美，下面将对该图像中的人物脸部进行调整。

图5-38 打开照片素材

步骤02 执行“滤镜”|“液化”命令，打开“液化”对话框，选择向前变形工具，在右边的“工具选项”选项区中设置画笔大小为158，其余参数参照图5-39进行设置。

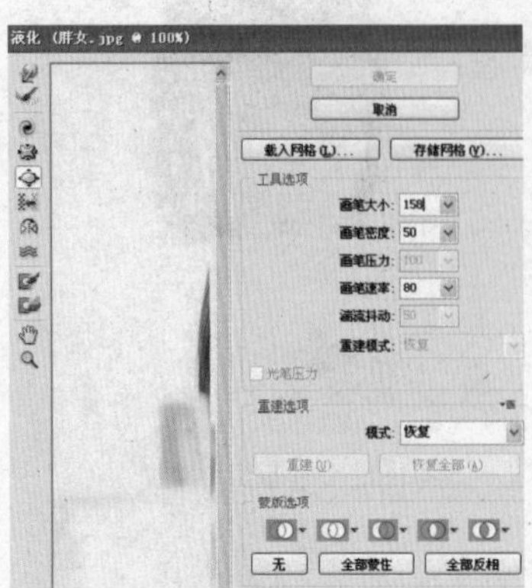

图5-39 设置画笔大小

步骤03 在左边的图像预览框中按住鼠标左键对人物右边脸部进行适当拖拉，将脸部向内收缩，收缩后的图像效果如图5-40所示。

图5-40 收缩后的图像效果

步骤04 再使用鼠标一点一点地沿着人物右脸轮廓向内收缩，收缩后的瘦脸效果如图5-41所示。

图5-41 瘦脸效果

步骤05 使用向前变形工具对左边的脸部图像进行向内收缩，效果如图5-42所示。

图5-42 调整左边脸部轮廓效果

步骤06 选择褶皱工具，设置画笔大小为120，然后在人物面部左右两边按下鼠标右键不动，适当停留1～2秒，做一些细致修饰，让脸形更加完美，然后单击“确定”按钮返回到画面中，得到的最终图像效果如图5-43所示。

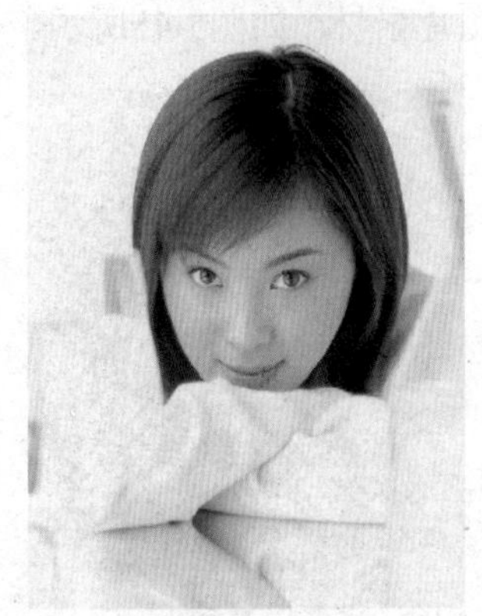

图5-43 最终图像效果

实例054 消除脸部青春痘

本实例将介绍消除脸部青春痘的操作方法，并介绍仿制图章工具的使用，实例的原照片和处理后的照片对比效果如图5-44所示。

原图

效果图

图5-44 效果对比

技法解析

本实例在消除脸部青春痘的操作中，首先选择仿制图章工具，对人物脸部青春痘进行粗略的修复；然后使用修复画笔工具，对人物的脸部进行细微的修复。

实例路径	实例\第5章\消除脸部青春痘.psd
素材路径	素材\第5章\青春痘.jpg

步骤01 按【Ctrl+O】组合键打开“青春痘.jpg”照片素材，如图5-45所示。

图5-45 打开照片素材

步骤02 选择工具箱中的仿制图章工具，按【Alt】键，并在图像窗口中单击青春痘旁边的脸部皮肤进行取样，如图5-46所示。

图5-46 图像取样

步骤03 在人物脸部的青春痘图像上单击，消除青春痘，图像效果如图5-47所示。

技巧提示

利用仿制图章工具只能对人物脸部进行粗略的修复，使用修复画笔工具，可以更细微地修复人物脸部。

图5-47 消除青春痘

步骤04 使用同样的方法，消除人物面部和下巴的青春痘，修复后的图像效果如图5-48所示。

图5-48 修复后的图像效果

步骤05 选择工具箱中的污点修复画笔工具，对人物面部进行细微的修复，修复后的图像最终效果如图5-49所示。

图5-49 图像最终效果

实例055 畸形校正

本实例将介绍畸形校正的操作方法，并介绍“液化”命令的使用。实例的原照片和处理后的照片对比效果如图5-50所示。

原图

效果图

图5-50 效果对比

技法解析

本实例在畸形校正的操作中，首先执行“滤镜”|“液化”命令，使用缩放工具对人物脸部进行放大；然后使用膨胀工具对人物脸部进行细微修复。

	实例路径	实例\第5章\畸形校正.psd
	素材路径	素材\第5章\畸形人物.jpg

步骤01 按【Ctrl+O】组合键打开“畸形人物.jpg”照片素材，如图5-51所示，可以看到由于拍摄的原因，人物的眼睛和鼻子都有些变形，下面将对变形部分进行校正。

图5-51 打开照片素材

步骤02 执行“滤镜”|“液化”命令，打开“液化”对话框，选择工具箱中的缩放工具，框选人物眼部图像，并进行放大操作，放大后的图像效果如图5-52所示。

图5-52 放大图像效果

步骤03 选择膨胀工具，在右边的“工具选项”选项区中设置画笔大小为46，将画笔放到置人物左边眼睛上单击，使眼睛变大一些，效果如图5-53所示。

图5-53 单击左眼图像效果

步骤04 使用膨胀工具在眼球周围做适当的细微移动，将眼部图像校正成和右眼差不多的大小，效果如图5-54所示。

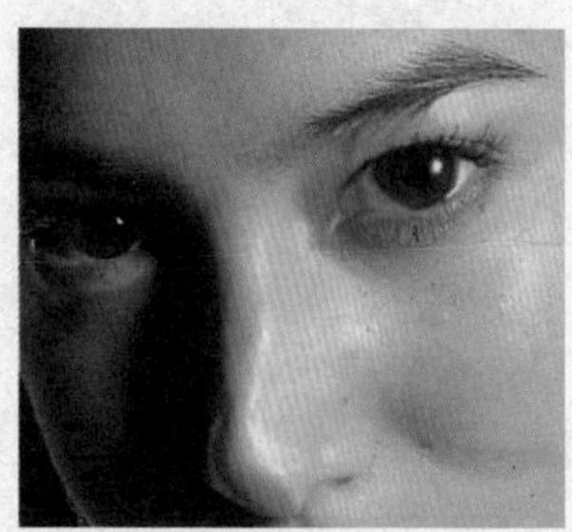

图5-54 调整眼部大小

步骤05 选择工具箱中的向前变形工具，设置画笔大小为66，将鼠标光标放到人物鼻子图像上，按住鼠标左键向右拖拉，将鼻子校正过来，如图5-55所示，校正后的图像效果如图5-56所示。

图5-55 校正鼻子

图5-56 校正后的图像效果

步骤06 选择缩放工具，在图像中单击，在弹出的菜单中选择“100%”显示，如图5-57所示。

图5-57 选择显示比例

步骤07 使用向前变形工具，设置画笔大小为80，将人物的右边脸部轮廓略微向内收缩一点，如图5-58所示，修复后的图像效果如图5-59所示。

图5-58 修复右边脸轮廓

图5-59 修复后的图像效果

步骤08 对人物右边脸部轮廓进行收缩后，单击“确定”按钮返回到画面中，可以看到校正后的最终图像效果如图4-60所示。

图5-60 最终图像效果

实例056 美白人物肌肤

本实例将介绍美白人物肌肤的操作方法。实例的原照片和处理后的照片对比效果如图5-61所示。

原图

效果图

图5-61 效果对比

技法解析

本实例在美白人物肌肤的操作中，首先使用画笔工具给人物皮肤涂抹颜色，然后设置图层的混合模式，最后使用“高斯模糊”命令，让人物皮肤更光滑、细腻。

	实例路径	实例\第5章\美白人物肌肤.psd
	素材路径	素材\第5章\美白照片.jpg

步骤01 按【Ctrl+O】组合键打开“美白照片1.jpg”照片素材，如图5-62所示。

图5-62 打开照片素材

步骤02 新建图层1，设置前景色为白色，然后选择画笔工具，在属性栏中设置画笔大小为35，在人物脸部涂抹后，图像效果如图5-63所示。

图5-63 涂抹脸部后的图像效果

步骤03 设置图层1的图层混合模式为“柔光”，再设置不透明度为80%，如图5-64所示，得到的图像效果如图5-65所示，可以看到人物脸部明显白了。

图5-64 设置图层属性

图5-65 修复后的图像效果

步骤04 按【Ctrl】键并单击图层1，载入图层1图像的选区，如图5-66所示，然后选择背景图层。

图5-66 载入图像选区

步骤05 执行“滤镜”|“模糊”|“高斯模糊”命令，打开的“高斯模糊”对话框，设置半径为2.5像素，如图5-67所示。

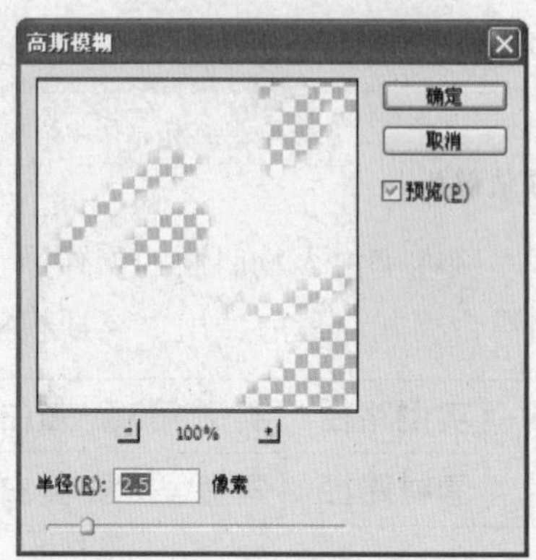

图5-67 设置半径

步骤06 单击“确定”按钮返回到画面中，按【Ctrl+D】组合键取消选区，可以看到人物肌肤除了美白外，还得到了一定的柔化效果，最终图像效果如图5-68所示。

图5-68 最终图像效果

技巧提示

使用“高斯模糊”命令处理人物图像，可以使人物的皮肤更光滑、细腻。注意设置的半径越大，图像就越模糊。

实例057 纹眉毛

本实例将介绍纹眉毛的操作方法，并介绍钢笔工具和仿制图章工具的使用，实例的原照片和处理后的照片对比效果如图5-69所示。

原图

效果图

图5-69 效果对比

技法解析

本实例在纹眉毛的操作中，首先选择钢笔工具绘制眉毛路径，然后使用仿制图章工具对眉毛周围进行修复。

	实例路径	实例\第5章\纹眉毛.psd
	素材路径	素材\第5章\美女.jpg

步骤01 按【Ctrl+O】组合键打开“美女.jpg”照片素材，如图5-70所示。

图5-70 打开照片素材

步骤02 选择工具箱中的钢笔工具，单击属性栏中的“路径”按钮，沿人物眉毛边缘绘制路径，效果如图5-71所示。

图5-71 绘制路径

步骤03 按【Ctrl＋Enter】组合键，将路径转换为选区如图5-72所示，新建图层1，设置前景色为R137、G37、B0，然后为选区填充前景色，效果如图5-73所示。

图5-72 转化路径为选区

图5-73 填充颜色后的图像效果

步骤04 按【Ctrl＋Shift＋I】组合键反选选区，如图5-74所示，然后选择背景图层，使用仿制图章工具，按【Alt】键并单击眉毛附近的图像进行取样，图像效果如图5-75所示。

图5-74 反选选区

图5-75 单击取样

步骤05 在人物的眉毛上涂抹，去除选区外的眉毛，涂抹后的图像效果如图5-76所示。

图5-76 涂抹图像

步骤06 按【Ctrl＋D】组合键取消选区，在"图层"面板中设置图层1的图层混合模式为"线性加深"、不透明度为32%，如图5-77所示。

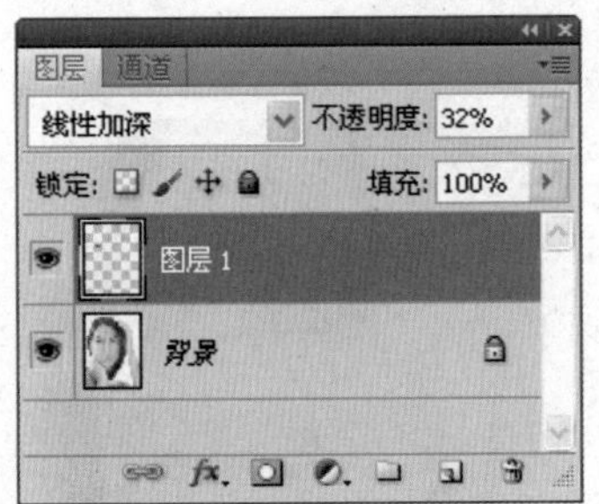

图5-77 设置图层属性

步骤07 设置好图层属性后，返回到画面中，可以看到左边的纹眉效果如图5-78所示，使用同样的方法，制作右边眉毛的纹眉效果，如图5-79所示。

图5-78 左边纹眉效果

图5-79 右边纹眉效果

技巧提示

设置图层的混合模式能够使人物眉毛更形象、逼真，设置不透明度可以使眉毛与人物皮肤更和谐、统一。

实例058 上眼影

本实例将介绍上眼影的操作方法，并介绍橡皮擦的使用方法，实例的原照片和处理后的照片对比效果如图5-80所示。

原图

效果图

图5-80 效果对比

技法解析

本实例在上眼影的操作中，首先新建图层，在新建的图层上绘制图形，然后使用橡皮擦工具，适当的擦出一部分，让眼影边缘更统一。

	实例路径	实例\第5章\上眼影.psd
	素材路径	素材\第5章\美女2.jpg

步骤01 按【Ctrl+O】组合键打开“美女2.jpg”照片素材，如图5-81所示。

图5-81 打开照片素材

步骤02 新建图层1，设置前景色为R126、G0、B108，然后选择工具箱中的画笔工具，为人物眼部绘制图形，得到的图像效果如图5-82所示。

技巧提示

给人物眼部绘制图形，应注意另建一个新的图层，绘制的同时要注意设置画笔大小。

图5-82 绘制图形后的图像效果

步骤03 设置图层1的图层混合模式为“色相”，如图5-83所示，得到的图像效果如图5-84所示。

图5-83 设置图层属性

图5-84 图像效果

步骤04 放大图像，然后选择橡皮擦工具，适当擦除一些遮盖在眼睛和眉毛的眼影图像，得到的图像最终效果如图5-85所示。

图5-85 图像最终效果

实例059 刷腮红

本实例将介绍刷腮红的操作方法，并介绍套索工具的使用方法。实例的原照片和处理后的照片对比效果如图5-86所示。

原图

效果图

图5-86 效果对比

技法解析

本实例在刷腮红的操作中，首先选择套索工具，在图像中绘制刷腮红的范围；然后填充腮红的颜色，设置图层的混合模式，使腮红与脸部更和谐。

	实例路径	实例\第5章\刷腮红.psd
	素材路径	素材\第5章\刷腮红.jpg

步骤01 按【Ctrl+O】组合键打开“刷腮红.jpg”照片素材，如图5-87所示。

图5-87 打开照片素材

步骤02 选择套索工具，在属性栏中单击“添加到选区”按钮，在人物左右脸颊绘制选区，如图5-88所示。

图5-88 绘制选区

步骤03 在选区中右击，在弹出的菜单中选择“羽化”命令，打开“羽化选区”对话框，设置羽化半径参数为18像素，如图5-89所示。

图5-89 设置羽化半径

步骤04 羽化选区后，新建图层1，设置前景色为R176、G19、B67，按【Alt＋Delete】组合键填充选区，效果如图5-90所示。

图5-90 填充颜色效果

步骤05 按【Ctrl＋D】组合键取消选区，然后在“图层”面板中设置图层1的图层混合模式为“颜色”，如图5-91所示，得到的图像效果如图5-92所示。

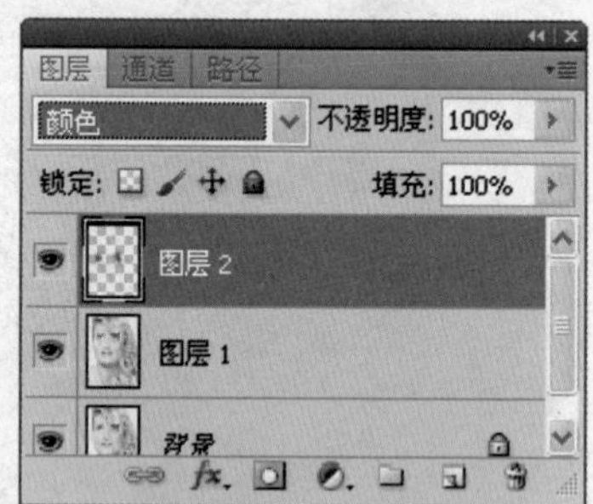

图5-91 设置图层属性

图5-92 图像效果

实例060 身材修整

本实例将介绍身材修整的操作方法。实例的原照片和处理后的照片对比效果如图5-93所示。

原图

效果图

图5-93 效果对比

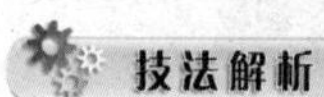

本实例在身材修整的操作中，主要执行“滤镜”|“液化”命令，对人物身体的各部位进行修复收缩，让身材比例变得更加协调。

	实例路径	实例\第5章\身材修整.psd
	素材路径	素材\第5章\发胖人物.jpg

步骤01 按【Ctrl+O】组合键打开“发胖人物.jpg”照片素材，如图5-94所示。

图5-94 打开照片素材

步骤02 执行“滤镜”|“液化”命令，打开“液化”对话框，选择向前变形工具，在右边的“工具选项”选项区中设置画笔大小为50，如图5-95所示。

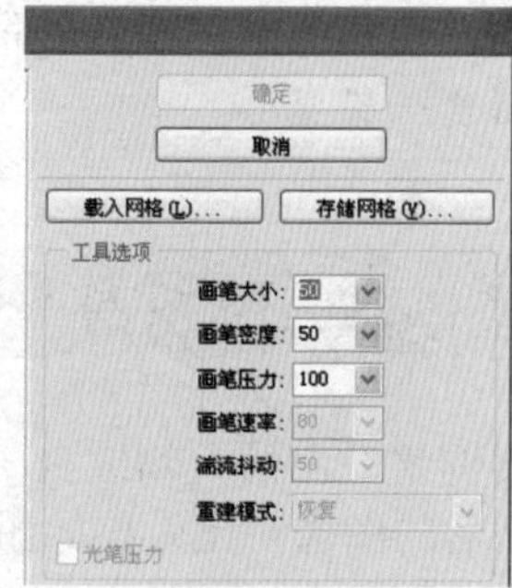

图5-95 画笔设置

步骤03 先修整人物的右侧手臂，将鼠标光标移动到右侧手臂图像中，按住鼠标左键向内拖动进行收缩处理，效果如图5-96所示。

图5-96 收缩右臂的图像效果

步骤04 使用同样的方法对人物左侧手臂进行收缩处理，收缩左臂后的图像效果如图5-97所示。

图5-97 收缩左臂的图像效果

步骤05 接下来对人物腰部进行修整，使用向前变形工具对人物右边腰部赘肉进行收缩，效果如图5-98所示。

图5-98 收缩腰部的图像效果

步骤06 适当调整画笔大小，对人物腰部右边图像进行收缩处理，然后单击“确定”按钮返回到画面中，调整后的最终图像效果如图5-99所示。

图5-99 最终图像效果

技巧提示

使用“液化”命令时，配合使用膨胀工具，能够更好地将人物肢体处理的更加圆滑，以避免一些变形。

实例061 给人物纹身

本实例将介绍给人物纹身的操作方法，并介绍魔棒工具的使用方法，实例的原照片和处理后的图像对比效果如图5-100所示。

原图

效果图

图5-100 效果对比

技法解析

本实例在给人物纹身的操作中，首先选择魔棒工具，获取纹身图案，然后调整图案的大小和位置，最后执行“图像”|“调整”|“色彩平衡”命令调整图案的颜色。

	实例路径	实例\第5章\给人纹身.psd
	素材路径	素材\第5章\拿花的女人.jpg、纹身图案.jpg

步骤01 按【Ctrl+O】组合键打开“拿花的女人.jpg”照片素材如图5-101所示和“纹身图案.jpg”照片素材如图5-102所示。

图5-101 打开照片素材

图5-102 打开照片素材

步骤02 选择工具箱中的魔棒工具，在图像中单击白色区域，然后执行“选择”|“反向”命令，获得黑色图像的选区，如图5-103所示。

图5-103 获得选区

步骤03 选择移动工具，将选区中的图案拖动到“拿花的女人”图像文件中，这时系统将在“图层”面板中自动添加图层1，如图5-104所示。

技巧提示

将图案移动到另一个图层中时，系统将在“图层”面板中自动添加图层，而不需手动添加新图层。

图5-104 移动图像

步骤04 按【Ctrl+T】组合键，调整花纹图像的大小，并做适当旋转，使其符合手臂的方向，调整后的图像效果如图5-105所示。

图5-105 调整后的图像效果

步骤05 设置图层1的图层混合模式为“叠加”，设置后的图像效果如图5-106所示。

图5-106 “叠加”效果

步骤06 执行“图像”|“调整”|“色彩平衡”命令，适当地调整颜色，调整后的最终图像效果如图5-107所示。

图5-107 最终图像效果

技巧提示

调整位置和大小后，调整图案的模式，使图案与人物皮肤相融，然后调整图案的色调，可以使图像更自然。

实例062 染头发

本实例将介绍染头发的操作方法，并介绍快速蒙版的使用方法，实例的原照片和处理后的照片对比效果如图5-108所示。

原图

效果图

图5-108 效果对比

技法解析

本实例在染头发的操作中，首先进入快速蒙版编辑模式，然后使用画笔工具，对头发部分进行涂抹，最后使用渐变工具对头发选区进行颜色填充。

	实例路径	实例\第5章\染头发.psd
	素材路径	素材\第5章\金发美女.jpg

步骤01 按【Ctrl+O】组合键打开“金发美女.jpg”照片素材，如图5-109所示。

图5-109 打开照片素材

步骤02 单击工具箱下方的“以快速蒙版模式编辑”按钮，然后选择画笔工具，在属性栏中设置画笔大小为80像素，对头发图像进行涂抹，涂抹后的图像效果如图5-110所示。

图5-110 涂抹后的图像效果

步骤03 按【Q】键退出快速蒙版编辑模式，获得图像选区，如图5-111所示。

技巧提示

获得选区后，可以适当地对选区进行羽化，以避免填充后的图像太过僵硬，而产生整体图像不协调的现象。

图5-111 创建选区

步骤04 执行“选择”|“反向”命令，将选区进行反向选择，获得头发图像的选区，如图5-112所示。

图5-112 获得头发选区

步骤05 新建图层1，然后选择渐变工具，单击属性栏中的渐变编辑条，打开“渐变编辑器”对话框，设置“橙色、黄色、橙色”颜色渐变，如图5-113所示。

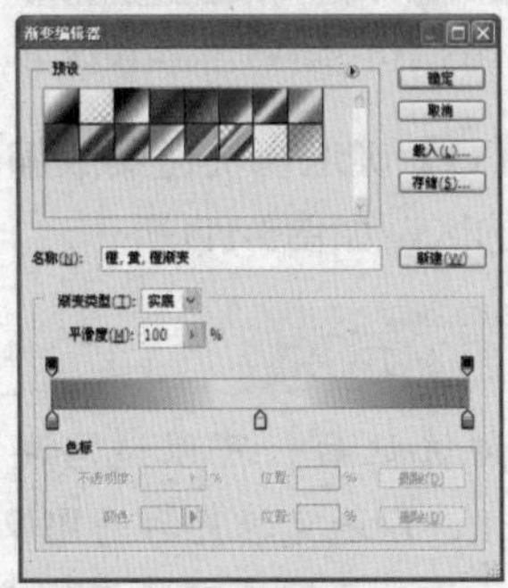

图5-113 设置渐变色

步骤06 单击“确定”按钮返回到画面中，在画面中从左上到右下做斜线拉伸，填充选区颜色，效果如图5-114所示。

图5-114 填充颜色的图像效果

步骤07 按【Ctrl＋D】组合键取消选区，然后设置图层1的图层混合模式为“线性加深”，如图5-115所示，得到的图像效果如图5-116所示。

图5-115 设置图层混合模式

图5-116 调整后的图像效果

步骤08 选择橡皮擦工具，在属性栏中设置画笔大小为80、不透明度为30%，对头发边缘图像进行一些擦除，让头发染色的效果更加自然，修复后的最终图像效果如图5-117所示。

图5-117 最终图像效果

技巧提示

利用橡皮擦工具可以对填充后的图像边缘进行修复，使头发与人的脸部达到更协调的效果。

实例063 更换人物头像

本实例将介绍更换人物头像的操作方法。实例的原照片和处理后的照片对比效果如图5-118所示。

原图

效果图

图5-118 效果对比

技法解析

本实例在更换人物头像的操作中，首先选择套索工具，在图像中勾选需要更换的部分，然后设置羽化半径，最后使用“曲线”命令，调节人物脸部的明暗度。

	实例路径	实例\第5章\更换人物头像.psd
	素材路径	素材\第5章\花季少女1.jpg、花季少女3.jpg

步骤01 按【Ctrl+O】组合键打开“花季少女1.jpg”和“花季少女2.jpg”照片素材，如图5-119和图5-120所示。

技巧提示

在打开图像时，可以直接在电脑中打开文件夹，将文件拖动到Photoshop软件中。

图5-119 打开照片素材

图5-120 打开照片素材

步骤02 选择工具箱中的套索工具，在“花季少女2.jpg”图像中勾选人物脸部，获取脸部图像选区，如图5-121所示。

图5-121 获取选区

步骤03 将鼠标光标放到选区中并单击鼠标右键，在弹出的菜单中选择“羽化”命令，设置羽化半径参数为5像素，如图5-122所示。

图5-122 设置羽化半径

步骤04 选择移动工具，将选区图像拖动到“花季少女1.jpg”文件中，系统将在“图层”面板中将自动生成图层1，然后按【Ctrl＋T】组合键调整图像大小和位置，如图5-123所示。

图5-123 调整图像

步骤05 按【Enter】键进行确定，然后单击“图层”面板下方的“添加图层蒙版”按钮，在蒙版中使用画笔工具对剪切的人物头像边缘做擦除，将边缘图像进行隐藏，使头像与身体结合的更加自然，修复后的图像效果如图5-124所示。

图5-124 修复部分图像效果

步骤06 执行“图像”|“调整”|“曲线”命令，打开“曲线”对话框，参照图5-125调整曲线，调整后的图像最终效果如图5-126所示。

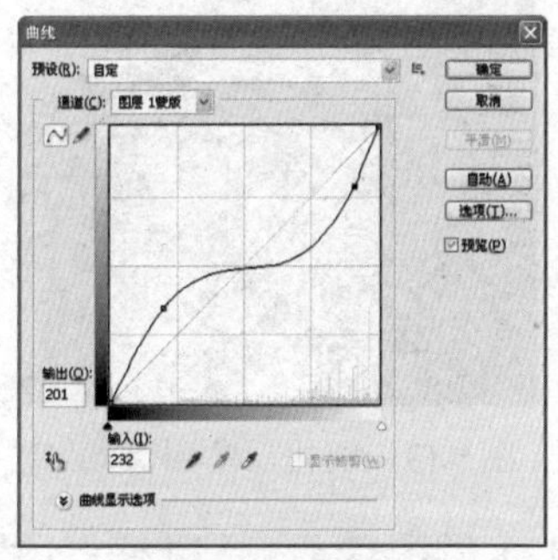

图5-125 调整曲线

图5-126 图像最终效果

实例064 更换衣服颜色

本实例将介绍更换衣服颜色的操作方法。实例的原照片和处理后的照片对比效果如图5-127所示。

原图

效果图

图5-127 效果对比

技法解析

本实例在更换衣服颜色的操作中，首先选择钢笔工具，绘制人物衣服的路径，然后对选区进行羽化，最后执行“图像”|“调整”|“色彩平衡”命令，调整衣服的颜色。

	实例路径	实例\第5章\更换衣服颜色.psd
	素材路径	素材\第5章\跳跃.jpg

步骤01 按【Ctrl+O】组合键打开“跳跃.jpg”照片素材，如图5-128所示。

图5-128 打开照片素材

步骤02 选择钢笔工具，在图像窗口中绘制人物的上衣路径，如图5-129所示。

图5-129 绘制路径

步骤03 按【Ctrl＋Enter】组合键将路径转换为选区，然后选择任意一个选框工具，将鼠标放到选区中并右击，在弹出菜单中选择“羽化”命令，设置羽化半径为5像素，如图5-130所示。羽化后的图像效果如图5-131所示。

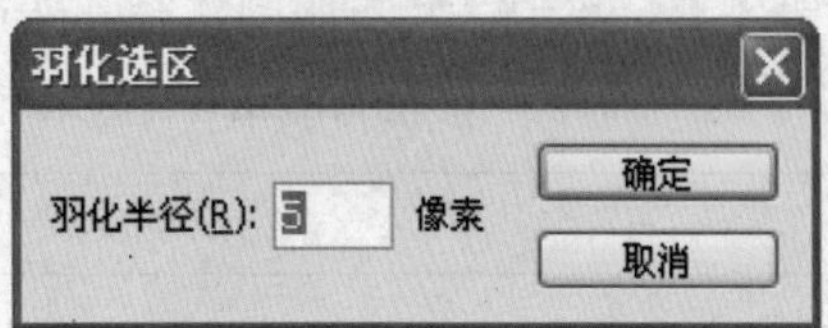

图5-130 设置羽化半径

图5-131 羽化后的图像效果

步骤04 执行“图像”|“调整”|“色彩平衡”命令，打开“色彩平衡”对话框，在色阶中参照图5-132输入各项数值。

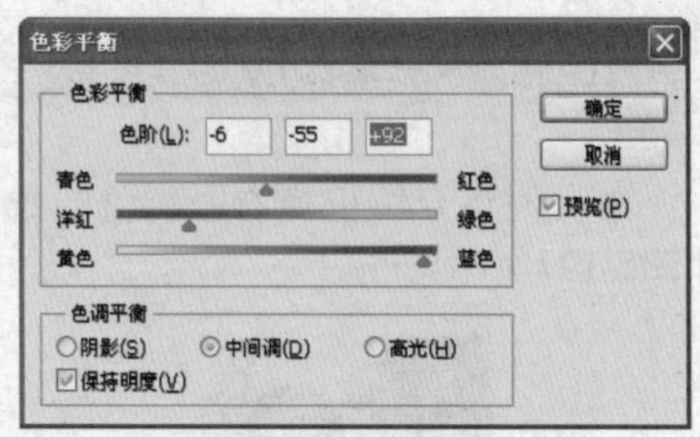

图5-132 调整色彩平衡

步骤05 单击“确定”按钮返回到画面中，按【Ctrl＋D】组合键取消选区，人物衣服的颜色已经从浅绿色变成了浅蓝色，最终图像效果如图5-133所示。

图5-133 最终图像效果

实例065 让眼睛变色

本实例将介绍让眼睛变色的操作方法。实例的原照片和处理后的照片对比效果如图5-134所示。

原图

效果图

图5-134 效果对比

本实例在让眼睛变色的操作中，首先进入快速蒙版编辑模式，使用画笔工具涂抹人物眼球，然后执行“图层”|“新建调整图层”|“色彩平衡”命令对人物眼球的颜色进行调节。

	实例路径	实例\第5章\让眼睛变色.psd
	素材路径	素材\第5章\变色眼睛.jpg

步骤01 按【Ctrl+O】组合键打开“变色眼睛.jpg”照片素材，如图5-135所示。

图5-135 打开照片素材

步骤02 单击工具箱下方的“以快速蒙版模式编辑”按钮，选择画笔工具，在属性栏中设置画笔大小为20，然后对人物眼球进行涂抹，涂抹后的效果如图5-136所示。

图5-136 涂抹眼球效果

步骤03 按【Q】键返回到正常编辑模式，获取图像选区，然后执行“选择”|“反向”命令，获得眼球图像的选区，如图5-137所示

图5-137 获取选区

步骤04 执行“图层”|“新建调整图层”|“色彩平衡”命令，对弹出的对话框选择默认设置，如图5-138所示。

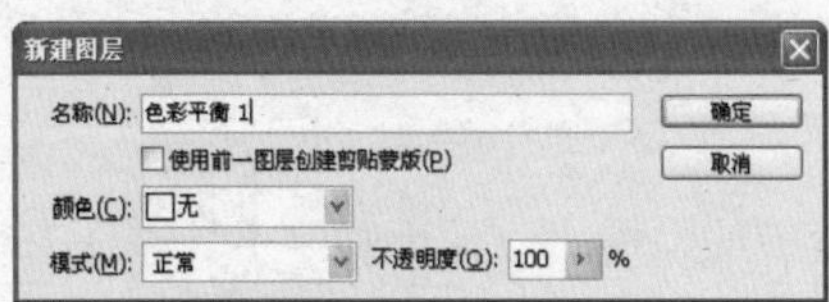

图5-138 默认设置

步骤05 单击“确定”按钮，进入“调整”面板，为图像增加青色，如图5-139所示。调整颜色后，可以看到人物的眼球颜色变得有些翠绿了，图像效果如图5-140所示。

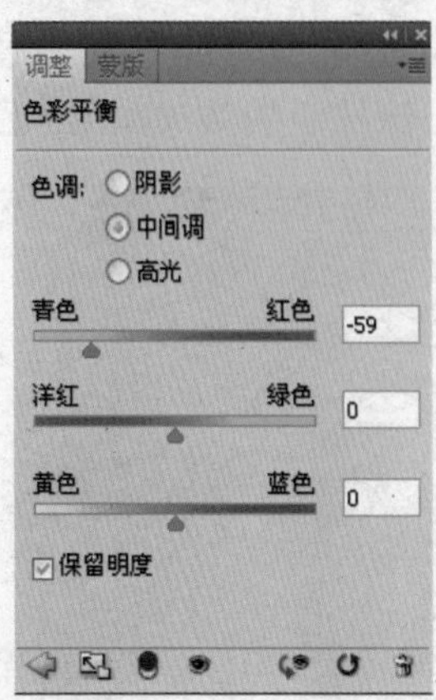

图5-139 调整色相

图5-140 调整后的图像效果

步骤06 在“色彩平衡”对话框中继续为人物眼球调整颜色，添加洋红和蓝色，如图5-141所示，得到的最终图像效果如图4-142所示，可以看到人物眼球变成蓝紫色。

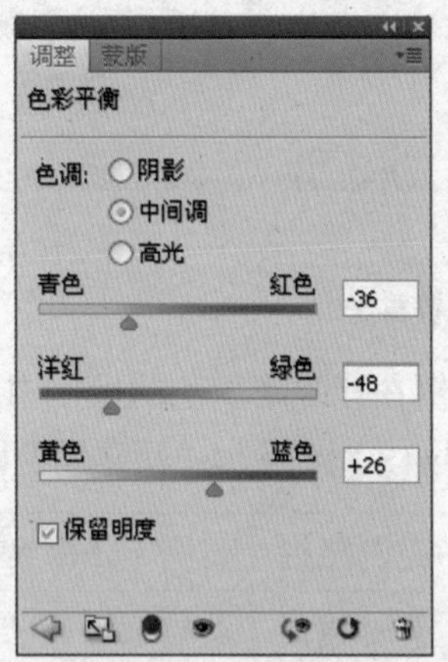

图5-141 调整色相

图5-142 最终图像效果

实例066 给人物修眉

本实例将介绍给人物修眉的操作方法。实例的原照片和处理后的照片对比效果如图5-143所示。

原图

效果图

图5-143 效果对比

技法解析

本实例在给人物修眉的操作中，首先选择仿制图章工具取样，然后对人物眉毛轮廓进行修复。

	实例路径	实例\第5章\给人物修眉.psd
	素材路径	素材\第5章\修眉.jpg

步骤01 按【Ctrl+O】组合键打开“修眉.jpg”照片素材，如图5-144所示。

图5-144 打开照片素材

步骤02 单击“缩放工具”按钮，在人物脸部周围按住鼠标左键拉出一个方框，显示放大的脸部图像，效果如图5-145所示。

图5-145 放大图像效果

步骤03 选择工具箱中的仿制图章工具，按【Alt】键并单击人物左边眉毛下方的眼皮，进行取样，如图5-146所示。

步骤04 对左边眉毛进行修饰，让眼皮图像覆盖下面的部分眉毛，使眉毛变得更弯、更细，修饰后的图像效果如图4-147所示。

图5-146 单击取样

图5-147 修饰后的图像效果

步骤05 继续单击眉毛周围的皮肤取样，然后对眉毛进行细致地修饰，将眉毛的轮廓修饰的更加有美感，效果如图5-148所示。

图5-148 细致地修饰眉毛的图像效果

步骤06 修饰好人物左边的眉毛后，修饰右边的眉毛。同样使用仿制图章工具在右边眉毛的眼皮中取样，对眉毛进行初步修饰，效果如图5-149所示。

图5-149 修饰右边眉毛的图像效果

步骤07 参照修饰左边眉毛的步骤，对眉毛进行细致地修饰，让眉毛显得更加自然漂亮，最终图像效果如图5-150所示。

图5-150 最终图像效果

技巧提示

在修饰眉毛时，还可以选择修复画笔工具对人物眉毛轮廓进行修复，设置画笔大小进行细致地处理。

实例067 祛除黑眼圈

本实例将介绍祛除黑眼圈的操作方法。实例的原照片和处理后的照片对比效果如图5-151所示。

原图

效果图

图5-151 效果对比

技法解析

本实例在祛除黑眼圈的操作中，首先选择减淡工具，对人物黑眼圈部位进行涂抹，然后选择修复画笔工具，取样后，对人物眼睛周围进行细微地处理。

	实例路径	实例\第5章\祛除黑眼圈.psd
	素材路径	素材\第5章\黑眼圈.jpg

步骤01 按【Ctrl+O】组合键打开“黑眼圈.jpg”照片素材，如图5-152所示。下面将处理该图像中明显的黑眼圈。

图5-152 打开素材

步骤02 选择减淡工具，在属性栏中设置画笔大小为30，然后对人物黑眼圈进行涂抹，让黑色变淡，如图5-153所示。

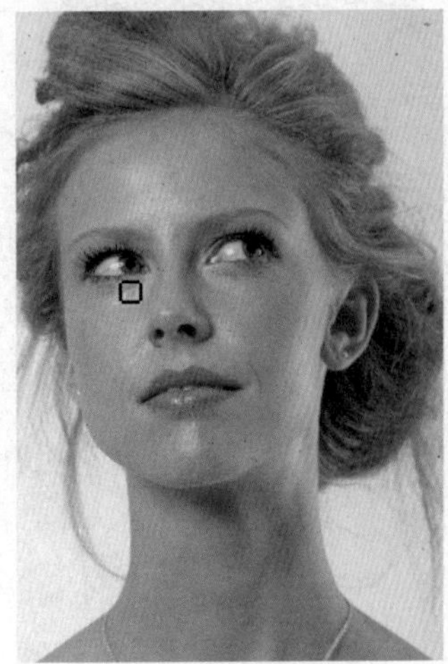
图5-153 涂抹眼部

步骤03 先使用缩放工具，放大人物眼部图像，选择修复画笔工具，按【Alt】键并单击黑眼圈下方的皮肤进行取样，如图5-154所示。

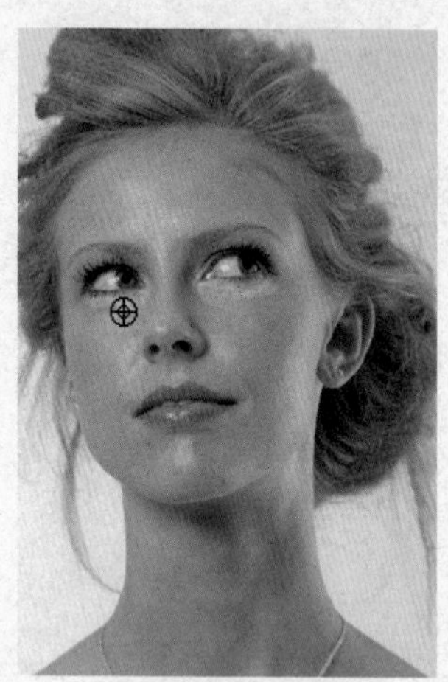

图5-154 单击取样

步骤04 继续单击眉毛周围的皮肤取样，然后对眼底进行细致地修饰，将眉毛的轮廓修饰的更有美感，修复后的图像效果如图5-155所示。

图5-155 修复后的图像效果

步骤05 在属性栏中设置画笔大小为10，对黑眼圈图像进行涂抹，修复人物左边的黑眼圈，如图5-156所示。

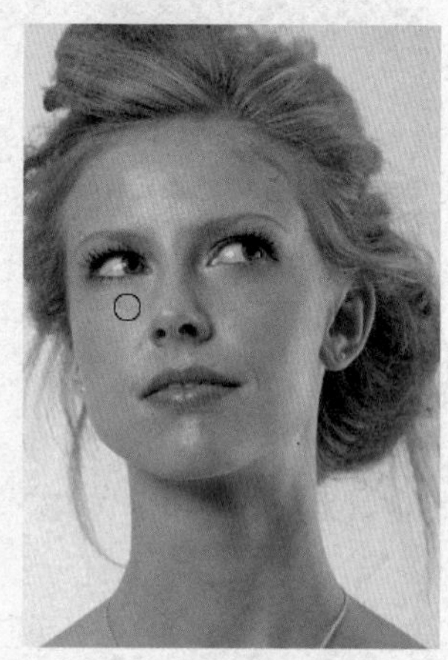

图5-156 修复左眼圈

步骤06 使用同样的方法，对右边眼部图像进行取样，然后修复右眼的黑眼圈，修复后的最终图像效果如图5-157所示。

图5-157 最终图像效果

PART

06

为照片添加特效

Photoshop中的滤镜功能非常强大，使用它能够制作出许多绚丽多彩的特殊效果，将它运用到照片特殊修饰中，能得到意想不到的效果。

本章将介绍使用滤镜功能给数码照片添加特效的技术，讲解如何巧妙地结合Photoshop中的多种滤镜命令，对图像添加各种特殊效果，并制作出经典的案例效果，其中包括素描效果、冰封图像效果、强光效果、撕裂的照片效果以及底片效果等。

效果展示 XIAOGUO ZHANSHI

实例068 扫描线效果

本实例将介绍在一张普通的照片中添加扫描线效果的操作方法。实例的原照片和处理后的照片对比效果如图6-1所示。

原图

效果图

图6-1 效果对比

技法解析

本实例在制作扫描线图像效果时，首先对图像色调进行了处理，然后使用“彩色半调”命令制作出条纹效果，最后通过设置图层混合模式来得到扫描线效果。

	实例路径	实例\第6章\扫描线效果.psd
	素材路径	素材\第6章\天空.jpg

步骤01 按【Ctrl+O】组合键，打开“天空.jpg”照片素材，如图6-2所示，下面将对该图像添加扫描线效果。

图6-2 打开照片素材

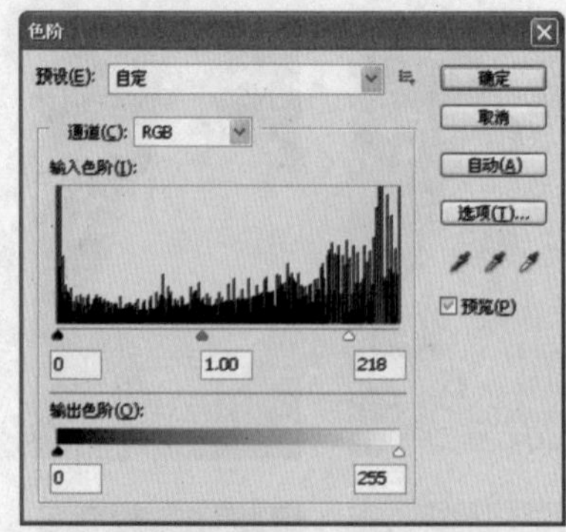

图6-3 设置色阶参数

步骤02 首先调整照片的亮度。执行“图像”|“调整”|“色阶”命令，打开“色阶”对话框，参照图6-3设置各项参数。

技巧提示

在Photoshop CS5中，按【Ctrl+L】组合键可以快速打开“色阶”对话框，以此提高工作效率。

步骤03 单击“确定”按钮返回到画面中，此时可以看到的图像效果如图6-4所示。

图6-4 图像效果

步骤04 执行“图像”|“调整”|“色彩平衡”命令，在打开的“色彩平衡”对话框中为图像添加一些绿色和黄色，如图6-5所示，以使图像颜色更加鲜艳。然后单击“确定”按钮返回到画面中，得到的图像效果如图6-6所示。

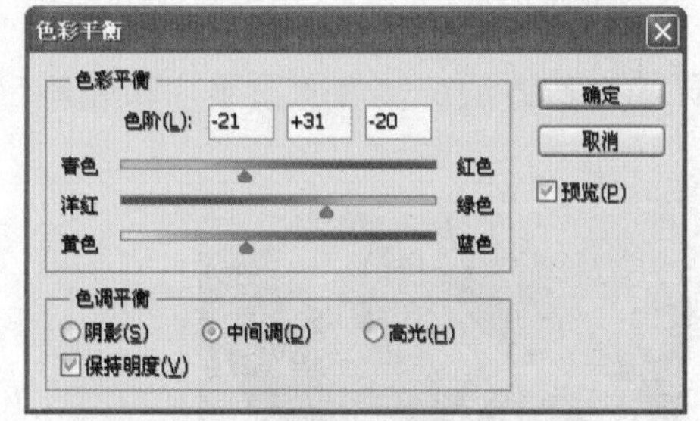

图6-5 调整图像颜色

图6-6 图像效果

步骤05 新建图层1，并填充为白色，如图6-7所示。

步骤06 执行“滤镜”|“素描”|“半调图案”命令，打开“半调图案”对话框，设置大小为2、对比度为3、图案类型为“直线”，如图6-8所示。

图6-7 新建图层

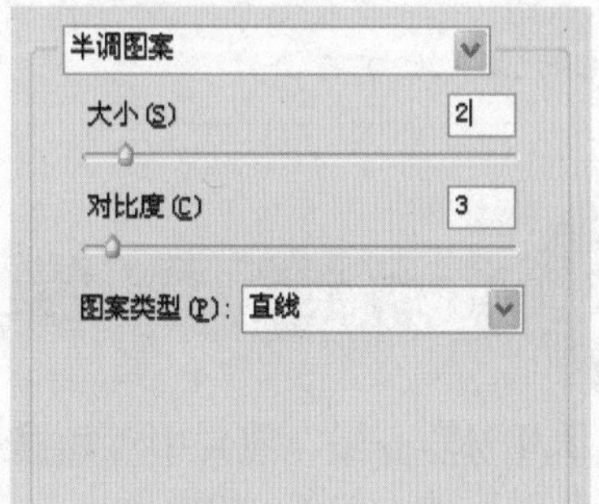

图6-8 设置色彩半调参数

步骤07 完成色彩半调的设置后，返回到画面中，得到的图像效果如图6-9所示。

图6-9 图像效果

步骤08 选择图层1，在“图层”面板中，执行“图层混合模式”下拉列表中的“叠加”选项，如图6-10所示。

图6-10 设置图层属性

步骤09 设置图层1的不透明度为50%，使扫描线能更好地和图像融合在一起，得到的最终图像效果如图6-11所示。

图6-11 最终图像效果

技巧提示

“色阶”命令主要用来调整图像中颜色的明暗度，它能对图像的阴影、中间调和高光的强度进行调整。

实例069 撕裂的照片效果

本实例将介绍在照片中添加撕裂的照片效果的操作方法。实例的原照片和处理后的照片对比效果如图6-12所示。

原图

效果图

图6-12 效果对比

技法解析

本实例所制作的撕裂的照片效果，是在原有照片基础上通过创建不规则边缘选区，得到有锯齿的选区边缘，然后进行剪切、移动，让照片产生撕裂的效果，最后通过为图像添加投影效果，使撕裂的效果更具立体感。

	实例路径	实例\第6章\撕裂的照片.psd
	素材路径	素材\第6章\甩发jpg

步骤01 按【Ctrl+O】组合键，打开本书“甩发.jpg”素材照片，如图6-13所示，下面将制作撕裂的照片效果。

图6-13 打开照片素材

步骤02 执行“图层”|“新建”|“背景图层”命令，打开“新建图层”对话框，如图6-14所示，保持默认设置，然后单击“确定”按钮后得到普通图层。

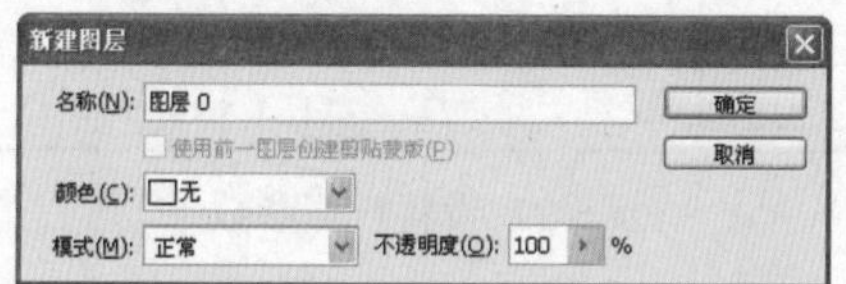

图6-14 新建图层

步骤03 单击“图层”面板下方的“创建新图层”按钮，形成图层1，如图6-15所示。

图6-15 新建图层

步骤04 将图层1放到图层0的下方，然后设置前景色为白色，按【Alt＋Delete】组合键将图层1填充为白色，如图6-16所示。

步骤05 选择图层0，执行“编辑”|“自由变换”命令，按【Shift＋Alt】组合键，中心缩小图像，得到的图像效果如图6-17所示。

图6-16 调整图层位置

图6-17 中心缩小图像效果

步骤06 切换到“通道”面板，单击该面板下方的“创建新通道”按钮，得到Alpha1通道，如图6-18所示。

图6-18 新建通道

步骤07 此时画面中呈现一片黑色，利用套索工具选择图像左下角的一定区域，并用白色进行填充，如图6-19所示。

步骤08 执行“滤镜”|“像素化”|“晶格化”命令，打开“晶格化”对话框，设置

“单元格大小”为12，使图像黑白交界处产生边缘撕裂效果，效果如图6-20所示。

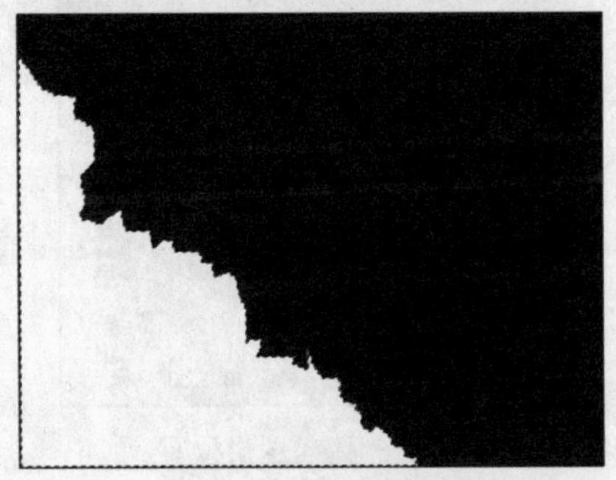

图6-19 转换图层

图6-20“晶格化”对话框

步骤09 单击该对话框中的“确定”按钮，切换到“图层”面板，选择图层0，然后按【Ctrl】键向左和向下移动图像，移动后的图像效果如图6-21所示。

步骤10 按【Ctrl＋D】组合键取消选区，执行“图层”|“图层样式”|“投影”命令，打开“图层样式”对话框，设置投影颜色为黑色，其余参数设置如图6-22所示，得到的最终图像效果如图6-23所示。

图6-21 移动后的图像效果

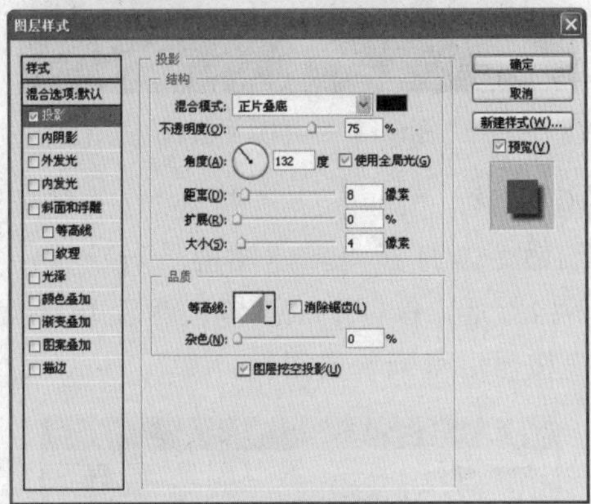

图6-22 设置投影参数

图6-23 最终图像效果

实例070 动感效果

本实例将介绍将一张普通的照片制作成动感效果的方法。实例的原照片和处理后的照片对比效果如图6-24所示。

原图　　　　效果图

图6-24 效果对比

技法解析

本实例所制作的图像背景动感效果，使用套索工具对人物背景做了简单的选取，并通过“径向模糊”滤镜命令，让背景有向外反射的模糊效果，使整个画面充满了动态效果。

	实例路径	实例\第6章\动感效果.psd
	素材路径	素材\第6章\跳跃.jpg

步骤01 执行“文件”|“打开”命令，打开“跳跃.jpg”照片素材，如图6-25所示，下面将对该图像中的背景制作动感效果。

图6-25 打开照片素材

步骤02 选择工具箱中的套索工具，按住鼠标左键在照片中的人物周围进行拖动，大致选取图像，创建人物图像选区，如图6-26所示。

步骤03 执行“选择”|“反向”命令，获取背景图层的选区，然后在选区中单击，在弹出的菜单中选择“羽化”命令，设置羽化半径为10像素，如图6-27所示。

图6-26 获取选区

图6-27 羽化选区

步骤04 执行“图层”|“新建”|“通过复制的图层”命令，复制图像得到新的图层1，

如图6-28所示。

图6-28 复制图层

步骤05 执行“滤镜”|“模糊”|“径向模糊”命令，打开“径向模糊”命令，设置模糊方法为“缩放”单选项、数量为100，如图6-29所示。

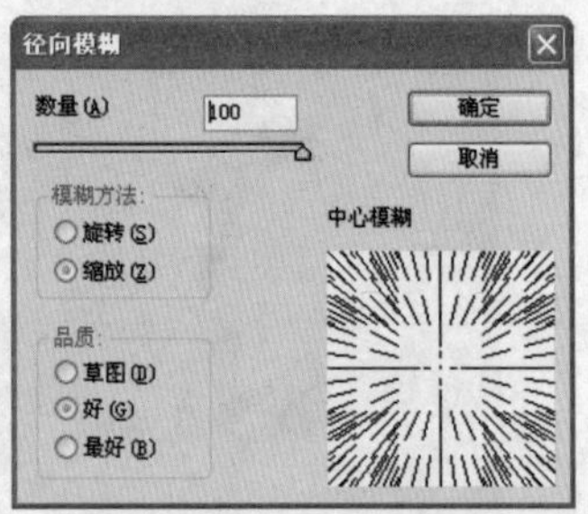

图6-29 设置模糊效果

步骤06 单击“确定”按钮返回到画面中，得到最终的动感效果背景图像效果如图6-30所示。

图6-30 最终图像效果

实例071 制作底片效果

本实例将介绍将一张普通的照片制作成底片效果的方法。实例的原照片和处理后的照片对比效果如图6-31所示。

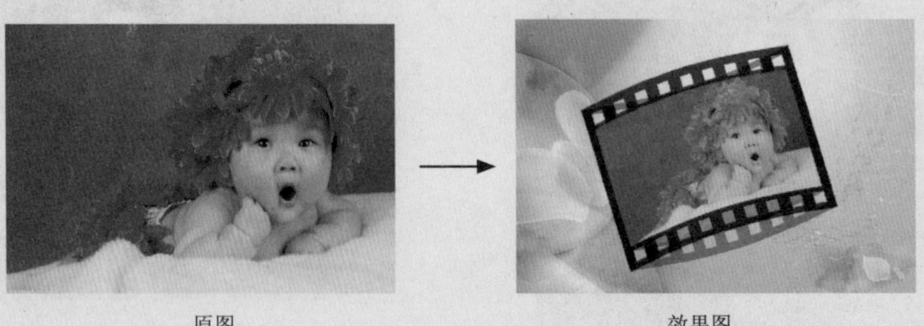
原图　　效果图

图6-31 效果对比

技法解析

本实例所制作的底片效果，主要是将彩色照片转换为黑白照片，然后将其放到制作成底片样式的模板中，通过“切变”滤镜命令将图像制作成扭曲的效果，最后为图像添加阴影，使其有投影效果，以增加图像的立体感。

	实例路径	实例\第6章\底片效果.psd
	素材路径	素材\第6章\娃娃.jpg、绿色背景.jpg

步骤01 执行“文件”|“新建”命令，打开“新建”对话框，设置文件名称为“底片效果”、宽度为15厘米、高度为10厘米，其余参数设置如图6-32所示。

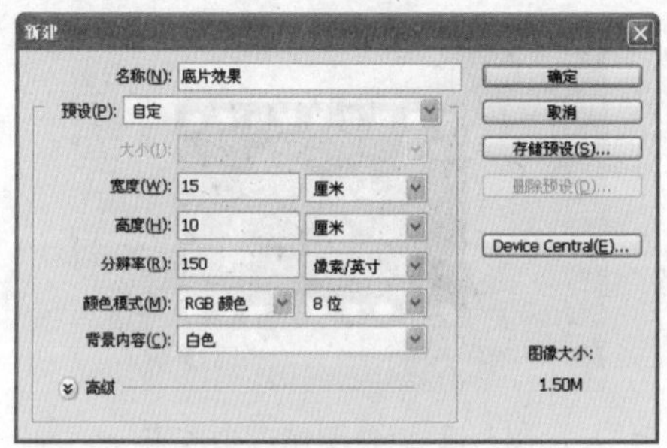

图6-32 新建文件

步骤02 新建图层1，选择矩形选框工具在图层1中创建一个矩形选区，并将该选区填充为黑色，如图6-33所示。

图6-33 填充选区

步骤03 在“图层”面板中设置图层1的不透明度为80%，如图6-34所示，让底片有透明的效果。

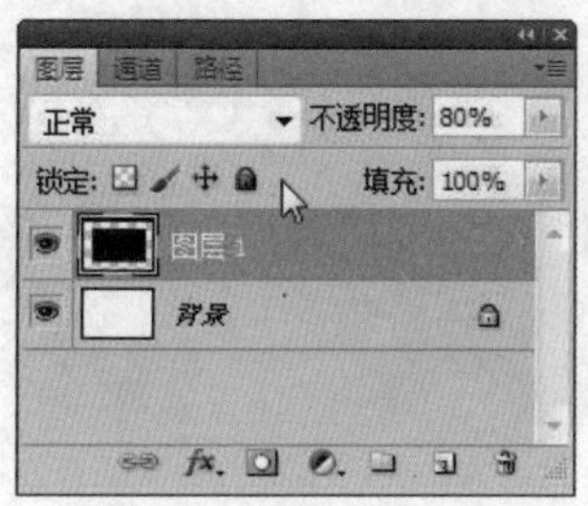

图6-34 设置不透明度

步骤04 新建图层2，使用矩形选框工具在底片的右上方绘制一个矩形选区，并填充为白色，效果如图6-35所示。

图6-35 填充选区

步骤05 按【Shift】键向左适当移动矩形选区，同样填充为白色，效果如图6-36所示。

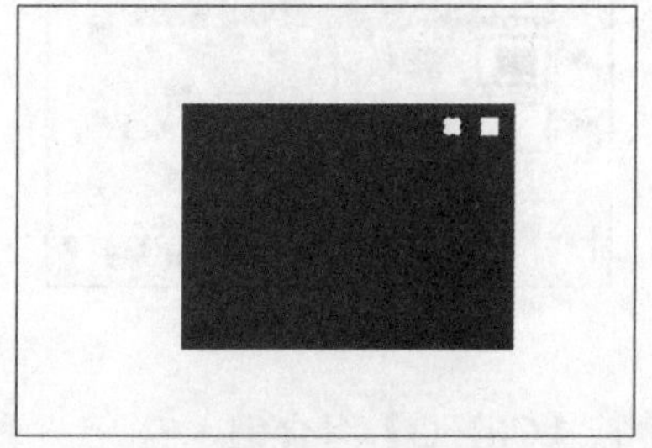

图6-36 移动选区并进行填充

步骤06 用同样的方法，将矩形选框移动并填充白色，得到上面一排白色方框，效果如图6-37所示。

图6-37 一排白色方框的图像效果

步骤07 复制一次图层2，得到图层2副本，使用移动工具将复制的图像放到底片图像的

下方，效果如图6-38所示。

图6-38 复制图像

步骤08 按【Ctrl＋E】组合键合并图层2副本和图层2，“图层”面板中将生成新的图层2，如图6-39所示。

图6-39 合并图层

步骤09 按【Ctrl+O】组合键，打开“绿色背景.jpg”照片素材，如图6-40所示。

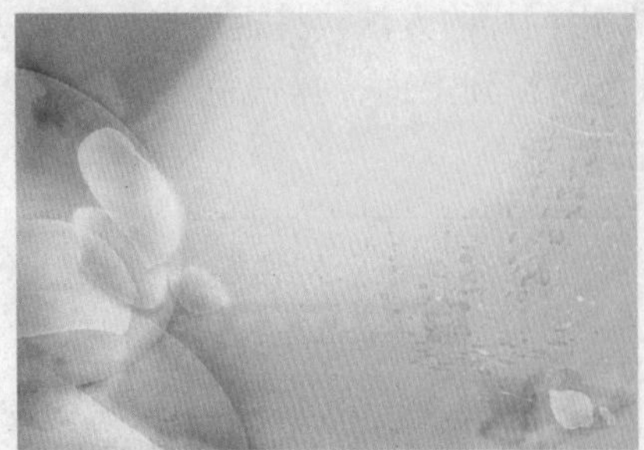

图6-40 打开照片素材

步骤10 使用移动工具将该图像直接拖曳到当前文件中，得到图层3，并放到图层1的下方，如图6-41所示。然后按【Ctrl＋T】组合键适当调整图像大小，使其适合整个画面，效果如图6-42所示。

图6-41 调整图层位置

图6-42 调整图像大小效果

步骤11 按【Ctrl】键单击图层2，载入图层2的选区。然后选择图层1，按【Delete】键删除选区内容，再删除图层2，得到的图像效果如图6-43所示。

图6-43 图像效果

步骤12 按【Ctrl+O】组合键，打开“娃娃.jpg”照片素材，如图6-44所示，下面要将该照片制作成底片效果。

图6-44 打开素材照片

步骤13 使用移动工具将娃娃照片拖动到当前文件中，得到图层4。然后适当调整其大小，让照片与底片中心对齐，调整后的图像效果如图6-45所示。

图6-45 调整照片大小效果

步骤14 执行“图像”|“调整”|“去色”命令，得到娃娃图像的黑白照片效果，如图6-46所示。

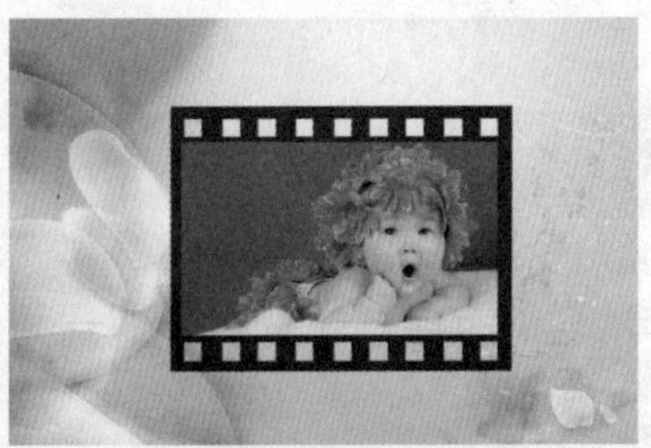
图6-46 照片去色效果

步骤15 执行“图层”|“向下合并”命令，将图层1和图层3合并，得到新的图层1。执行“编辑”|“变换”|“旋转90度（顺时针）”命令，将底片旋转90度，得到的图像效果如图6-47所示。

图6-47 旋转图像效果

步骤16 执行“滤镜”|“扭曲”|“切变”命令，打开“切变”对话框，将底片向右弯曲如图6-48所示。然后单击“确定”按钮返回到画面中，可以看到图像有了明显的弯曲效果，如图6-49所示。

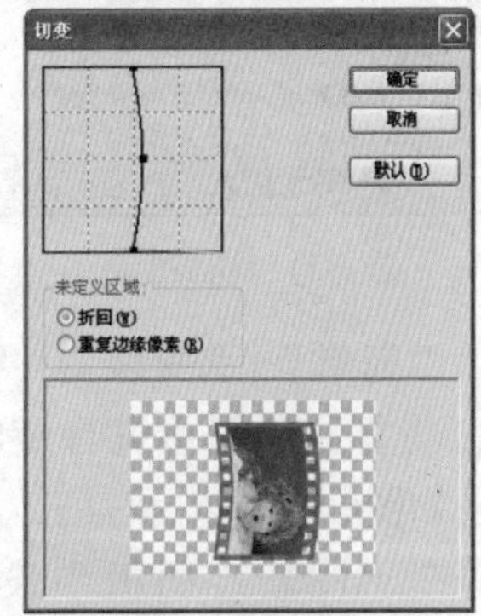

图6-48 设置切变效果

图6-49 图像弯曲效果

步骤17 按【Ctrl+T】组合键对图像执行自由变换命令，使底片向左旋转一定的角度，旋转后的图像效果如图6-50所示。

图6-50 旋转图像效果

步骤18 在旋转框中双击，完成自由变换。复制一次图层1，得到图层1副本，并将其放到图层1的下方，如图6-51所示。

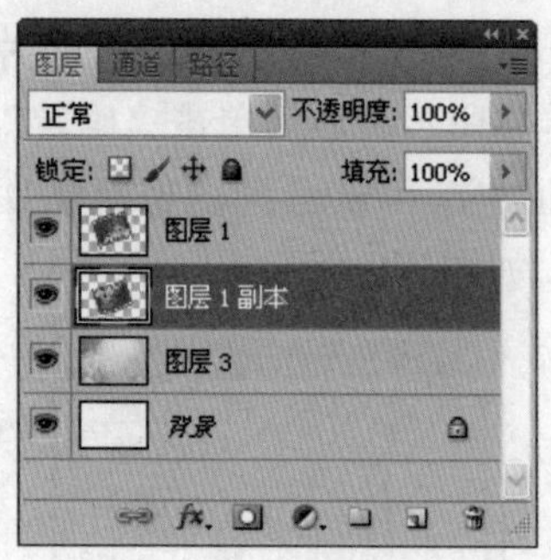

图6-51 复制图层

图6-52 图像效果

步骤19 执行“编辑”|“变换”|“旋转180度”命令，将复制的图像进行旋转，得到的图像效果如图6-52所示。

步骤20 分别在“图层”面板中设置图层1的图层不透明度为90%、图层1副本的图层不透明度为50%，得到最终图像效果如图6-53所示。

图6-53 最终图像效果

实例072 冰封图像效果

本实例将介绍将照片中的图像制作成冰封图像效果的方法。实例的原照片和处理后的照片对比效果如图6-54所示。

原图

效果图

图6-54 效果对比

本实例制作的冰封图像效果，通过模糊图像，为图像应用“照亮边缘”滤镜，得到冰封效果的冻结边缘线条；然后再对图层模式进行变换，多次操作后对图像颜色进行整体调整，使图像达到冰封的效果；最后为图像添加雪山图像，让冰封图像效果更有真实感。

实例路径	实例\第6章\冰封图像效果.psd
素材路径	素材\第6章\飞鹰.psd、雪景.jpg

步骤01 按【Ctrl+O】组合键，打开“飞鹰.psd”素材图像，如图6-55所示，下面将利用该照片制作冰封图像效果，在“图层”面板中可以看到飞鹰图像是单独的一个图层，如图6-56所示。

图6-55 打开素材图像

图6-56 “图层”面板

步骤02 按【Ctrl+J】组合键复制图层1，得到图层1副本，如图6-57所示。然后执行“滤镜”|“模糊”|“高斯模糊”命令，打开“高斯模糊”对话框，设置半径为3像素，如图6-58所示。

步骤03 单击“确定”按钮返回到画面中，得到模糊后的图像效果，如图6-59所示。

图6-57 复制图层

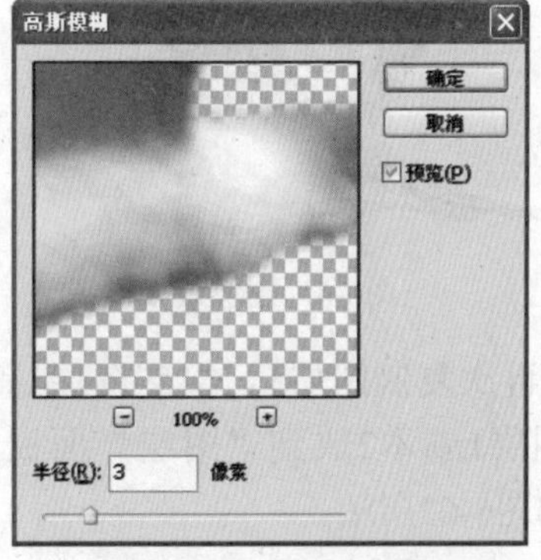

图6-58 设置模糊半径

图6-59 模糊后的图像效果

步骤04 执行“滤镜”|“风格化”|“照亮边缘”命令，在“照亮边缘”对话框中设置边缘宽度参数为4、边缘亮度参数为17、平滑度参数为7，如图6-60所示。

图6-60 设置照亮边缘参数

步骤05 完成图像的滤镜参数设置后，单击“确定”按钮返回到画面中，将图层1副本的图层混合模式设置为“色相”，得到的图像效果如图6-61所示。

图6-61 图像效果

步骤06 再次复制图层1，得到图层1副本2，并将图层1副本2放到“图层”面板的最上方，如图6-62所示。

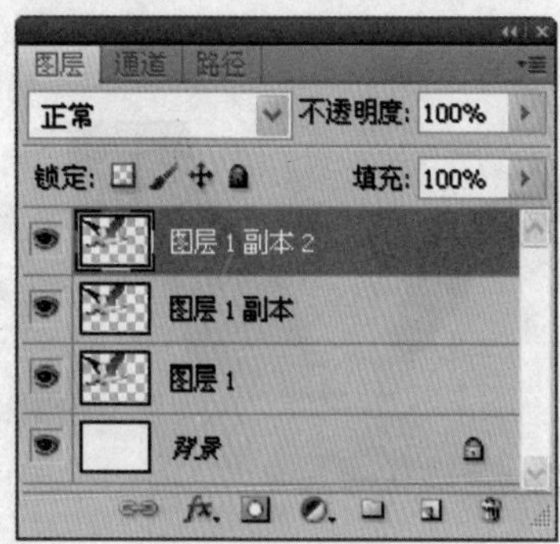

图6-62 复制图层

步骤07 执行“滤镜”|“素描”|“铬黄”命令，打开“铬黄渐变”对话框，设置细节参数为6，平滑度参数为7，如图6-63所示。

图6-63 设置铬黄渐变参数

步骤08 单击“确定”按钮返回到画面中，将图层1副本2的图层混合模式改为“叠加”，如图6-64所示，得到的图像效果如图6-65所示。

图6-64 设置图层混合模式

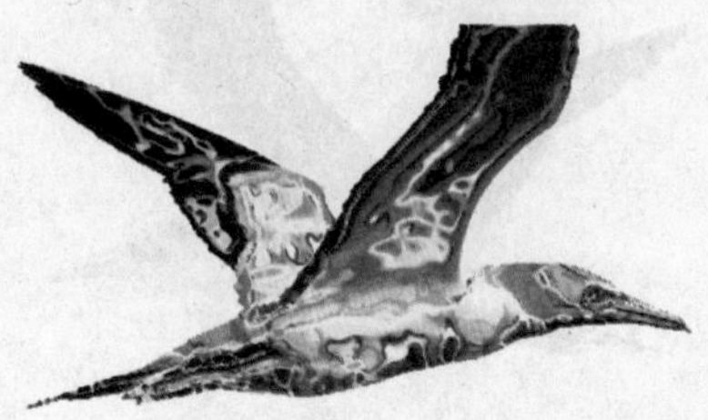

图6-65 图像效果

步骤09 在“图层”面板中单击选择图层1，执行“图像”|“调整”|“色相/饱和度”命令，打开“色相/饱和度”对话框，选中“着色”选项，然后适当调整各项数值，值如图6-66所示，得到的图像效果如图6-67所示。

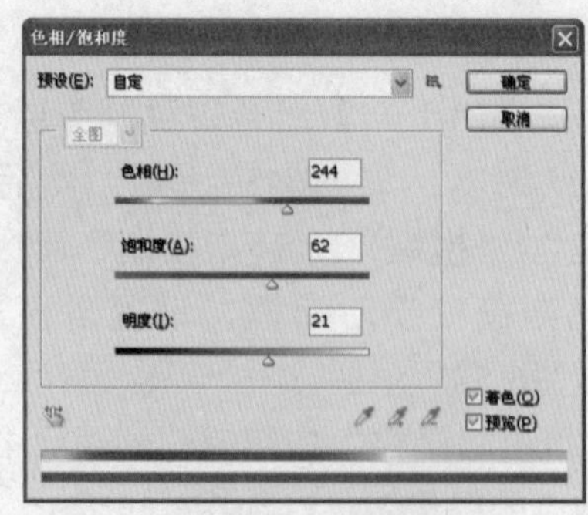

图6-66 设置参数

图6-67 图像效果

步骤10 分别对图层1副本和图层1副本2执行“色相/饱和度”命令，都选中“着色”复选框，对图像添加蓝色调，如图6-68和图6-69所示。

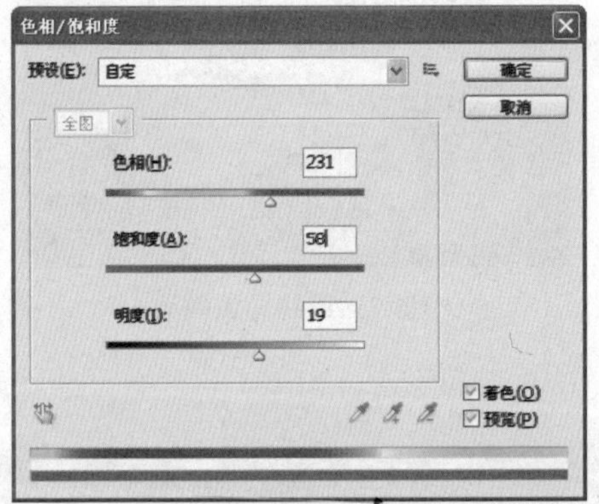

图6-68 调整图层1副本颜色

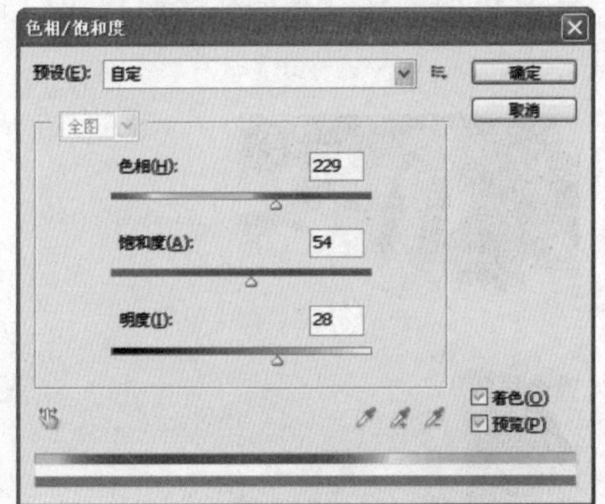

图6-69 调整图层1副本2颜色

步骤11 完成各图像的颜色调整后，返回到画面中，可以看到的图像效果如图6-70所示。

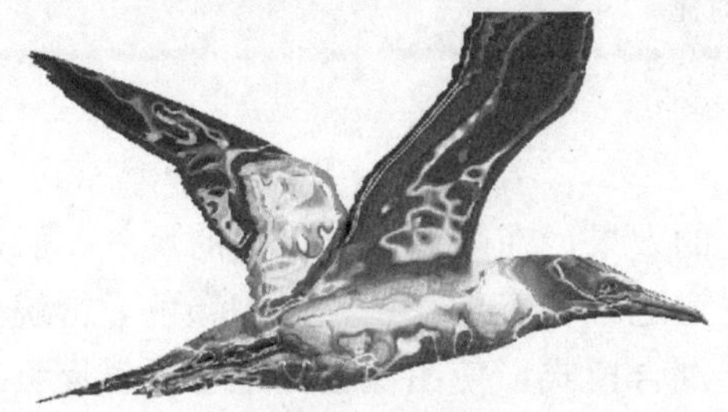

图6-70 图像效果

步骤12 按【Ctrl+O】组合键，打开本书配套光盘中的“雪景.jpg”照片素材，如图6-71所示。

图6-71 打开照片素材

步骤13 使用移动工具将雪景图像直接拖到飞鹰图像中，并将其放到图层1的下方如图6-72所示，得到的图像效果如图6-73所示。

图6-72 重置图层顺序

图6-73 图像效果

步骤14 新建图层3，并将其放到“图层”面板的最上方。选择画笔工具，在属性栏中选择画笔样式为“星爆-小”、画笔主直径为70px，如图6-74所示。

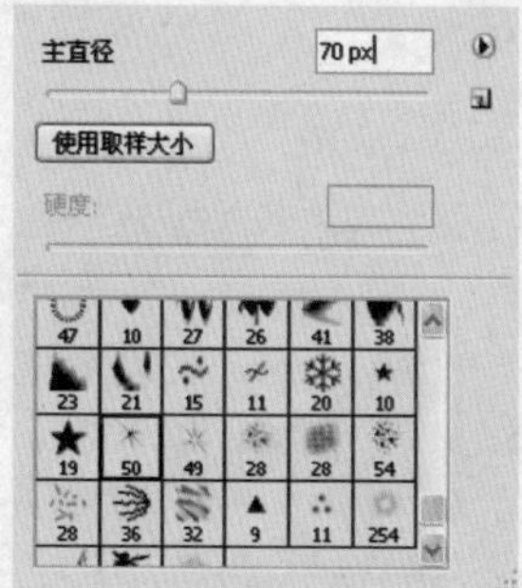

图6-74 选择画笔

步骤15 设置前景色为白色，将画笔工具移到飞鹰的翅膀和头部并单击，以添加亮光效果，最终图像效果如图6-75所示。

图6-75 最终图像效果

实例073 反负冲效果

本实例将介绍将一张普通的照片制作成反负冲效果的方法。实例的原照片和处理后的照片对比效果如图6-76所示。

原图　　效果图

图6-76 效果对比

技法解析

本实例所制作的反负冲效果有一种彩色底片的效果，在颜色上有很大的反差，所以特别在通道中调整图像，分别选择每个颜色的通道进行调整，使调整后的颜色显得统一而富有变化，然后再对每个图层设置不同的图层混合模式，使图像更好地呈现出反负冲效果。

	实例路径	实例\第6章\反负冲效果.psd
	素材路径	素材\第6章\河边.jpg

步骤01 按【Ctrl+O】组合键，打开“河边.jpg”照片素材，如图6-77所示，下面将对这张照片进行反负冲效果制作。

图6-77 打开素材照片

步骤02 执行“图层”|“新建”|“通过复制的图层”命令，得到复制的图像图层1，如图6-78所示。

图6-78 复制图层

步骤03 切换到“通道”面板中，选择蓝色通道，如图6-79所示。然后执行“图像”|“应用图像”命令，打开“应用图像”对话框，选中“反相”复选框，设置混合模式为“正片叠底”、不透明度为60%，如图6-80所示。

图6-79 选择蓝色通道

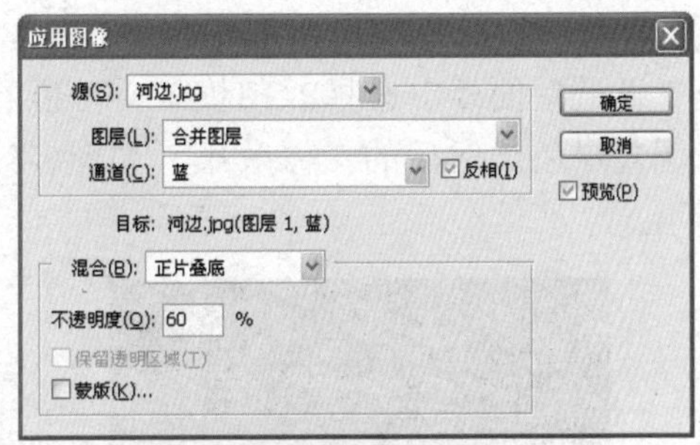
图6-80 设置应用图像参数

步骤04 单击“确定”按钮返回到画面中，在“通道”面板中选择RGB模式，可以看到调整蓝色通道后图像颜色有了明显的变化，效果如图6-81所示。

图6-81 图像效果

步骤05 在“通道”面板中选择绿色通道，然后选择“应用图像”命令，打开“应用图像”对话框，选中“反相”复选框，设置混合模式为“正片叠底”、不透明度为40%，如图6-82所示。

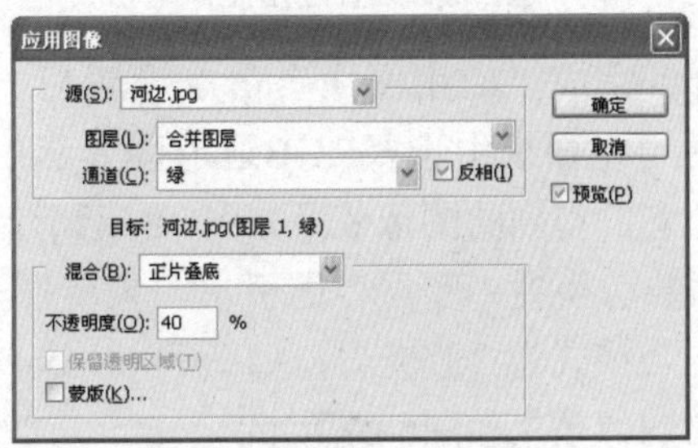
图6-82 设置应用图像

步骤06 单击“确定”按钮返回到画面中，在“通道”面板中选择RGB模式，可以看到调整绿色通道后的图像效果，如图6-83所示。

图6-83 图像效果

步骤07 选择红色通道，再次对通道运用“应用图像”命令，在“应用图像”对话框中设置混合模式为“颜色加深”，其余为默认设置如图6-84所示。

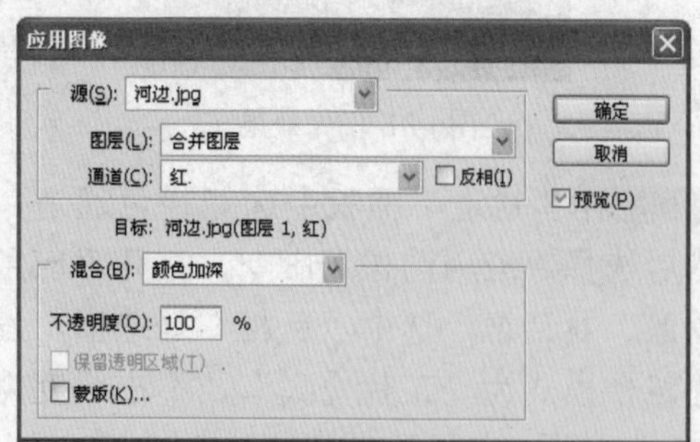

图6-84 设置应用图像

步骤08 完成“应用图像”命令设置后，在“通道”面板中选择RGB通道以显示出完整色彩，得到的图像效果如图6-85所示。

步骤09 切换到“图层”面板中，设置图层1的混合模式为“强光”，如图6-86所示，得到的图像效果如图6-87所示。

图6-85 图像效果

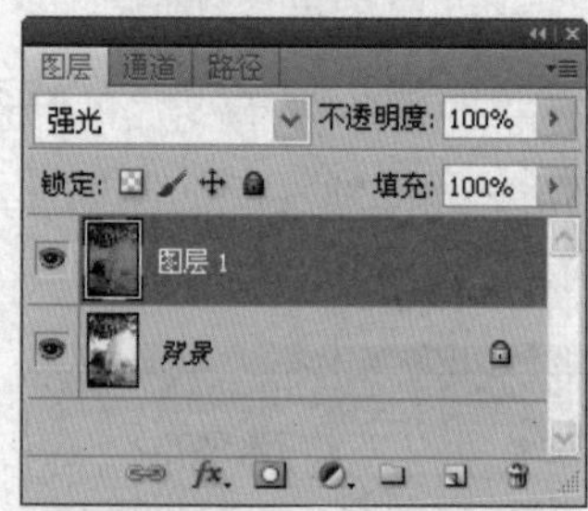

图6-86 设置图层混合模式

图6-87 强光模式的图像效果

步骤10 接着需要对图像做一些整体颜色调整。执行“图像”|“调整”|“色彩平衡”命令，打开“色彩平衡”对话框，为图像适当添加一些红色和黄色，如图6-88所示，得到的图像效果如图6-89所示。

步骤11 单击“图层”面板下方的“添加图层蒙版”按钮，为图像添加图层蒙版，如图6-90所示。

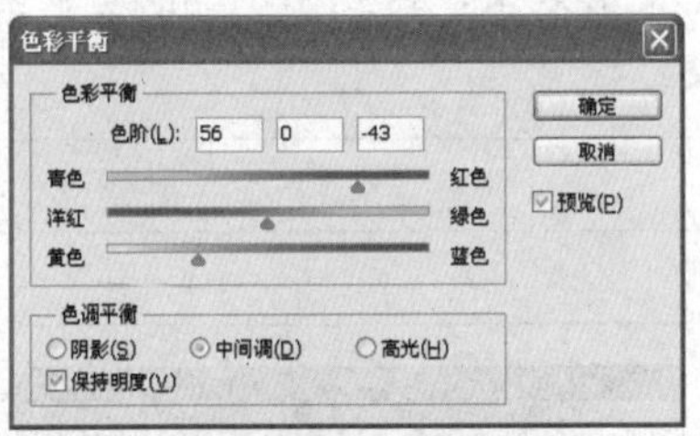

图6-88 添加颜色

图6-89 图像效果

步骤12 选择画笔工具，在属性栏中设置画笔大小为30像素，确定背景色为白色、前景色为黑色，对图像中的人物皮肤做涂抹，将人物皮肤显现出来，得到的最终图像效果如图6-91所示。

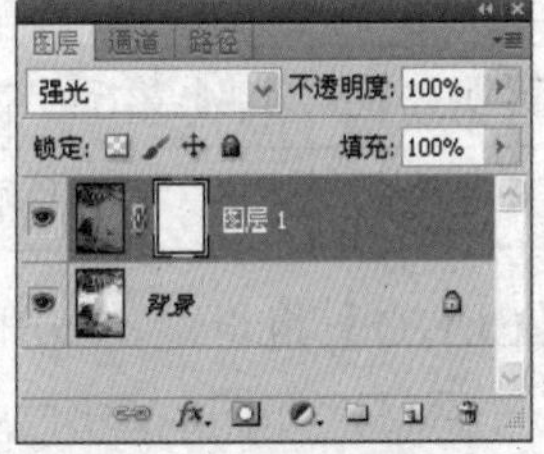

图6-90 添加图层蒙版

图6-91 最终图像效果

实例074 拼贴图像效果

本实例将介绍把照片制作成拼贴图像效果的方法。实例的原照片和处理后的照片对比效果如图6-92所示。

图6-92 效果对比

 技法解析

本实例制作的拼贴图像效果，完成后的图像有错位的感觉。在制作过程中，通过绘制选区进行复制图像的操作，对复制的图像做“透视”变形效果，得到错位的感觉；然后再添加一些投影效果，让图像更有立体错位的拼贴效果。

	实例路径	实例\第6章\拼贴图效果.psd
	素材路径	素材\第6章\清凉花朵.jpg

步骤01 按【Ctrl+O】组合键，打开“清凉花朵.jpg”照片素材，如图6-93所示，下面将对这张照片进行拼贴图像效果制作。

图6-93 素材图像

步骤02 选择矩形选框工具，按住鼠标左键在在图像中拖动，创建一个矩形选区，如图6-94所示。

图6-94 创建矩形选区

步骤03 执行“图层”|“新建”|“通过复制的图层”命令，将选区中的图像复制下来，得到图层1，如图6-95所示。

图6-95 复制图层

步骤04 执行“编辑”|“变换”|“透视”命令，将右下的控制点向上拖动，使画面有错位的效果，如图6-96所示。

图6-96 拖动图像

步骤05 按【Enter】键进行确认，然后执行“图层”|“图层样式”|“内阴影”命令，打开“图层样式”对话框，设置内发光颜色为R20、G62、B9，其余参数设置如图6-97所示。

步骤06 单击“确定”按钮，完成内阴影的设置，得到的图像效果如图6-98所示，可以看到错位的图像有了阴影效果。

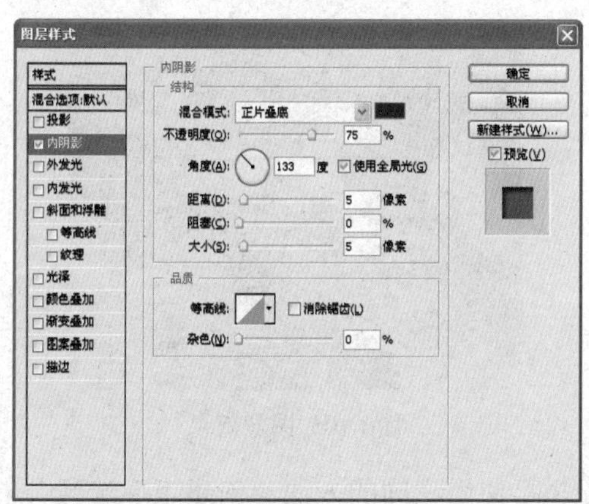

图6-97 设置内阴影参数

图6-98 图像效果

步骤07 在“图层样式”对话框中选中“内发光”复选框，设置内发光颜色为淡黄色R255、G255、B190，其余参数设置如图6-99所示。

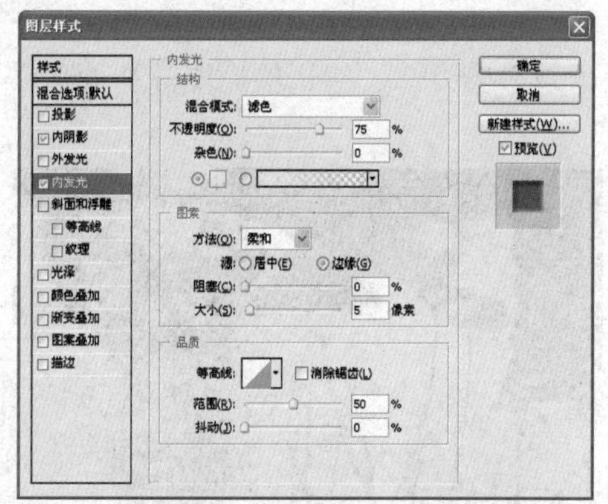

图6-99 设置内发光参数

步骤08 单击“确定”按钮返回到画面中，得到的图像效果如图6-100所示。

图6-100 内发光图像效果

步骤09 选择背景图层，使用矩形选框工具再绘制一个矩形选区，执行“通过复制的图层”命令后得到图层2，如图6-101所示。

图6-101 复制图层到得新图层

步骤10 同样对图层2使用“透视”命令，通过透视拉伸后的图像效果如图6-102所示。

图6-102 透视变换图像效果

步骤11 将鼠标光标移动到“图层”面板中，在图层1中单击，选择弹出的菜单中的“拷贝图层样式”命令，如图6-103所示。

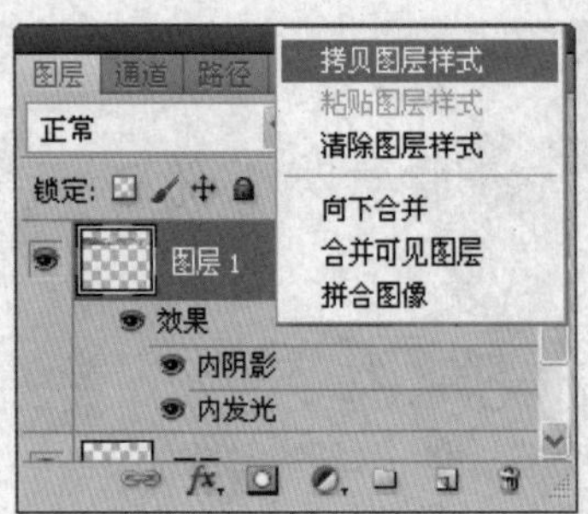

图6-103 复制图层样式

步骤12 选择图层2，并在“图层”面板中单击，选择弹出的菜单中的“粘贴图层样式”命令，如图6-104所示。

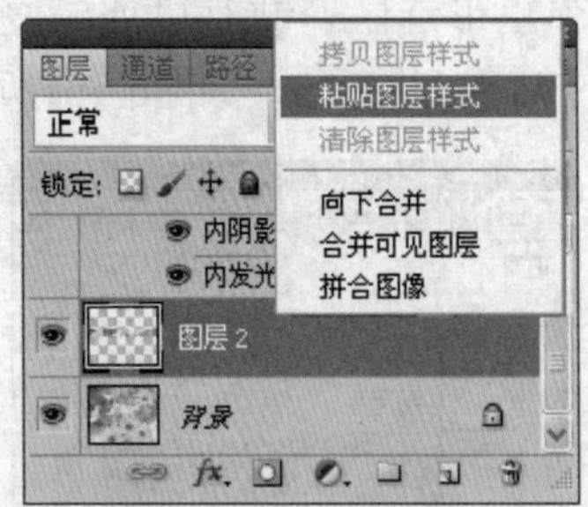

图6-104 粘贴图层样式

步骤13 粘贴图层样式后的图层2得到和图层1一样的效果，如图6-105所示。

图6-105 图像效果

步骤14 使用相同的方法，创建矩形选区并复制图像制作透视图像效果，再对图像应用粘贴图层样式，完成的拼贴图像效果如图6-106所示。

图6-106 拼贴图像效果

实例075 插画效果

本实例将介绍将一张普通的照片制作成插画效果的方法。实例的原照片和处理后的照片对比效果如图6-107所示。

原图

效果图

图6-107 效果对比

技法解析

本实例制作的插画效果，主要是通过“颗粒”滤镜命令，对图像中的深色部分进行提取，形成颗粒状态的图像；然后调整图像色阶，使图像颜色对比强烈；最后去掉多余的彩色图像，变成整体都是黑白的图像效果，从而得到插画效果。

实例路径	实例\第6章\插画效果.psd
素材路径	素材\第6章\小狗.jpg

步骤01 按【Ctrl+O】组合键，打开“小狗.jpg”照片素材，如图6-108所示，下面将对这张照片进行插画图像效果制作。

图6-108 打开照片素材

步骤02 执行“滤镜”|“纹理”|“颗粒”命令，打开“颗粒”对话框，选择颗粒类型为“斑点”，设置强度为49、对比度为100，如图6-109所示。

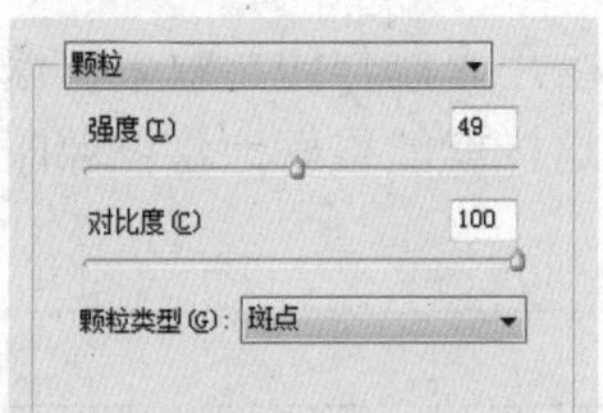

图6-109 设置颗粒滤镜

步骤03 完成参数设置后，单击“确定”按钮返回到画面中，得到淡彩画图像效果如图6-110所示。

图6-110 图像效果

步骤04 执行“图像”|“调整”|“色阶”命令，打开“色阶”对话框，设置该对话框中的各项参数，以降低图像中的色彩，如图6-111所示。

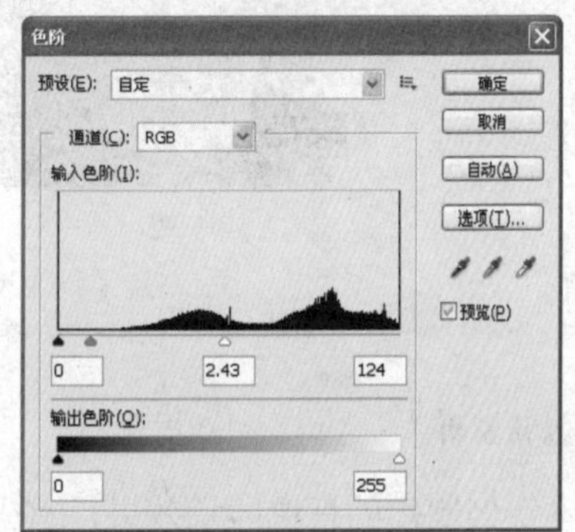

图6-111 设置色阶参数

步骤05 单击“确定”按钮返回到画面中，得到的图像效果如图6-112所示。

图6-112 降低色彩后的图像效果

步骤06 执行“图像”|“调整”|“去色”命令，将图像中剩余的彩色图像变成黑白图像，得到插画图像效果如图6-113所示。

图6-113 插画图像效果

实例076 肖像印章

本实例将介绍将一张普通的照片制作成肖像印章的方法。实例的原照片和处理后的照片对比效果如图6-114所示。

原图

效果图

图6-114 效果对比

技法解析

本实例制作的肖像印章效果，首先绘制一个矩形选区用来制作印章效果图像，然后再对人物肖像应用“阈值”命令，将肖像变成黑白图像，这样就能很好地将肖像印制在印章图像中。

	实例路径	实例\第6章\肖像印章.psd
	素材路径	素材\第6章\美女.jpg

步骤01 按【Ctrl+N】组合键，打开“新建”对话框，设置“名称”为肖像印章，高度为10厘米、宽度为10厘米，其余参数设置如图6-115所示。

步骤02 新建一个图层，选择工具箱中的矩形工具[]，按【Shift】键在画面中创建一个正方形选区，如图6-116所示。

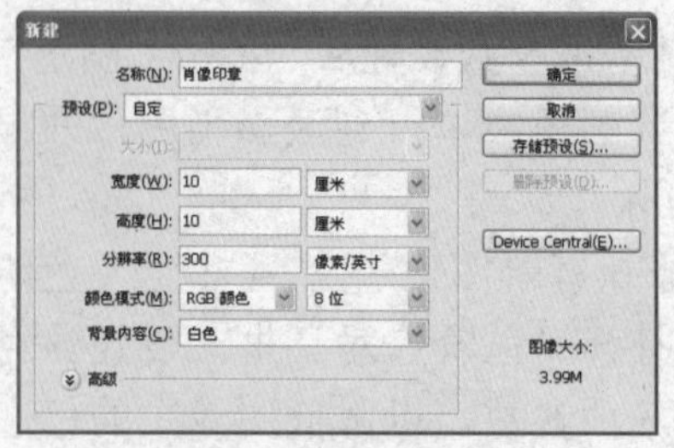

图6-115 新建文件

图6-116 创建正方形选区

步骤03 设置前景色为R107、G32、B9，然后按【Alt＋Delete】组合键填充图像颜色，效果如图6-117所示。

步骤04 选择工具箱中的橡皮擦工具，在画面中单击，将弹出画笔面板，在其中选择画笔样式为“粉笔”，主直径为36px，如图6-118所示。

图6-117 填充选区

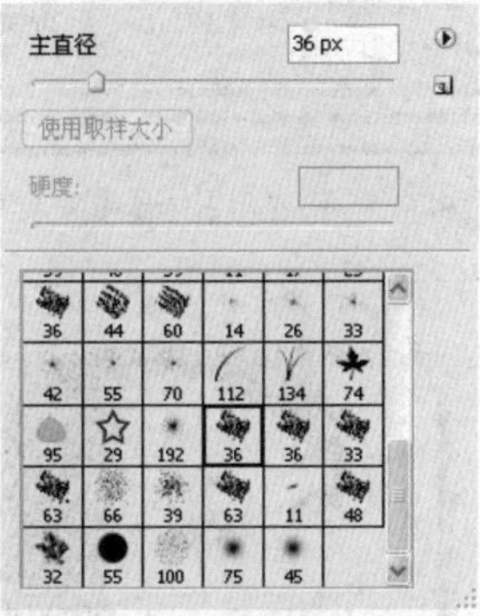

主直径 36 px
使用取样大小
硬度:

图6-118 选择画笔

步骤05 使用橡皮擦工具在图像边缘进行涂抹，使图像产生印章边缘的效果，如图6-119所示。

图6-119 涂抹边缘图像效果

步骤06 执行“滤镜”|“杂色”|“添加杂色”命令，打开“添加杂色”对话框，设置数量为12%，其余参数设置如图6-120所示。

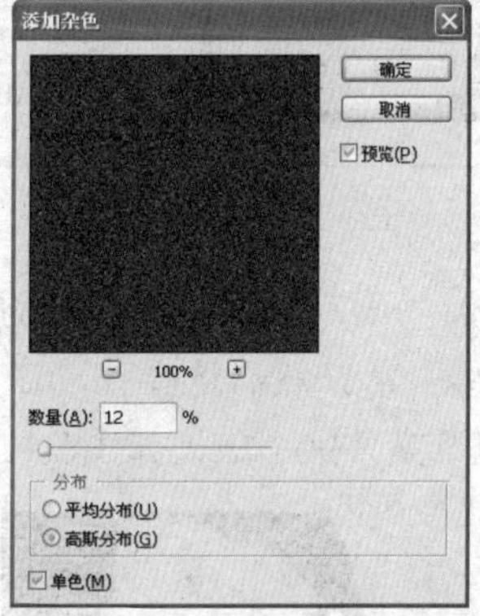

图6-120 设置添加杂色参数

步骤07 单击“确定”按钮，添加杂色后的图像效果如图6-121所示。

图6-121 添加杂色后的图像效果

步骤08 执行“文件”|“打开”命令，打开“美女.jpg”照片素材，如图6-122所示。

图6-122 打开照片素材

步骤09 执行“图像”|“调整”|“阈值”命令，打开“阈值”对话框，设置阈值色阶为134，如图6-123所示。

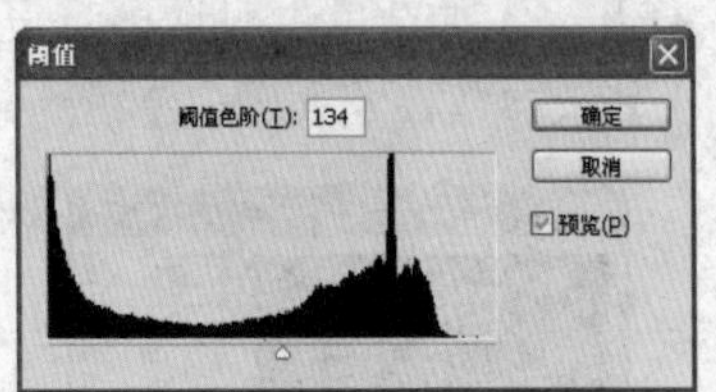

图6-123 设置阈值参数

步骤10 单击“确定”按钮，得到的图像效果如图6-124所示。然后选择移动工具将图像拖动到印章文件中，效果如图6-125所示。

图6-124 图像效果

图6-125 拖动图像

步骤11 按【Ctrl＋T】组合键对人物图像进行调整，让人物图像与印章图像达成一致大小，效果如图6-126所示。

图6-126 调整图像大小

步骤12 执行“图像”|“调整”|“色相/饱和度”命令，打开“色相/饱和度”对话框，选中“着色”复选框，参照图6-127设置参数，单击“确定”按钮返回到画面中，得到的图像效果如图6-128所示。

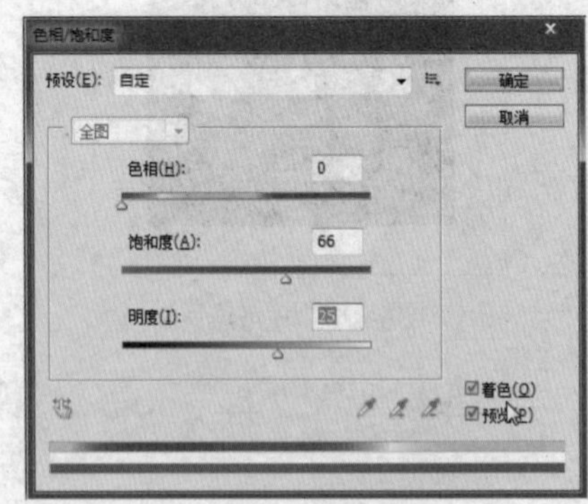

图6-127 设置色相/饱和度参数

图6-128 图像效果

步骤13 执行"选择"|"色彩范围"命令，打开"色彩范围"对话框，单击图像中人物面部中的白色图像，如图6-129所示。

图6-129 设置色彩范围参数

步骤14 单击"确定"按钮，获取白色图像的选区，如图6-130所示。

图6-130 获取白色图像的选区

步骤15 关闭图层2前面的眼睛，隐藏该图像，然后选择图层1，如图6-131所示。按【Delete】键删除选区中的图像，取消选区后的图像效果如图6-132所示。

图6-131 "图层"面板

图6-132 图像效果

步骤16 选择背景图层，设置前景色为R240、G230、B121，然后为背景图层填充该颜色，得到的最终图像效果如图6-133所示。

图6-133 最终图像效果

实例077 素描效果

本实例将介绍将照片图像制作成素描效果的方法。实例的原照片和处理后的照片对比效果如图6-134所示。

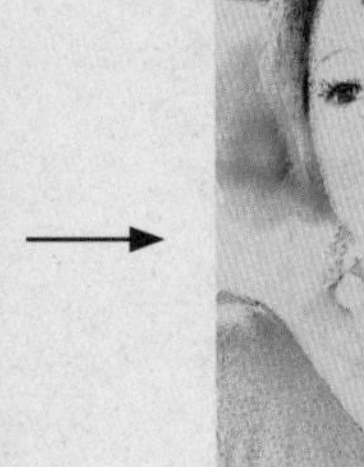

原图　　效果图

图6-134 效果对比

技法解析

本实例所制作的素描效果，首先使用“去色”命令将图像变成黑白效果，对颜色进行调整后，然后通过粗糙画笔滤镜得到素描的质感效果。另外，为了使画面有陈旧的素描效果，特别给整个画面添加了一些淡黄色，使素描效果更加真实。

	实例路径	实例\第6章\素描女孩.psd
	素材路径	素材\第6章\漂亮女孩.jpg

步骤01 按【Ctrl+O】组合键，打开“漂亮女孩.jpg”照片素材，如图6-135所示，下面将对这张照片进行素描效果制作。

图6-135 打开照片素材

图6-136 复制图层

步骤02 按【Ctrl＋J】组合键，复制一次背景图层，得到图层1，如图6-136所示。

步骤03 执行“图像”|“调整”|“去色”命令，将图像变成黑白色调，效果如图6-137所示。

图6-137 图像去色效果

步骤04 将图层1拖动到“图层”面板底部的“创建新的图层”按钮进行复制，得到图层1副本，如图6-138所示。

图6-138 复制图层

步骤05 执行“图像”|“调整”|“反相”命令，将图像反相处理，效果如图6-139所示。

图6-139 图像反相效果

步骤06 改变图层1副本的图层混合模式为“颜色减淡”，此时看到的图像只有一些黑色颗粒，效果如图6-140所示。

图6-140 颜色减淡效果

步骤07 执行“滤镜”|“模糊”|“高斯模糊”命令，打开“高斯模糊”对话框，设置半径为34.5像素，如图6-141所示。

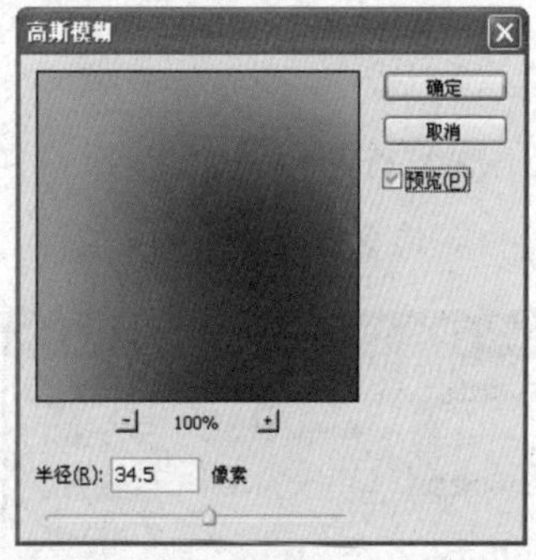

图6-141 设置高斯模糊

技巧提示

使用高斯模糊的分布模式，可以有选择地快速模糊图像，产生朦胧的效果。设置的半径越大，图像就越模糊。

步骤08 单击“确定”按钮返回到画面中，得到的图像效果如图6-142所示。

图6-142 模糊后的图像

步骤09 按【Ctrl+E】组合键向下合并一次图层，得到图层1，如图6-143所示。

图6-143 合并图层

步骤10 执行“图像”|“调整”|“亮度/对比度”命令，打开“亮度/对比度”对话框，参照图6-144调整图像的亮度和对比度的参数，得到的图像效果如图6-145所示。

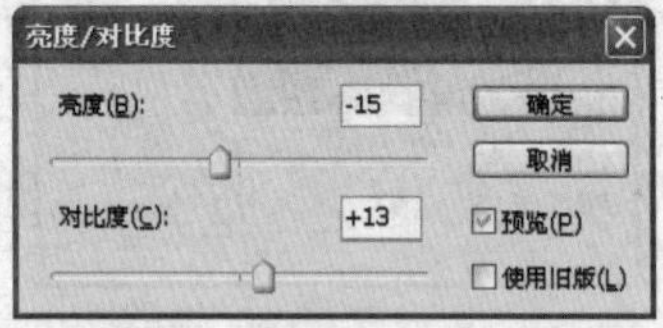

图6-144 调整亮度和对比度

图6-145 图像效果

技巧提示

按【Ctrl+E】组合键可以向下合并图层，按【Shift+Ctrl+E】组合键可以拼合图层。

步骤11 复制一次图层1，得到图层1副本，如图6-146所示。执行“滤镜”|“艺术效果”|“粗糙蜡笔”命令，打开“粗糙蜡笔”对话框，参照图6-147设置参数。

图6-146 复制图层

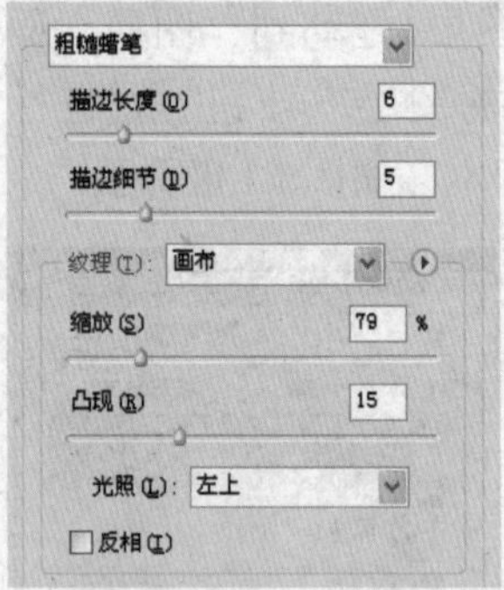

图6-147 设置参数

步骤12 设置完“粗糙蜡笔”各项参数后，单击“确定”按钮返回到画面中，得到的图像效果如图6-148所示。

图6-148 图像效果

步骤13 单击工具箱下方的前景色，打开“拾色器（前景色）”对话框，设置颜色为R204、G163、B0，如图6-149所示。

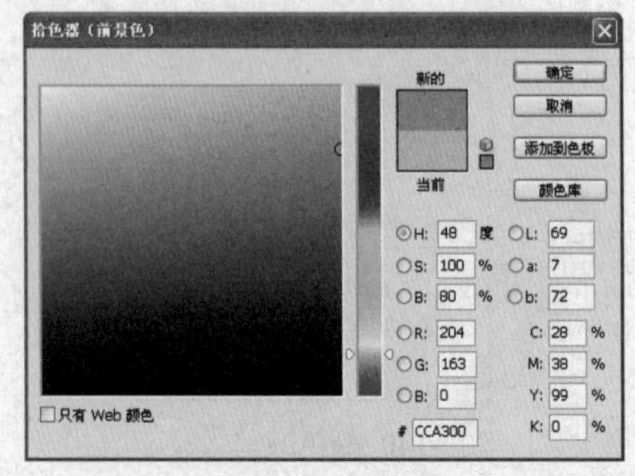

图6-149 设置图像颜色

步骤14 新建图层2，按【Alt+Delete】组合键填充前景色，设置图层2的不透明度为

20%，如图6-150所示，设置完成后的图像效果如图6-151所示。

图6-150 新建图层并填充

图6-151 图像效果

步骤15 关闭图层2和图层1副本前面的眼睛，选择图层1。然后执行“选择”|“色彩范围”命令，打开“色彩范围”对话框，设置“颜色容差”为140，选择较深的颜色如图6-152所示，单击“确定”按钮即可得到图像选区，如图6-153所示。

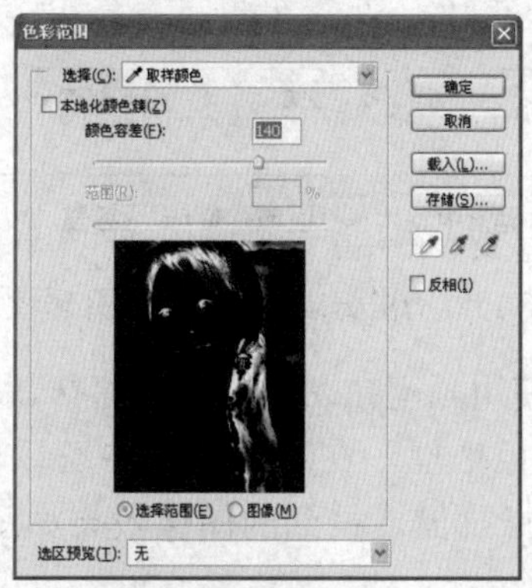

图6-152 设置参数

图6-153 获取选区

步骤16 按【Ctrl+C】组合键，复制选区图像。然后打开图层2和图层1副本前面的眼睛，新建图层3，按【Ctrl+V】组合键，将图像粘贴到图层3中，如图6-154所示，得到的最终图像效果如图6-155所示。

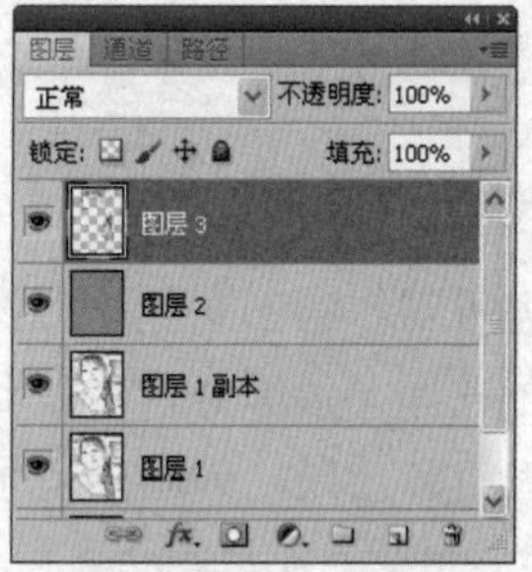

图6-154 复制粘贴图像

图6-155 最终图像效果

技巧提示

“粗糙蜡笔”滤镜可以模拟蜡笔在纹理背景上绘图的效果，从而产生一种纹理浮雕效果。

实例078 油画艺术效果

本实例将介绍为照片制作油画艺术效果的方法。实例的原照片和处理后的照片对比效果如图6-156所示。

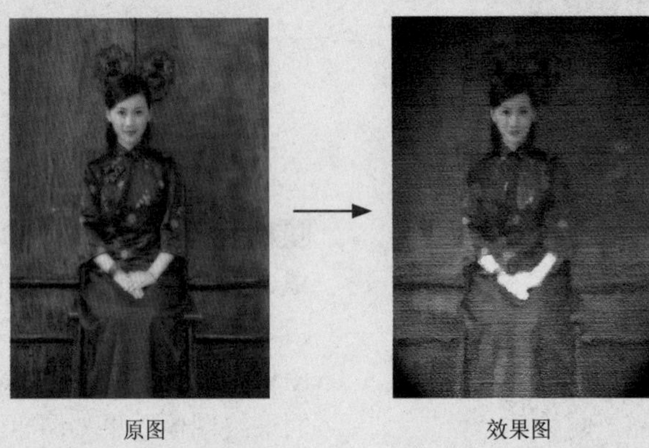

原图　　效果图

图6-156 效果对比

技法解析

本实例所制作的油画艺术效果，主要使用了历史记录艺术画笔工具，通过调整画笔大小，对画面进行大致涂抹，并细致调整部分图像，得到油画的特殊效果；使用滤镜，得到油画画布的粗麻效果，使画面更加有质感。

	实例路径	实例\第6章\油画效果.psd
	素材路径	素材\第6章\少女.jpg

步骤01 按【Ctrl+O】组合键，打开“少女.jpg”照片素材，如图6-157所示，下面将对这张照片进行油画艺术效果制作。

图6-157 打开照片素材

步骤02 选择工具箱中的历史记录艺术画笔，在属性栏中设置样式为“紧绷中”、画笔大小为21像素，其余参数设置如图6-158所示。

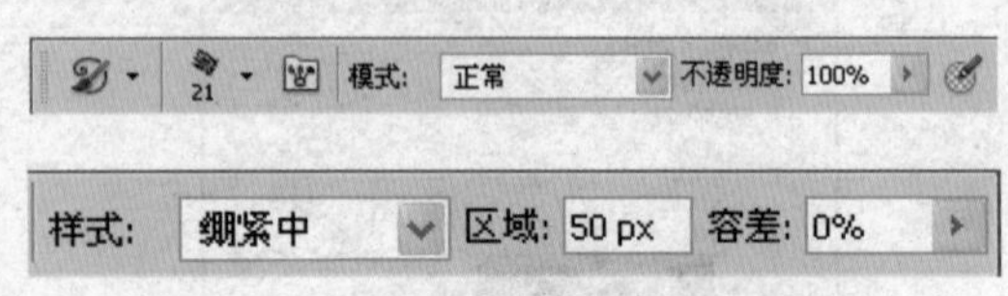

图6-158 历史记录艺术画笔工具属性栏

步骤03 使用画笔在图像中进行涂抹，将整个画面进行处理，在这次过程中可以比较随意的涂抹画面，得到的图像效果如图6-159所示。

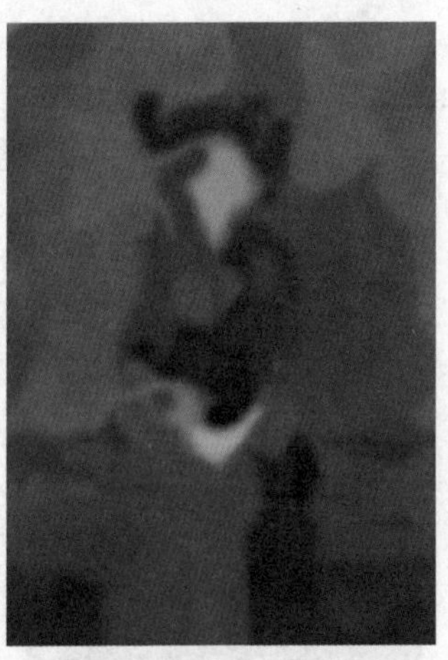

图6-159 粗略涂抹图像效果

步骤04 将画笔大小改为10像素，在画面中刻画轮廓明显处，达到细化的目的，得到的图像效果如图6-160所示。

图6-160 细化图像效果

步骤05 将画笔改为6像素，对照片中的中心部分的以及人物面部做仔细的涂抹，让图像更加完整的显现出来，效果如图6-161所示。

步骤06 复制两次背景图层，并单击背景副本2图层前面的眼睛，关闭该图层，然后选择背景副本图层，如图6-162所示。

步骤07 执行“滤镜”|“艺术效果”|“绘画涂抹”命令，打开“绘画涂抹”对话框，设置画笔大小为4、锐化程度为13，如图6-163所示。

图6-161 刻画细节部分的图像效果

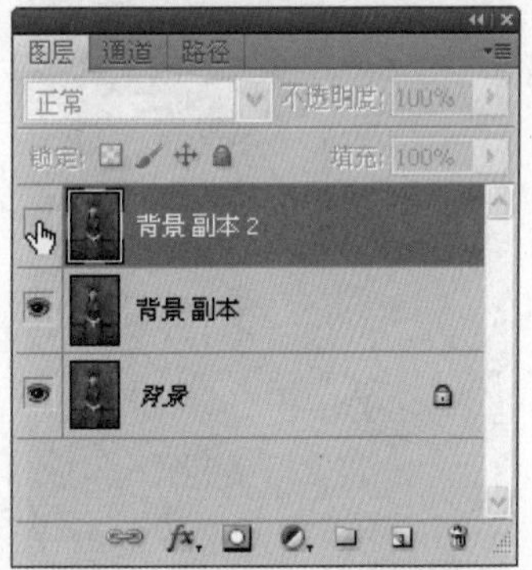

图6-162 复制两次北景图层

图6-163 设置绘画涂抹参数

步骤08 单击“确定”按钮返回到画面中，在“图层”面板中设置不透明度为54%如图6-164所示，得到的图像效果如图6-165所示。

步骤09 选择背景副本2图层，并单击打开前面的眼睛。执行“滤镜”|“纹理”|“纹理化”命令，打开“纹理化”对话框，设置

纹理为画布、缩放为94%、凸现为6，如图6-166所示。

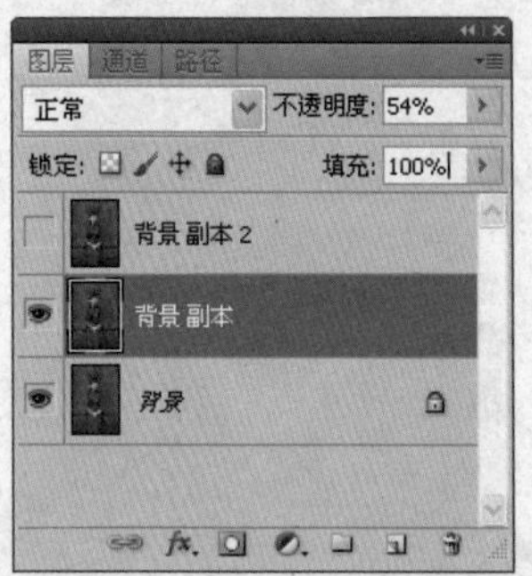

图6-164 设置图层不透明度

图6-165 图像效果

图6-166 设置纹理参数

步骤10 单击“确定”按钮返回到画面中，在“图层”面板中设置该图层不透明度为60%，得到添加纹理效果的图像如图6-167所示。

步骤11 执行“滤镜”|“渲染”|“光照效果”命令，在打开的“光照效果”对话框中选择默认值，然后适当调整预览框中的圆形方向，参数设置如图6-168所示。

图6-167 图像效果

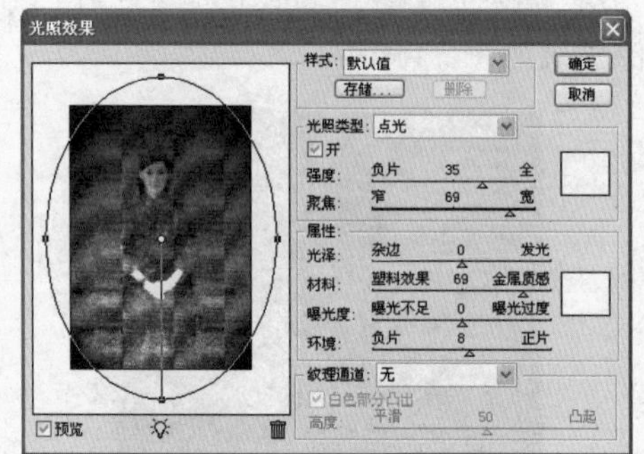

图6-168 设置光照效果参数

步骤12 参数设置完后，单击“确定”按钮返回到画面中，得到的最终图像效果如图6-169所示。

图6-169 最终图像效果

技巧提示

“光照效果”滤镜可以对图像使用不同类型的光源进行照射，从而使图像产生类似三维照明的效果。在对话框左侧“预览框”中可以调整光源方向，在右侧可以设置光照样式、灯光颜色和环境光颜色等。

实例079 速写效果

本实例将介绍将一张普通照片制作成速写效果的方法。实例的原照片和处理后的照片对比效果如图6-170所示。

原图　　效果图

图6-170 效果对比

技法解析

本实例所制作的速写效果，首先通过特殊模糊命令，得到人物照片中图像的主要轮廓。然后通过“反相”命令得到初步的素描效果。最后使用画笔工具和橡皮擦工具对图像中的细节做一些添加和删除，得到完美的素描图像效果。

	实例路径	实例\第6章\速写效果.psd
	素材路径	素材\第6章\头发飘飘.jpg

步骤01 按【Ctrl+O】组合键，打开“头发飘飘.jpg”照片素材，如图6-171所示，下面将对这张照片进行速写效果制作。

图6-171 打开照片素材

步骤02 执行“滤镜”|“模糊”|“特殊模糊”命令，打开“特殊模糊”对话框，设置品质为“高”、模式为“仅限边缘”、半径为20、阈值为47.3，如图6-172所示。

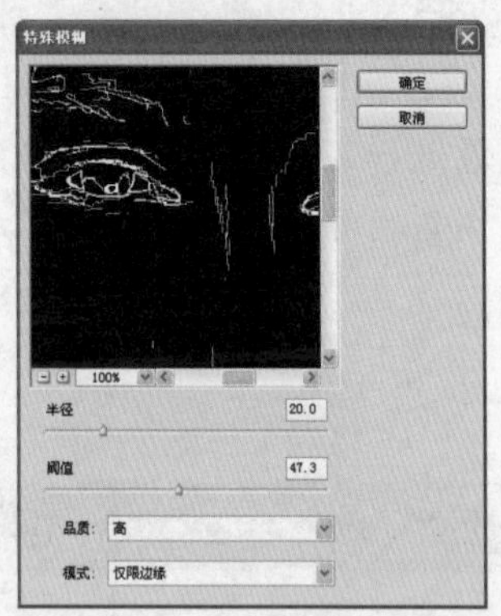
图6-172 设置参数

步骤03 设置完各项参数后，单击“确定”按钮返回到画面中，得到单色黑底图像效果如图6-173所示。

图6-173 单色黑底图像效果

步骤04 执行“图像”|“调整”|“反相”命令，对图像做反相处理，效果如图6-174所示。

图6-174 反相处理图像效果

步骤05 选择工具箱中的铅笔工具，在属性栏中设置画笔大小为1，对图像中人物的颈部和鼻子线条做修饰，添加一些线条使人物面部更加完整，效果如图6-175所示。

图6-175 修饰面部线条后的图像效果

步骤06 选择橡皮擦工具，在属性栏中设置“模式”为铅笔、画笔大小为3。在画面中线条较密集的地方进行擦除，使眼睛和头发更加清晰的显现出来，最终图像效果如图6-176所示。

图6-176 最终图像效果

技巧提示

在设置“特殊模糊”滤镜参数时，半径值不宜设置的太大，否则线条太多会显得很杂乱；而阈值越大则线条越少，在操作时可以通过预览查看图像效果进行设置。

实例080 强光效果

本实例将介绍将一张普通照片制作成强光效果的方法。实例的原照片和处理后的照片对比效果如图6-177所示。

原图

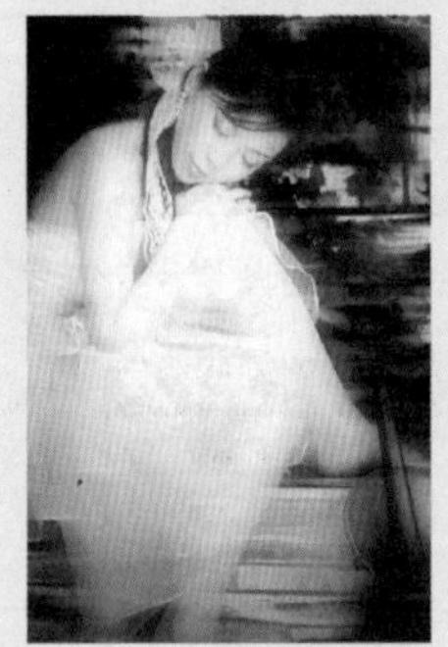
效果图

图6-177 效果对比

技法解析

本实例制作的图像强光效果，主要是通过复制图层、改变图层混合模式，来改变图像的正常色调；然后再通过模糊滤镜得到梦幻的图像效果；最后使用“光照效果”滤镜为图像添加强光照射效果。

	实例路径	实例\第6章\强光效果.psd
	素材路径	素材\第6章\提琴.jpg

步骤01 按【Ctrl+O】组合键，打开“提琴.jpg”照片素材，如图6-178所示，下面将对这张照片进行强光效果制作。

图6-178 打开照片素材

步骤02 执行“图层”|“复制图层”命令，打开“复制图层”对话框如图6-179所示，然后单击“确定”按钮，得到背景副本图层如图6-180所示。

步骤03 执行“滤镜”|“模糊”|“动感模糊”命令，打开“动感模糊”对话框，设置角度为0度、距离为90像素，如图6-181所示。然后单击“确定”按钮完成设置，得到的图像效果如图6-182所示。

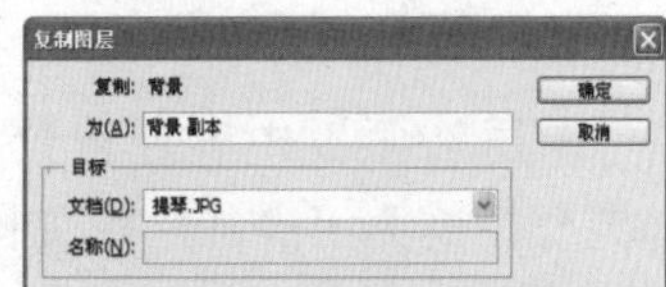

图6-179 复制图层

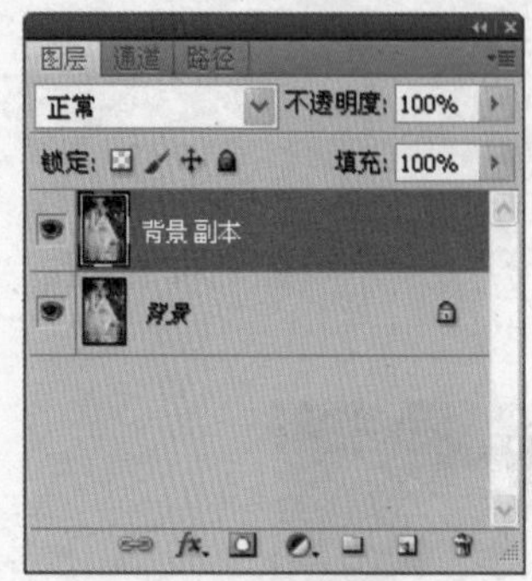

图6-180 得到复制的图层

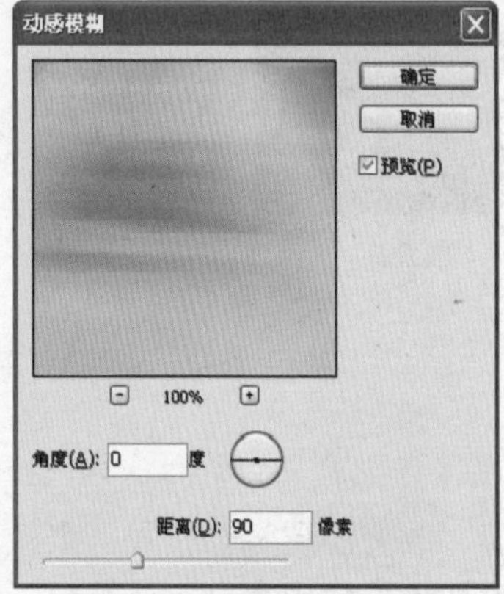

图6-181 设置滤镜参数

图6-182 图像效果

步骤04 在“图层”面板中设置背景副本图层的图层混合模式为“叠加”，如图6-183所示。得到的图像效果如图6-184所示。

图6-183 设置图层混合模式

图6-184 “叠加”后的图像效果

步骤05 单击“图层”面板下方的“创建新图层”按钮，新建图层1，然后填充图层1为白色，设置图层混合模式为“叠加”、不透明度为30%，如图6-185所示，得到的图像效果如图6-186所示。

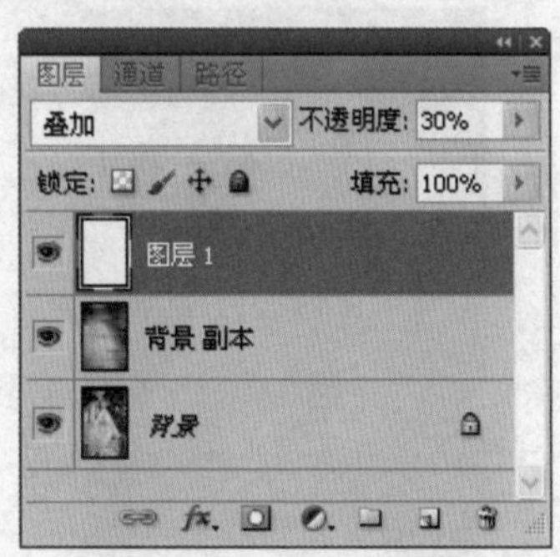

图6-185 设置图层属性

图6-186 图像效果

步骤06 单击“图层”面板中的背景图层，执行“滤镜/渲染/光照效果”命令，打开“光照效果”对话框，设置样式为“柔化全光源”，并在预览图中适当调整光圈的大小，如图6-187所示。

步骤07 单击“确定”按钮返回到画面中，得到的最终图像效果如图6-188所示。

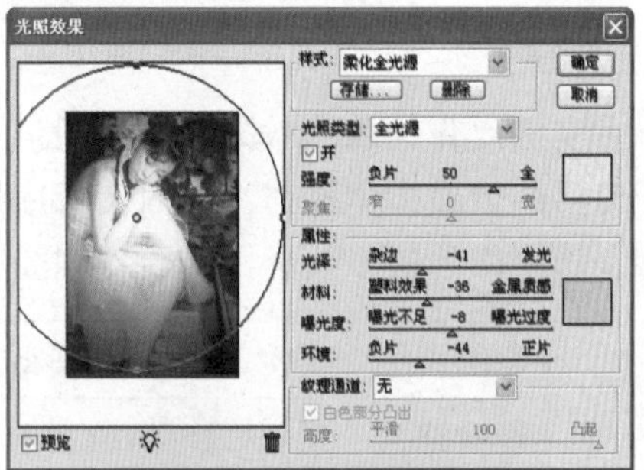

图6-187 设置光照效果参数

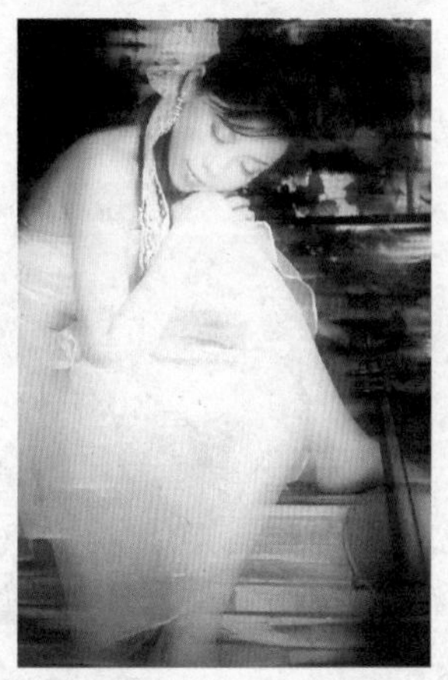

图6-188 最终图像效果

实例081 水彩效果

本实例将介绍将一张普通照片制作成水彩效果的方法。实例的原照片和处理后的照片对比效果如图6-189所示。

原图

效果图

图6-189 效果对比

技法解析

本实例制作的水彩效果，首先通过“曲线”命令改变图像的明暗度；然后使用特殊模糊滤镜将图像做模糊操作；再对图像应用查找边缘滤镜，通过改变图层混合模式的操作，得到水彩图像的初步效果；最后复制图层、改变图层属性，完成操作。

	实例路径	实例\第6章\水彩效果.psd
	素材路径	素材\第6章\风景.jpg

步骤01 按【Ctrl＋O】组合键，打开“风景.jpg”照片素材，如图6-190所示，下面将对这张照片进行水彩效果制作。

图6-190 打开照片素材

步骤02 按【Ctrl＋M】组合键，打开“曲线”对话框，为照片调节明暗度如图6-191所示，得到的图像效果如图6-192所示。

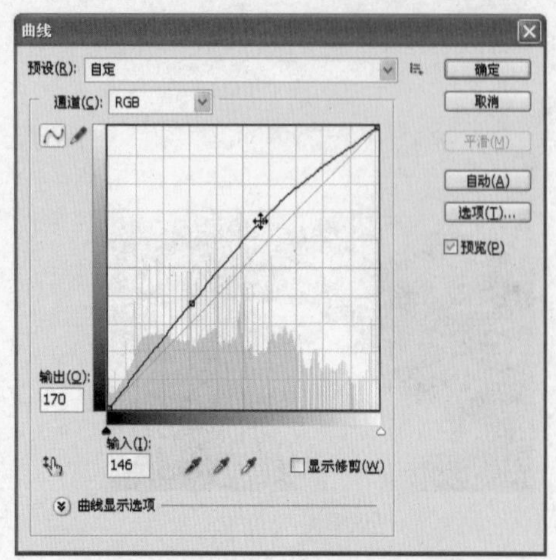

图6-191 调整曲线

图6-192 图像效果

步骤03 按【Ctrl+J】组合键复制背景图层，得到图层1，如图6-193所示。

图6-193 复制图层

步骤04 执行“滤镜”|“模糊”|“特殊模糊”命令，打开“特殊模糊”对话框，参照图6-194设置各项参数，然后单击“确定”按钮，得到的图像效果如图6-195所示。

步骤05 复制一次图层1，得到图层1副本，执行“滤镜”|“风格化”|“查找边缘”命令，得到的图像效果如图6-196所示。

图6-194 设置滤镜参数

图6-195 图像模糊效果

图6-196 查找边缘效果

步骤06 执行“滤镜”|“模糊”|“高斯模糊”命令，打开“高斯模糊”对话框，设置半径为3像素，如图6-197所示，制作出水彩渲染效果如图6-198所示。

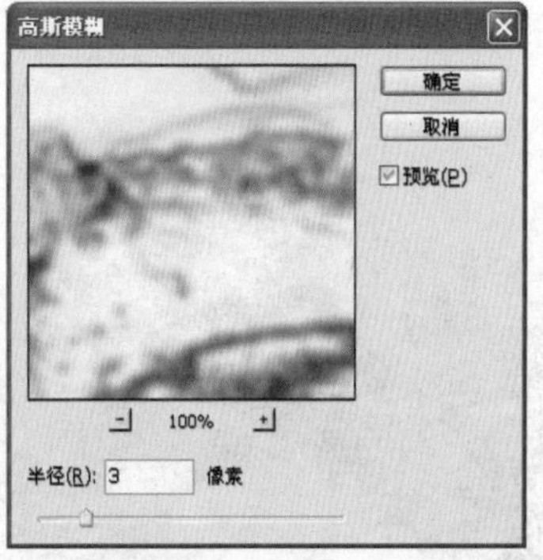

图6-197 设置滤镜参数

图6-198 模糊效果

步骤07 返回到“图层”面板中，设置图层1副本的图层混合模式为“叠加”、图层不透明度为20%如图6-199所示，得到的图像效果如图6-200所示。

步骤08 此时已经可以看到一些水彩画的效果，但还不够。再次复制背景图层得到背景副本图层，然后将背景图层置于图层的最上方，如图6-201所示。

图6-199 设置图层属性

图6-200 图像效果

图6-201 调整图层顺序

步骤09 执行“滤镜”|“艺术效果”|“水彩”命令，打开“水彩”对话框，设置画笔细节为11、阴影强度为2、纹理为2，如图6-202所示。

图6-202 设置滤镜参数

步骤10 单击“确定”按钮，得到的图像效果如图6-203所示。

图6-203 图像效果

步骤11 切换到“图层”面板中，将图层混合模式设置为“柔光”、不透明度为80%，如图6-204所示，得到最终图像效果如图6-205所示。

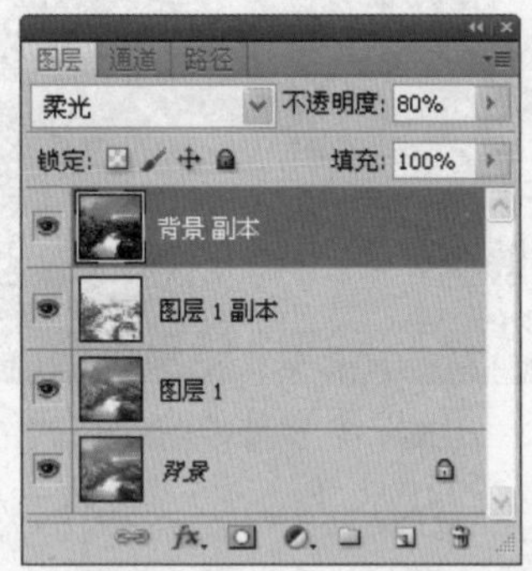

图6-204 设置图层属性

图6-205 最终图像效果

实例082 梦幻图像效果

本实例将介绍将一张普通照片制作成梦幻图像的方法。实例的原照片和处理后的照片对比效果如图6-206所示。

原图　　效果图

图6-206 效果对比

本实例制作的梦幻图像效果，首先通过高斯模糊滤镜对图像进行模糊操作，然后对图像应用扩散亮光滤镜，通过改变图层混合模式，将几个图像融合在一起，得到最终效果。

	实例路径	实例\第6章\梦幻效果.psd
	素材路径	素材\第6章\桃花.jpg

步骤01 按【Ctrl+O】组合键，打开“桃花.jpg”照片素材，如图6-207所示，下面将对这张照片进行梦幻效果制作。

图6-207 打开照片素材

步骤02 按【Ctrl+J】组合键，复制背景图层，得到图层1，如图6-208所示。

图6-208 复制图层

步骤03 执行“滤镜”|“模糊”|“高斯模糊”命令，打开“高斯模糊”对话框，设置半径为2.2像素，如图6-209所示。

步骤04 单击“确定”按钮完成模糊操作，在“图层”面板中选择图层1，设置其图层混合模式为“滤色”，如图6-210所示，得到的图像效果如图6-211所示。

图6-209 设置模糊参数

图6-210 设置图层混合模式

图6-211 图像效果

步骤05 再次复制背景图层，得到背景副本图层，将复制的背景副本图层置于图层最上方。然后执行“滤镜”|“扭曲”|“扩散亮光”命令，打开“扩散亮光”对话框，参照图6-212设置各项参数。

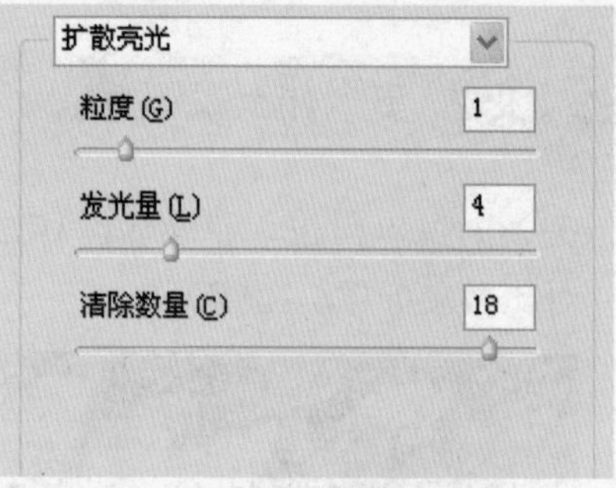

图6-212 设置滤镜参数

步骤06 单击“确定”按钮返回到图像中，得到的图像效果如图6-213所示。

图6-213 图像效果

步骤07 在“图层”面板中将图层混合模式设置为“叠加”，完成梦幻图像的制作，最终图像效果如图6-214所示。

图6-214 最终图像效果

PART 07

数码照片艺术化

自然光线下拍摄的照片通常都是一些平实的画面，通过对照片进行艺术化处理，可以使画面效果更具美感，同时可以解决一些照片上的缺陷问题。

本章将针对人物照片和风景照片介绍照片艺术处理的方法和技巧，制作了阳光树林、梦幻水晶、景深效果，以及多种边框效果。

效果展示 XIAOGUO ZHANSHI

实例083 阳光树林

本实例将介绍在没有阳光的树林照片中，制作出阳光照射效果的方法。实例的原照片和处理后的照片对比效果如图7-1所示。

原图　　效果图

图7-1 效果对比

技法解析

本实例制作的阳光树林效果，首先运用图像调整功能调整图像的色调，表现出晴朗的效果；然后使用通道功能创建选区，并复制相应的图像；最后执行“径向模糊”命令，创建出阳光照射的效果。

	实例路径	实例\第7章\阳光树林.psd
	素材路径	素材\第7章\树林.jpg

步骤01 按【Ctrl+O】组合键打开“树林.jpg”照片素材，如图7-2所示。

图7-2 打开照片素材

步骤02 执行“图像”|“调整”|“色相/饱和度”命令，打开“色相/饱和度”对话框，参照图7-3设置参数，单击“确定”按钮，得到的图像效果如图7-4所示。

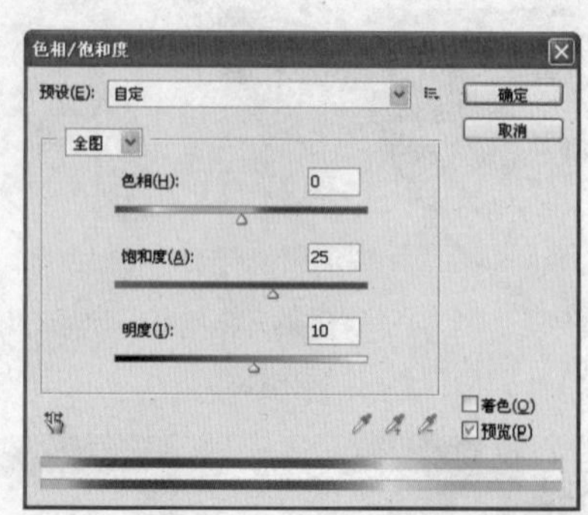

图7-3 设置参数

技巧提示

对图像执行色相/饱和度命令，可以使图像颜色更加鲜艳、自然。

图7-4 图像效果

步骤03 执行“图像”|“调整”|“色彩平衡”命令，打开“色彩平衡”对话框，设置参数如图7-5所示，单击“确定”按钮，得到的图像效果如图7-6所示。

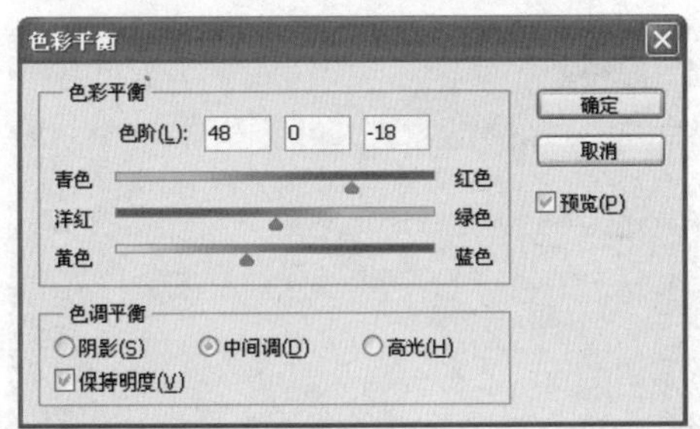

图7-5 设置参数

图7-6 图像效果

步骤04 在“通道”面板中选择一个对比度较大的通道（这里选蓝色通道），按【Ctrl】键并单击蓝色通道缩览图载入选区，如图7-7和图7-8所示。

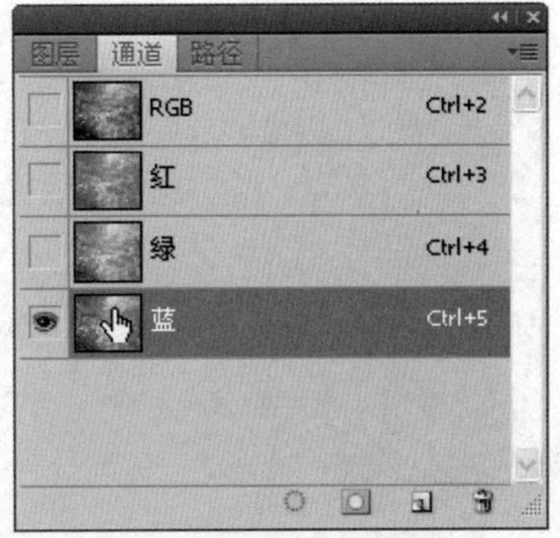

图7-7 单击通道缩览图

图7-8 载入选区

步骤05 选择RGB通道，在“图层”面板中选择背景图层，按【Ctrl+J】组合键，通过复制选区中的图像创建一个“图层1”，如图7-9所示。关闭背景图层后的图像效果如图7-10所示。

图7-9 创建图层

图7-10 图像效果

步骤06 执行“滤镜”|“模糊”|“径向模糊”命令，打开“径向模糊”对话框，设置模糊方法为“缩放”、数量为100，在右侧的预览框中拖动模糊位置，如图7-11所示，然后单击“确定”按钮，得到的图像效果如图7-12所示。

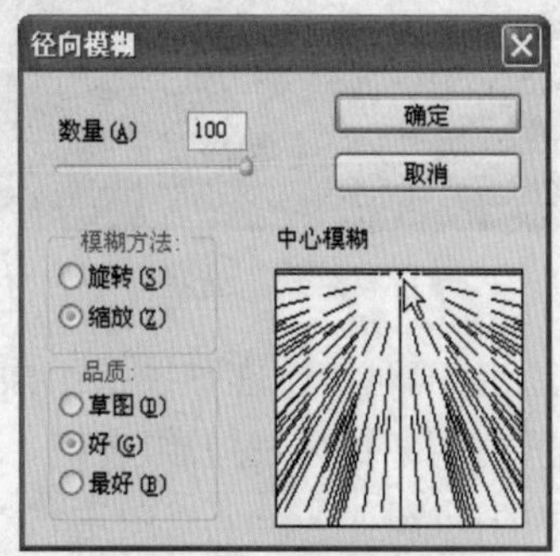

图7-11 设置参数

图7-12 图像效果

步骤07 单击工具箱中的“橡皮擦工具”按钮，设置不透明度为50%，然后擦除树林下方的图像，得到的最终图像效果如图7-13所示。

图7-13 最终图像效果

技巧提示

由于阳光是从天空向地面照射下来的，因此，树林下方不应该出现较亮的光线，为了使阳光照射效果更逼真，此时对树林下方的阳光进行稍微擦除。使用橡皮擦工具可以擦除图像中不需要的部分。在背景图层中，擦除的部分自动填充为背景色；在普通图层中，擦除后的区域将变为透明状态。

实例084 细雨蒙蒙

本实例将介绍在图像中制作出细雨蒙蒙的效果。实例的原照片和处理后的照片对比效果如图7-14所示。

图7-14 效果对比

技法解析

本实例制作的雨景效果，首先运用“高斯模糊”命令对图像进行模糊处理，表现出雨景的氛围，然后使用“铜版雕刻”滤镜制作出细点，再使用“动感模糊”制作出下雨的效果，最后改变图像的混合模式，从而使图像效果更逼真。

实例路径	实例\第7章\细雨蒙蒙.psd
素材路径	素材\第7章\春色.jpg

步骤01 执行“文件”|“打开”命令，打开“春色.jpg”照片素材，如图7-15所示。

图7-15 打开照片素材

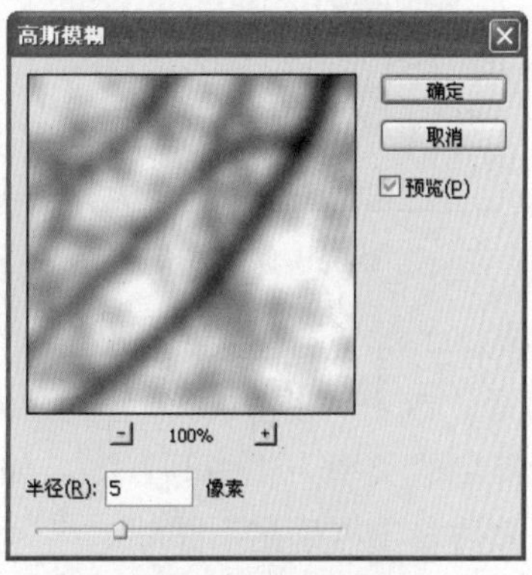

图7-16 设置滤镜参数

步骤02 按【Ctrl+J】组合键，复制一次背景图层，执行“滤镜”|“模糊”|“高斯模糊”命令，打开“高斯模糊”对话框，设置模糊的半径为5像素，如图7-16所示。

步骤03 将背景副本图层的不透明度设置为50%，如图7-17所示，得到的图像效果如图7-18所示。

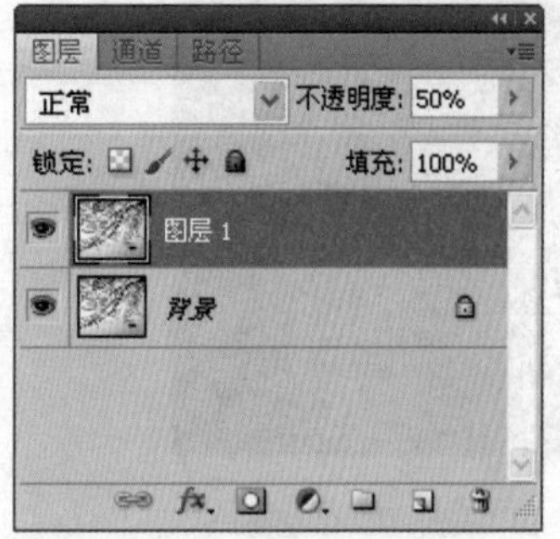

图7-17 设置图层不透明度

图7-18 图像效果

步骤04 单击"图层"面板中的"创建新图层"按钮，新建"图层2"，并使用黑色填充图层2，如图7-19所示。

图7-19 新建图层

步骤05 执行"滤镜"|"像素化"|"铜版雕刻"命令，打开"铜版雕刻"对话框，设置铜版雕刻的类型为"中等点"，如图7-20所示，然后单击"确定"按钮。

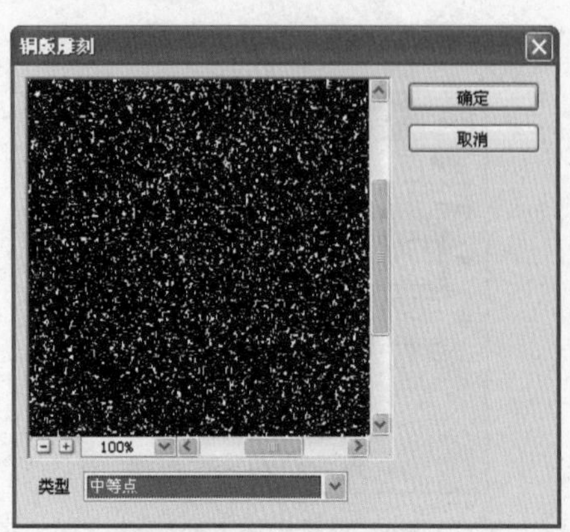

图7-20 "铜版雕刻"滤镜

步骤06 执行"滤镜"|"模糊"|"动感模糊"命令，打开"动感模糊"对话框，设置角度为80度、距离为8，如图7-21所示，然后单击"确定"按钮，得到的图像效果如图7-22所示。

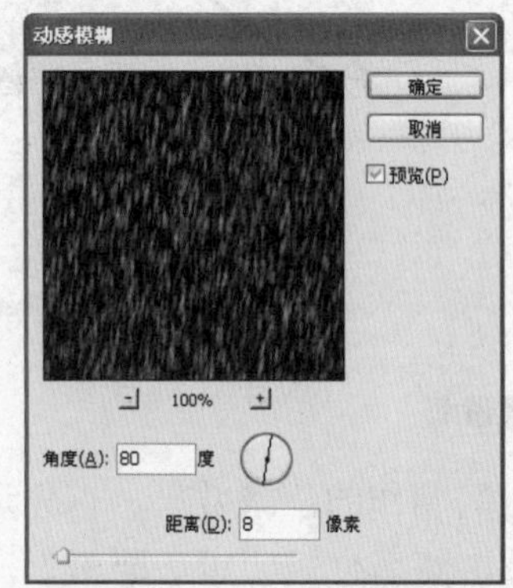

图7-21 设置动感模糊参数

图7-22 图像效果

步骤07 在"图层"面板中设置图层2的混合模式为"柔光"、不透明度为60%，得到的最终图像效果如图7-23所示。

图7-23 最终图像效果

实例085 淡色艺术效果

本实例将介绍淡色艺术效果的制作方法。实例的原照片和处理后的照片对比效果如图7-24所示。

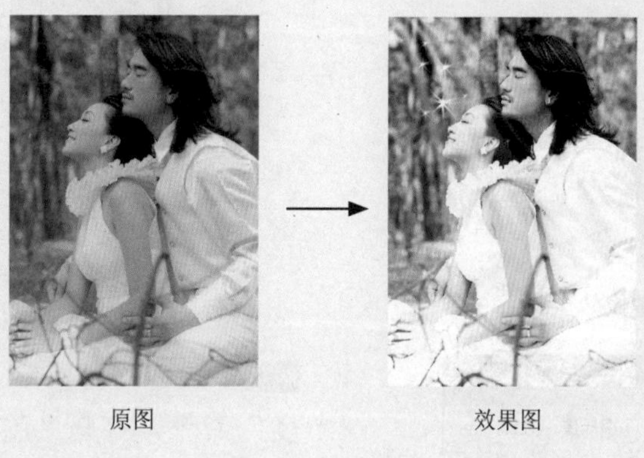

原图　　效果图

图7-24 效果对比

技法解析

本实例在制作的淡色艺术效果时，主要进行了色彩的调整、改变图层混合模式、运用“动感模糊”滤镜以及选用画笔样式进行绘图。

	实例路径	实例\第7章\淡色艺术效果.psd
	素材路径	素材\第7章\双人照.jpg

步骤01 按【Ctrl+O】组合键打开“双人照.jpg”照片素材，如图7-25所示，下面将为这张照片添加浪漫淡色艺术效果。

图7-25 打开照片素材

步骤02 按【Ctrl + J】组合键复制背景图层，得到图层1，然后在“图层”面板中设置图层混合模式为“柔光”，如图7-26所示，得到的图像效果如图7-27所示。

步骤03 新建图层2，按【Ctrl + Shift + Alt + E】组合键盖印图层，如图7-28所示。选择模糊工具对人物面部和手部皮肤等部位做均匀涂抹，使人物皮肤显得更加柔和。

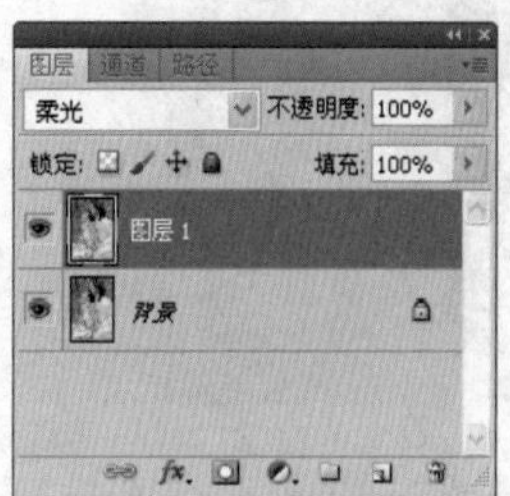

图7-26 设置图层参数

图7-27 图像效果

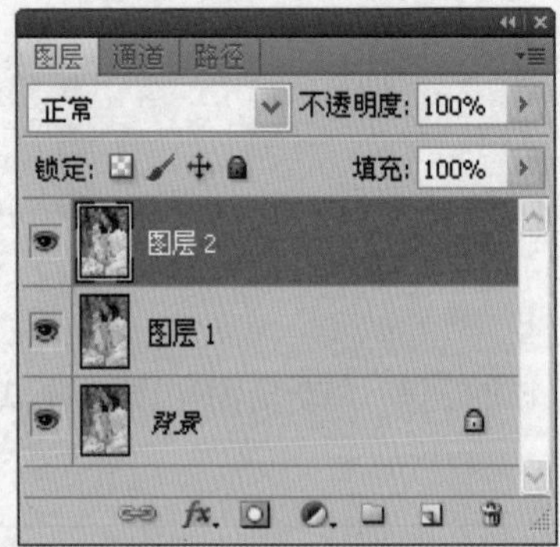

图7-28 盖印图层

步骤04 新建图层3，按【Ctrl + Alt + 2】组合键得到图像高光选区，如图7-29所示，将选区填充为白色后取消选区，得到的图像效果如图7-30所示。

图7-29 获取选区

图7-30 填充颜色的图像效果

步骤05 执行“图像”|“调整”|“色相/饱和度”命令，打开“色相/饱和度”对话框，分别选择“红色”和“绿色”进行设置，如图7-31和图7-32所示。

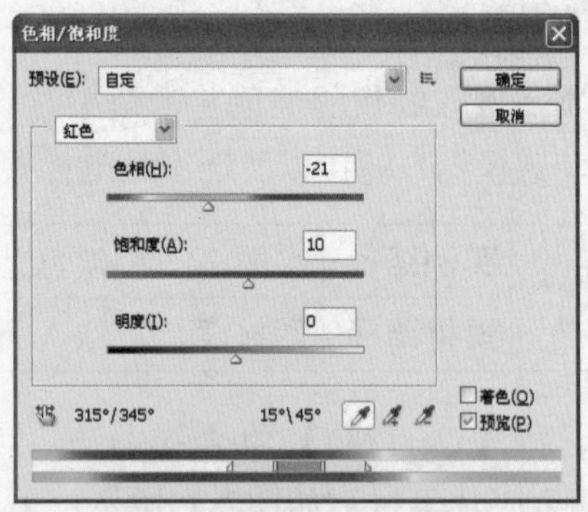

图7-31 设置红色参数

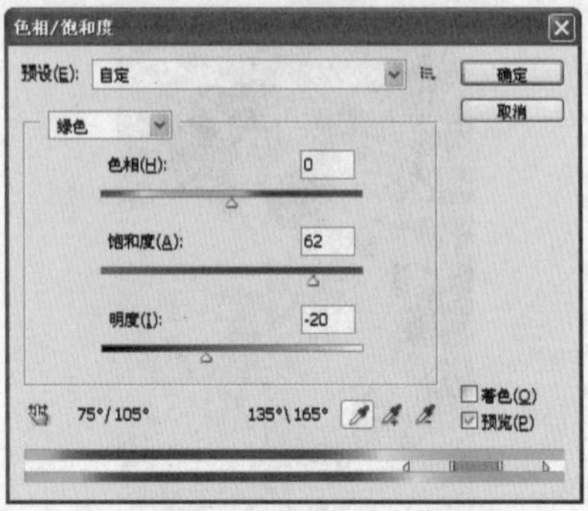

图7-32 设置绿色参数

步骤06 设置完各项参数后，单击“确定”按钮返回到画面中，得到的图像效果如图7-33所示。

图7-33 图像效果

步骤07 新建图层4，设置前景色为R255、G0、B108，选择画笔工具对图像中的女人添加唇色和腮红，效果如图7-34所示。

图7-34 添加色彩

步骤08 设置图层4的图层混合模式为“柔光”，人物面部的颜色即可融合在肌肤中，图像效果如图7-35所示。

图7-35 图像效果

步骤09 新建图层5，选择矩形选框工具，按【Shift】键创建多个长条形选区，填充为白色，得到的图像效果如图7-36所示。

图7-36 填充选区

步骤10 按【Ctrl＋D】组合键取消选区，执行“滤镜”|“模糊”|“动感模糊”命令，打开“动感模糊”对话框，设置角度为90度、距离为440像素，如图7-37所示。

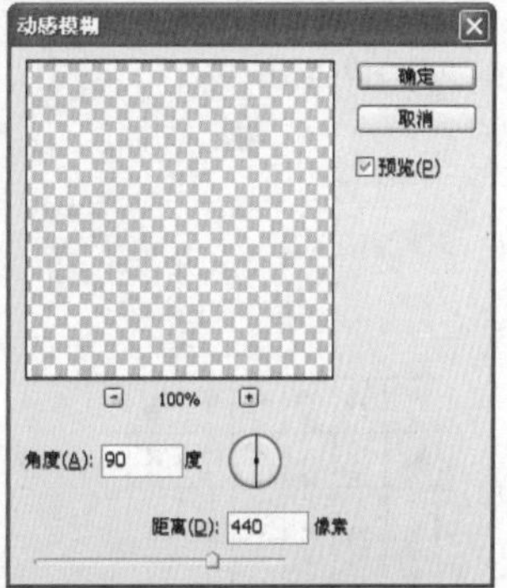

图7-37 设置参数

步骤11 执行“编辑”|“变换”|“斜切”命令对白色图像下角的两点进行拉伸变形，得到的图像效果如图7-38所示。

图7-38 拉伸后的图像效果

步骤12 适当调整白色图像的位置及大小，再使用涂抹工具，对其向上略微拖动，让图像产生烟飘效果，如图7-39所示。

图7-39 涂抹后的图像效果

步骤13 选择画笔工具，单击画笔调整旁边的三角形按钮，在弹出的面板中选择“混合画笔”命令，替换画笔后，选择“星爆-小”画笔，如图7-40所示。

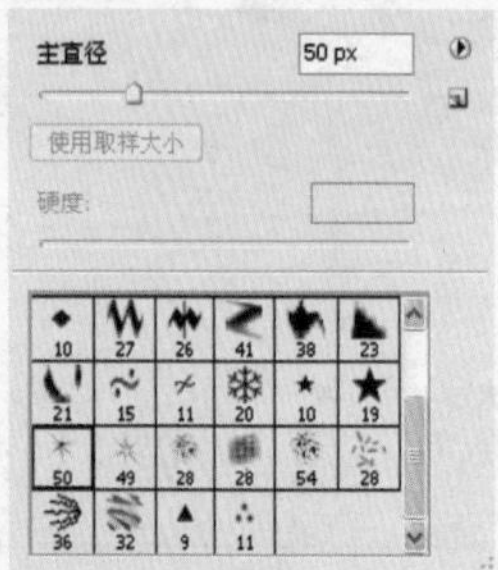

图7-40 设置画笔样式

步骤14 适当调整画笔大小，在烟飘图像中的不同位置多次单击，得到星光效果如图7-41所示。

图7-41 星光效果

步骤15 双击抓手工具，显示所有图像，最终图像效果如图7-42所示。

图7-42 最终图像效果

实例086 梦幻水晶效果

本实例将介绍把风景照片制作成梦幻水晶照片的方法。实例的原照片和处理后的照片对比效果如图7-43所示。

原图

→

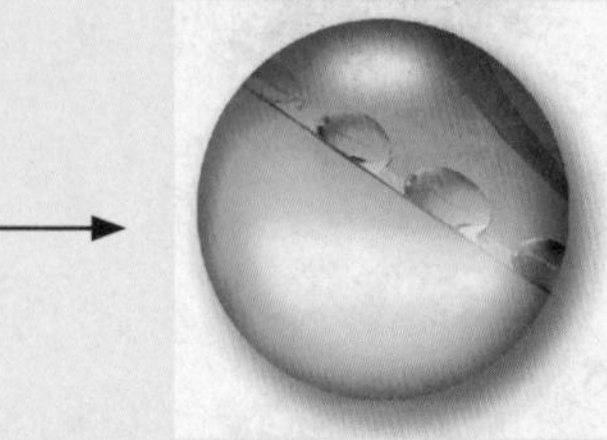

效果图

图7-43 效果对比

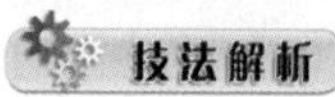

技法解析

本实例所制作的梦幻水晶效果，首先制作圆球效果，运用填充和画笔绘制出高光效果，然后对照片运用图层叠加混合模式。在制作过程中，创建圆球的高光效果较难，需要有耐心。

	实例路径	实例\第7章\梦幻水晶.psd
	素材路径	素材\第7章\风景.jpg

步骤01 按【Ctrl+N】组合键打开“新建”对话框，新建一个名为“梦幻水晶”文档，在“新建”对话框中参照图7-44设置参数。

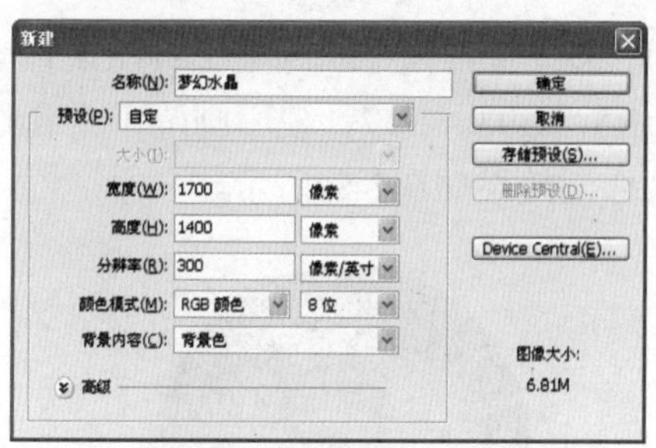

图7-44 新建文件

步骤02 单击“图层”面板中的“创建新图层”按钮，新建图层1，然后选择工具箱中的“椭圆选框工具”，在图层1中创建一个圆形选区，效果如图7-45所示。

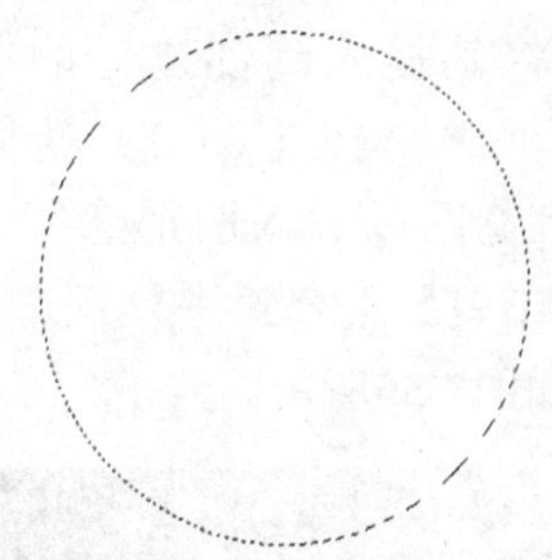
图7-45 创建圆形选区

步骤03 设置前景色为R3、G93、B37，然后按【Atl+Delete】组合键，使用前景色填充选区，效果如图7-46所示。

步骤04 执行“选择”|“变换选区”命令，调整选区的形状，如图7-47所示，然后按【Ctrl+Alt+D】组合键对选区进行羽化，设置羽化半径为80像素，如图7-48所示。

图7-46 填充选区

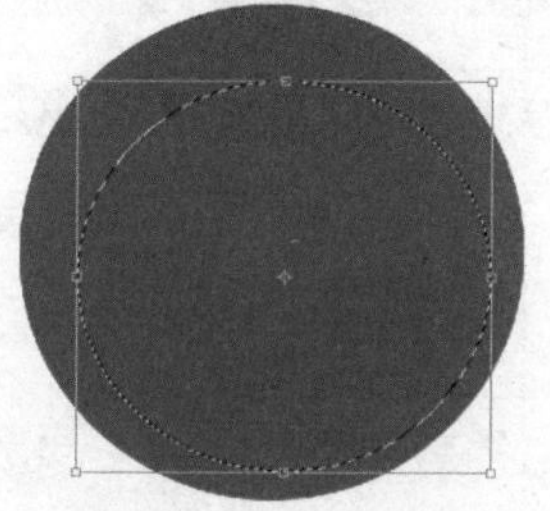
图7-47 变换选区

图7-48 羽化选区

步骤05 单击“图层”面板中的“创建新图层”按钮，新建图层2，如图7-49所示，设置前景色为白色，然后按【Atl+Delete】组合键，使用白色填充选区，得到的图像效果如图7-50所示。

步骤06 选择图层1，单击“图层”面板下方的“添加图层样式”按钮，在打开的

“图层样式”对话框中设置图层“投影”的参数，如图7-51所示。

图7-49 新建图层

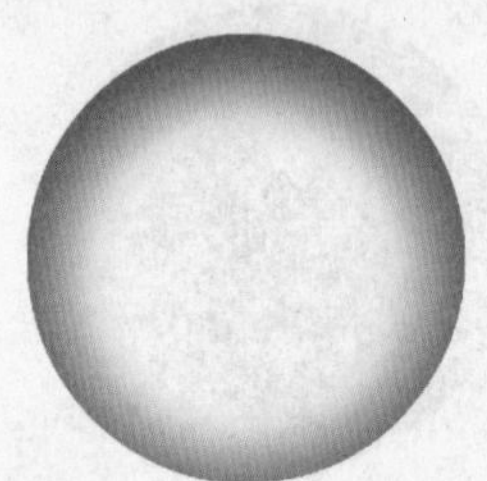

图7-50 填充选区

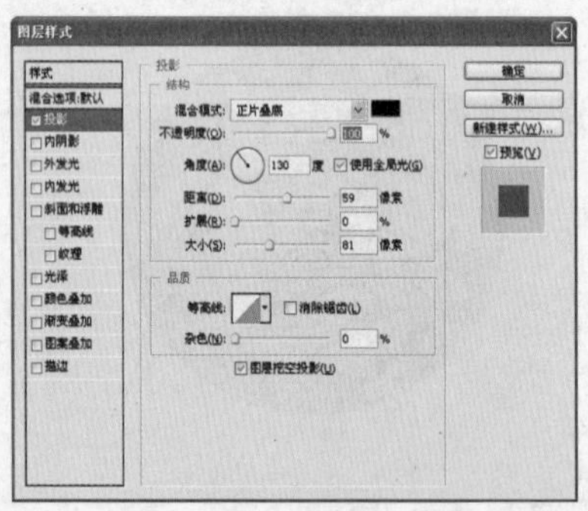

图7-51 设置“投影”参数

步骤07 选中“外发光”复选框，设置“外发光”参数如图7-52所示。

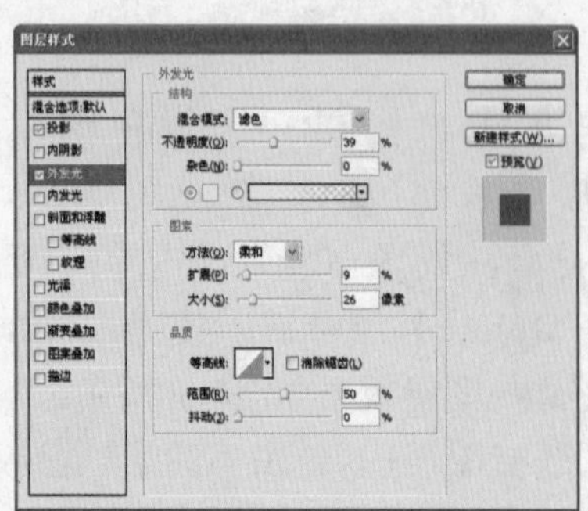

图7-52 设置“外发光”参数

步骤08 新建图层3，然后按【Ctrl】键的同时单击图层1的缩览图以载入圆形选区，如图7-53所示。

图7-53 载入选区

步骤09 选择工具箱中的画笔工具，设置前景色为R3、G93、B37，使用画笔工具在选区中涂抹，效果如图7-54所示。

图7-54 绘制图形

步骤10 打开“风景.jpg”图像素材，使用移动工具将其拖入到创建好的文档中并调整图像大小，按【Ctrl】键同时单击图层1的缩览图以载入圆形选区，然后按【Ctrl+Shift+I】组合键进行反选，得到的图像效果如图7-55所示。

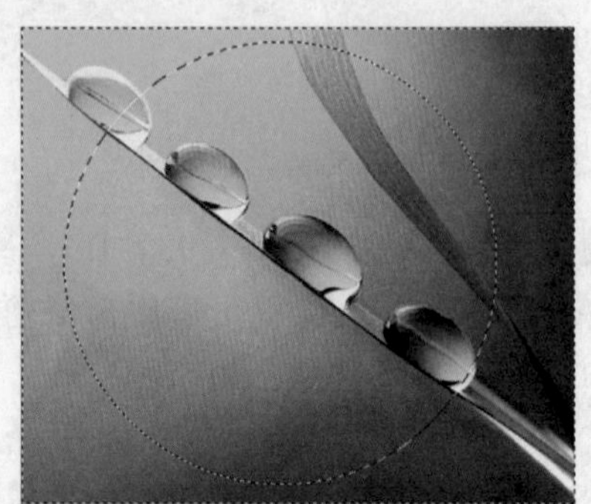

图7-55 选择图像

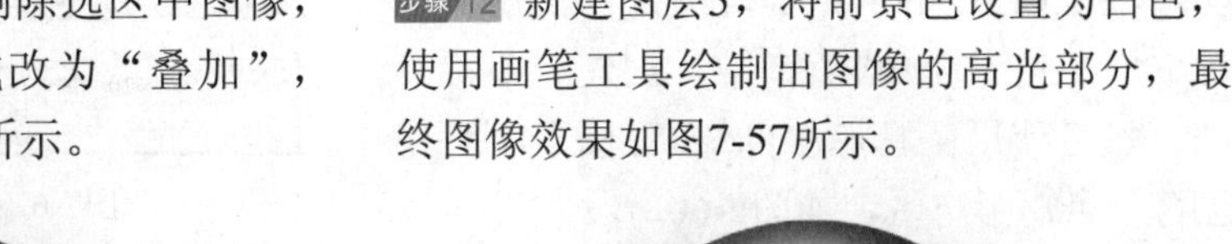

步骤11 按【Delete】键，删除选区中图像，然后将该图层的混合模式改为“叠加”，得到的图像效果如图7-56所示。

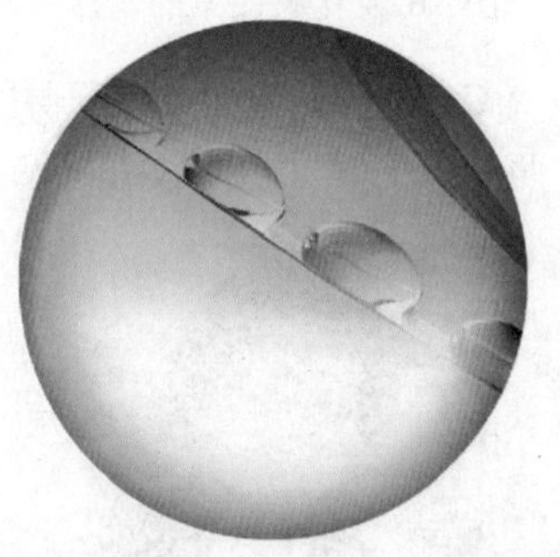

图7-56 使用叠加模式后的图像效果

步骤12 新建图层5，将前景色设置为白色，使用画笔工具绘制出图像的高光部分，最终图像效果如图7-57所示。

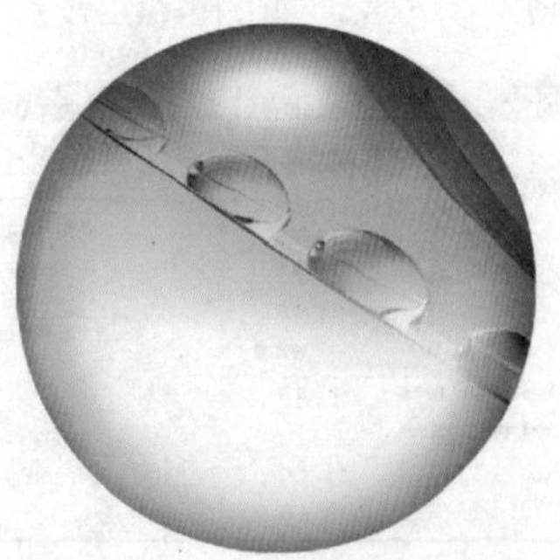

图7-57 最终图像效果

实例087 抽丝艺术效果

本实例介绍将一幅普通照片制作成抽丝艺术效果的方法。实例的原照片和处理后的照片对比效果如图7-58所示。

原图

效果图

图7-58 效果对比

技法解析

本实例制作的抽丝艺术效果，首先运用定义图案方法，然后使用定义的图案填充照片，最后将填充的图层混合模式设置为“柔光”，即可完成制作。

	实例路径	实例\第7章\抽丝艺术效果.psd
	素材路径	素材\第7章\白领丽人.jpg

步骤01 按【Ctrl+N】组合键打开"新建"对话框，参照图7-59设置参数，创建一个新文档，然后使用工具箱中的矩形选框工具 创建一个矩形选区，如图7-60所示。

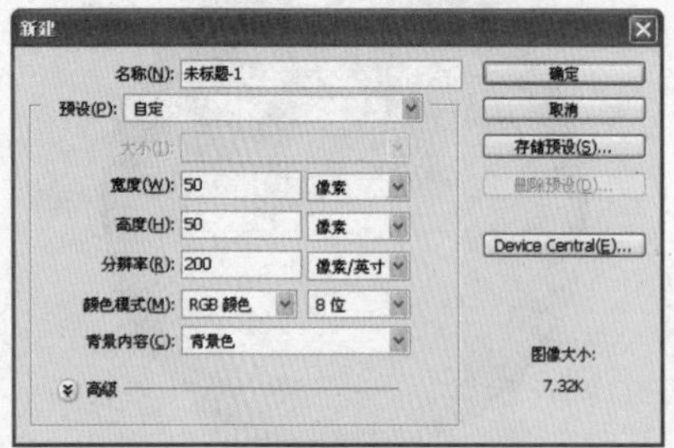

图7-59 设置参数

图7-60 创建选区

步骤02 设置前景色为黑色，按【Alt+Delete】组合键使用前景色填充选区，如图7-61所示，然后全选图像，执行"编辑"|"定义图案"命令，打开"图案名称"对话框，输入定义图案的名称为"图案1"，如图7-62所示。

图7-61 填充选区

图7-62 定义图案的名称

步骤03 按【Ctrl+O】组合键打开"白领丽人.jpg"照片素材，如图7-63所示。

图7-63 打开照片素材

步骤04 单击"图层"面板中的"创建新图层"按钮 ，新建图层1。然后执行"编辑"|"填充"命令，打开"填充"对话框，选择创建图案作为填充图案，如图7-64所示，填充后的图像效果如图7-65所示。

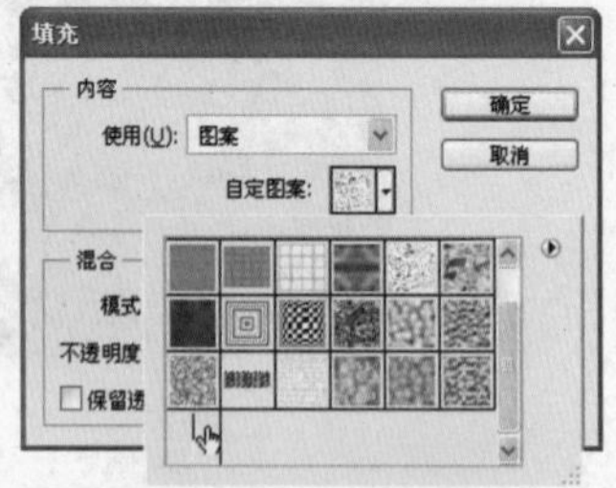

图7-64 选择填充图案

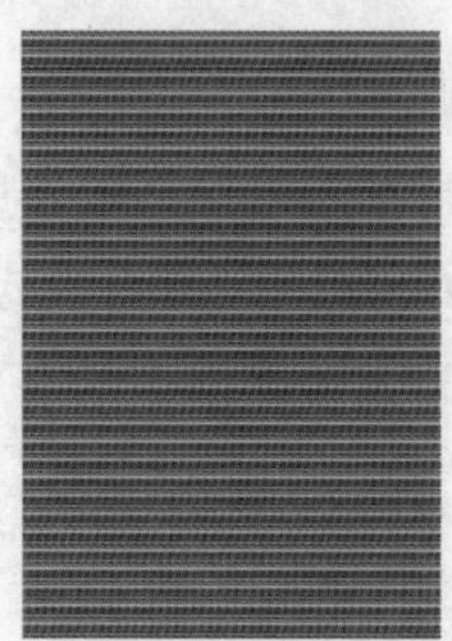

图7-65 填充效果

步骤05 在“图层”面板中设置图层1为“柔光”混合模式，如图7-66所示，得到最终图像效果如图7-67所示。

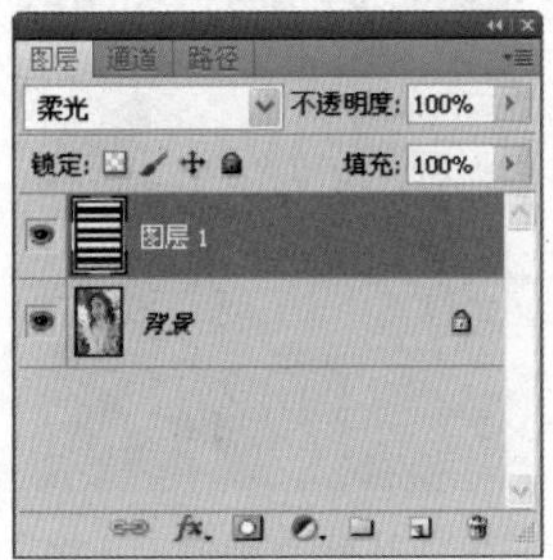

图7-66 设置图层模式

图7-67 最终图像效果

实例088 景深效果

本实例介绍将一幅普通的照片制作为景深效果的方法。实例的原照片和处理后的照片对比效果如图7-68所示。

原图

效果图

图7-68 效果对比

技法解析

本实例制作的景深效果，首先运用套索工具选取主体对象，然后将其单独复制出来，最后使用快速蒙版的方式创建选区，并对背景图层进行高斯模糊处理。

	实例路径	实例\第7章\景深效果.psd
	素材路径	素材\第7章\儿童.jpg

步骤01 按【Ctrl+O】组合键打开“儿童.jpg”照片素材，如图7-69所示，按【Ctrl+J】组合键复制背景层为图层1，如图7-70所示。

图7-69 打开照片素材

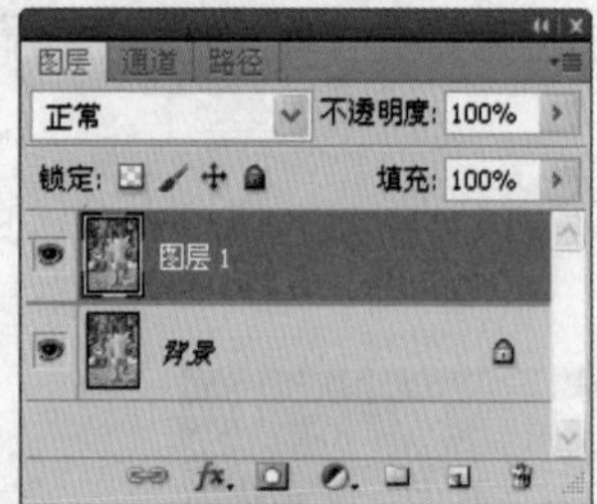

图7-70 复制背景层

步骤02 选择工具箱中的磁性套索工具，在选项栏中设置频率为80，沿着主体人物的轮廓绘制选区，如图7-71所示

图7-71 绘制选区

步骤03 选择套索工具，按【Shift】并圈选磁性套索工具没有选中的轮廓，建立精细的人物轮廓选区，效果如图7-72所示。

图7-72 建立精细的选区

步骤04 按【Ctrl+J】组合键将绘制的选区复制为图层2，如图7-73所示，按【Ctrl+D】组合键取消选区。

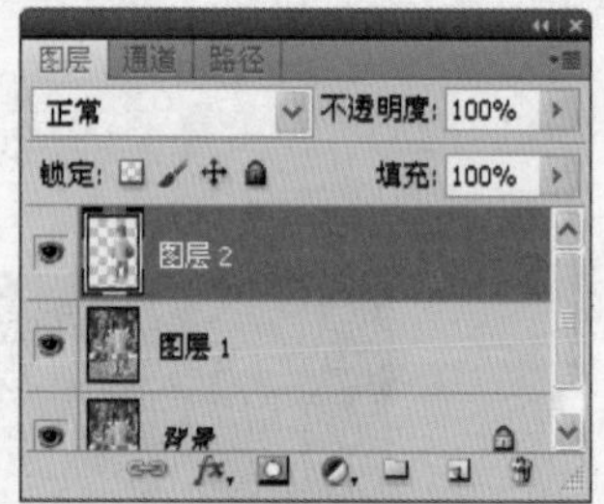

图7-73 复制图像

步骤05 选中图层1并按【Q】键进入快速蒙版状态，按【D】键恢复前景色与背景色的默认值，选择渐变工具，在属性栏中选择从前景色到背景色的线性渐变样式，从图像的下方向上方拉出如图7-74所示的渐变。

图7-74 进行线性渐变

步骤06 再次按【Q】键，将蒙版转换为选区，如图7-75所示。然后执行“滤镜”|“模糊”|“高斯模糊”命令，在打开的“高斯模糊”对话框中设置半径为15像素，如图7-76所示。

图7-75 将蒙版转换为选区

图7-76 设置半径参数

步骤07 单击“确定”按钮，得到的图像效果如图7-77所示，然后按【Ctrl+D】组合键取消选区，得到最终图像效果如图7-78所示。

图7-77 模糊效果

图7-78 最终图像效果

实例089 梦幻烟雨

本实例介绍将一幅普通的照片制作为梦幻烟雨效果的方法。实例的原照片和处理后的照片对比效果如图7-79所示。

原图

效果图

图7-79 效果对比

 技法解析

本实例所制作的梦幻烟雨效果，首先使用“曲线”命令调节图像的色调，然后运用“高斯模糊”命令对图像进行模糊处理，最后使用图层样式添加投影和浮雕效果。

	实例路径	实例\第7章\梦幻烟雨水乡.psd
	素材路径	素材\第7章\水乡.jpg

步骤01 按【Ctrl+O】组合键打开“水乡.jpg”照片素材，如图7-80所示，下面将把这张照片制作成梦幻烟雨水乡的效果。

图7-80 打开照片素材

步骤02 执行“图像”|“调整”|“曲线”命令，打开“曲线”对话框，设置上下两个曲线调整点，分别向左、向右进行拖动，图像的亮度和对比度得到调整，如图7-81所示，调整后的图像效果如图7-82所示。

步骤03 按【Ctrl+J】组合键复制一次背景图层，得到图层1。然后执行“滤镜”|“模糊”|“高斯模糊”命令，打开“高斯模糊”对话框，设置半径为8.9像素，如图7-83所示。

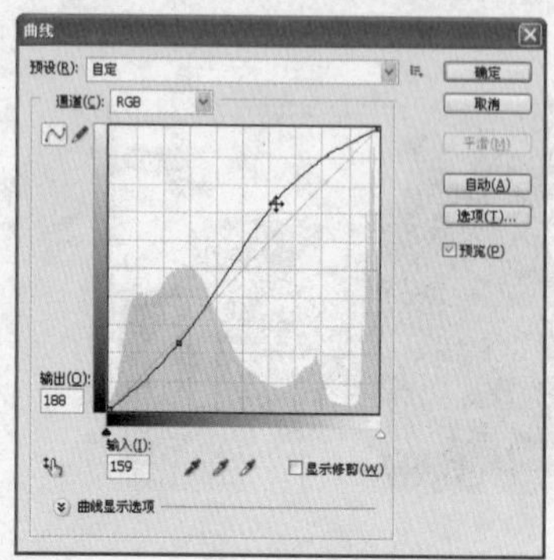

图7-81 调整曲线

图7-82 图像效果

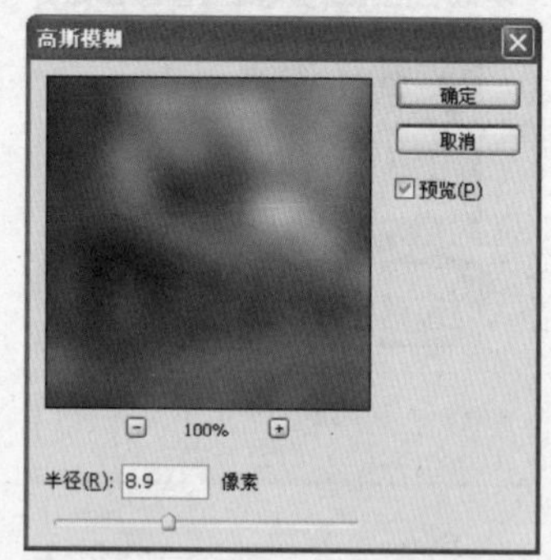

图7-83 设置模糊参数

步骤04 单击“确定”按钮，得到模糊的图像效果，在“图层”面板中设置图层1的图层混合模式为“变亮”，得到的图像效果如图7-84所示。

图7-84 “变亮”的图像效果

步骤05 新建图层2，填充为黑色。再设置图层混合模式为“色相”、图层不透明度为70，使图像产生颜色减淡的效果，如图7-85所示。

图7-85 颜色减淡效果

步骤06 复制背景图层，改变图层混合模式为“柔光”，设置图层不透明度为50%，得到的图效果如图7-86所示。

图7-86 图像效果

步骤07 执行“图像”|“调整”|“可选颜色”命令，打开“可选颜色”对话框，在“颜色”下拉列表中选择“黄色”，调整青色为100%，如图7-87所示；然后选择“白色”，调整黑色为-75%，如图7-88所示。

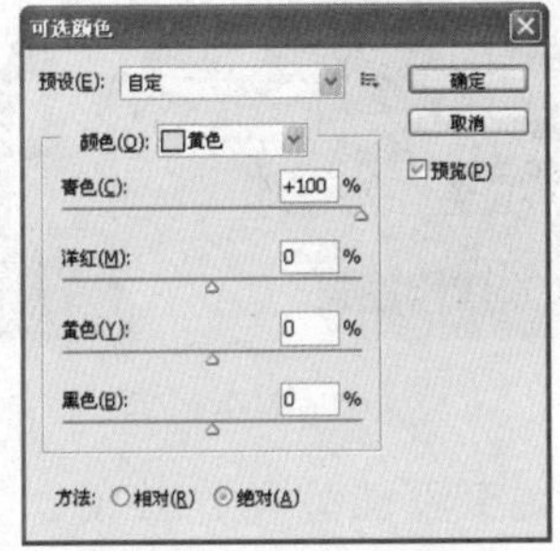

图7-87 调整黄色参数

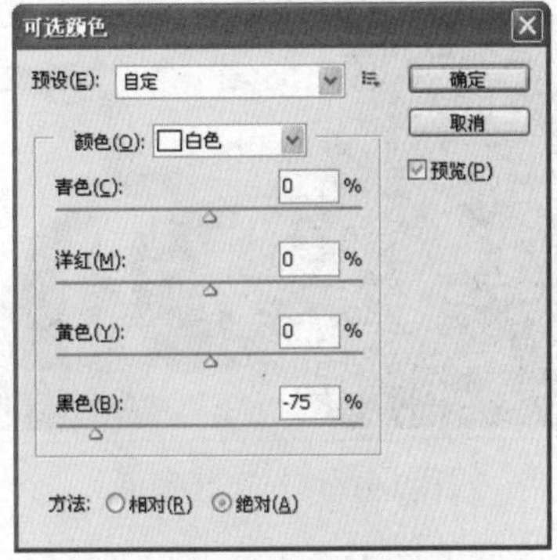

图7-88 调整白色参数

步骤08 单击“确定”按钮返回到画面中，可以看到画面中的浅色图像更加明亮，图像效果如图7-89所示。

图7-89 图像效果

步骤09 新建一个图层，按【Ctrl】键并单击背景图层副本获取选区，执行“选择”|“变换选区”命令，按【Alt+Shift】组合键中心缩小选区，效果如图7-90所示。

图7-90 缩小选区效果

步骤10 执行“选择”|“反向”命令，得到边框选区，并填充为白色，得到的图像效果如图7-91所示。

图7-91 填充选区颜色

步骤 11 执行“图层”|“图层样式”|“投影”命令，设置投影颜色为黑色，不透明度为75%、距离为5像素、大小为5像素，其余参数设置如图7-92所示。

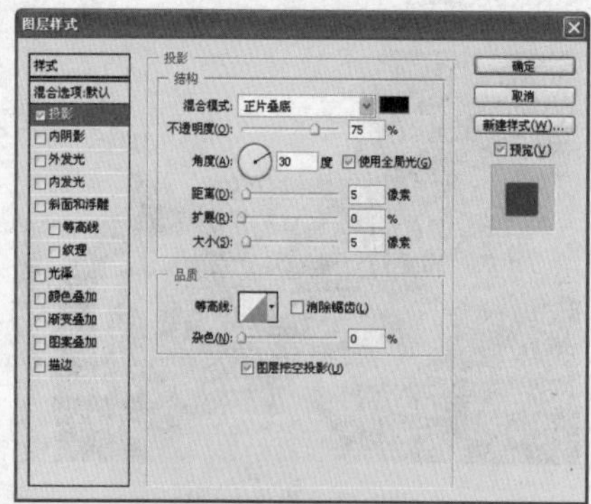

图7-92 设置投影参数

步骤 12 选中“斜面和浮雕”复选框，设置样式为“浮雕效果”、大小为18像素、软化为2像素，其余参数设置如图7-93所示。

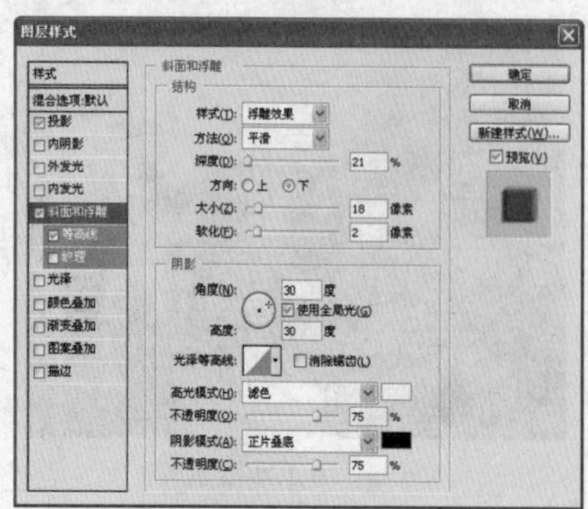

图7-93 设置浮雕参数

步骤 13 参数设置完成后，单击“确定”按钮返回到画面中，将图层填充度设置为20%，得到的图像效果如图7-94所示。

图7-94 图像效果

步骤 14 参照前两步的操作做法，新建一个图层，再绘制一个较大的边框，同样制作浮雕和投影效果，得到图像浮雕透明边框效果如图7-95所示。

图7-95 绘制边框图像

步骤 15 选择直排文字工具![T]，在图像中输入两行文字，填充为白色，并在属性栏中设置字体为“方正流行体简体”，适当调整文字大小后，将其放到如图7-96所示的位置。

图7-96 输入文字

步骤 16 为文字添加外发光效果。执行“图层”|“图层样式”|“外发光”命令，设置

外发光颜色为黑色、扩展为6、大小为6，其余参数设置如图7-97所示。参数设置完成后返回到画面中，可以看到文字外发光效果如图7-98所示。

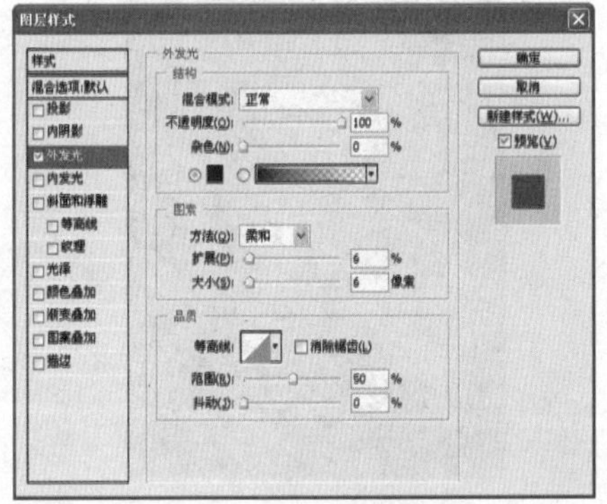

图7-97 设置图层样式

图7-98 最终图像效果

技巧提示

Photoshop CS5的图层样式中有两种光照样式，即“外发光”样式和“内发光”样式。

实例090 铬黄边框

本实例介绍为一幅普通的照片添加铬黄边框的方法。实例的原照片和处理后的照片对比效果如图7-99所示。

原图

效果图

图7-99 效果对比

技法解析

本实例所制作的铬黄边框效果，首先使用“曲线”命令调节图像的色调，然后运用“高斯模糊”命令对图像进行模糊处理，最后使用图层样式添加投影和浮雕效果即可。

	实例路径	实例\第7章\铬黄边框.psd
	素材路径	素材\第7章\照片1.jpg

步骤01 按【Ctrl+O】组合键，打开“照片1.jpg”照片素材，如图7-100所示。

图7-100 打开照片素材

步骤02 将背景图层拖动到“图层”面板下方的“创建新图层”按钮 中，复制背景图层为“背景副本”图层。然后选择背景图层，将该图层填充为白色，如图7-101所示。

图7-101 复制背景图层

步骤03 选择背景副本图层，使用矩形选框工具创建一个矩形选区。然后按【Ctrl+Shift+I】组合键进行反向选择，效果如图7-102所示。

图7-102 反向选择

步骤04 单击工具箱中的“以快速蒙版模式编辑”按钮，进入快速蒙版模式，效果如图7-103所示。

图7-103 快速蒙版模式效果

步骤05 执行“滤镜”|“像素化”|“彩色半调”命令，打开“彩色半调”对话框，设置最大半径为30像素，网角度数都设置为0，如图7-104所示。单击“确定”按钮，得到的图像效果如图7-105所示。

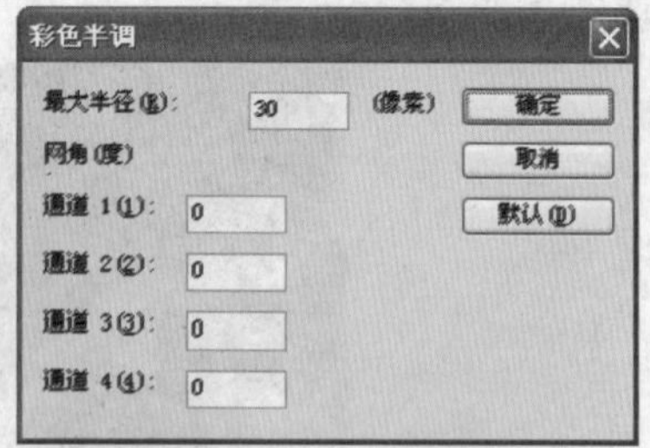

图7-104 设置参数

图7-105 图像效果

步骤06 执行“滤镜”|“素描”|“铬黄”命令，打开“铬黄渐变”对话框，设置细节为3，如图7-106所示。

图7-106 设置细节

步骤07 单击“确定”按钮，得到的图像效果如图7-107所示，然后按【Ctrl+L】组合键，打开“色阶”对话框，参照图7-108调整色阶参数。

图7-107 图像效果

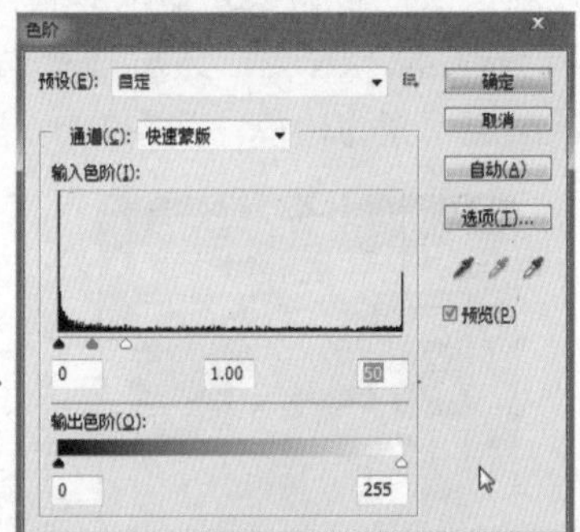

图7-108 调整色阶参数

步骤08 单击“确定”按钮，得到的图像效果如图7-109所示。

图7-109 图像效果

步骤09 单击工具箱中的“以标准模式编辑”按钮进入标准模式，获得图像选区，如图7-110所示。按【Delete】键删除选区内的图像，然后按【Ctrl+D】组合键取消选区，得到的最终图像效果如图7-111所示。

图7-110 标准模式

图7-111 最终图像效果

PART 07

实例091 晶格化边框

本实例介绍为一幅普通的照片添加晶格化边框的方法。实例的原照片和处理后的照片对比效果如图7-112所示。

原图

效果图

图7-112 效果对比

技法解析

本实例制作的晶格化边框效果，首先需要进入快速蒙版模式进行编辑，然后依次使用“碎片”、“晶格化”和“铬黄”滤镜创建一个边框效果，最后使用“图层样式”命令添加浮雕效果。

	实例路径	实例\第7章\晶格化边框.psd
	素材路径	素材\第7章\照片2.jpg

步骤01 按【Ctrl+O】组合键，打开“照片2.jpg”照片素材，如图7-113所示。

图7-113 打开照片素材

步骤02 将背景图层拖动到“图层”面板下方的“创建新图层”按钮中，复制背景图层为“背景副本”图层。然后选择背景图层，将该图层填充为白色，如图7-114所示。

图7-114 复制背景图层

步骤03 选择背景副本图层，创建一个矩形选区，按【Ctrl+Shift+I】反向选择，单击“以快速蒙版模式编辑”按钮，进入快速蒙版模式，效果如图7-115所示。

图7-115 快速蒙版模式

步骤04 执行“滤镜”|“像素化”|“碎片”命令，得到的图像效果如图7-116所示。

图7-116 图像效果

步骤05 执行“滤镜”|“像素化”|“晶格化”命令，打开“晶格化”对话框，设置单元格大小为16，如图7-117所示。

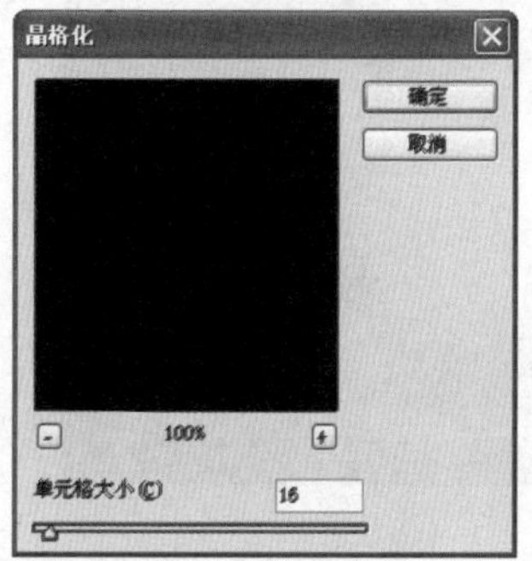

图7-117 设置参数

步骤06 单击“确定”按钮，得到的图像效果如图7-118所示。

图7-118 图像效果

步骤07 执行“滤镜”|“素描”|“铬黄”命令，打开“铬黄渐变”对话框，设置细节为10、平滑度为1，如图7-119所示。

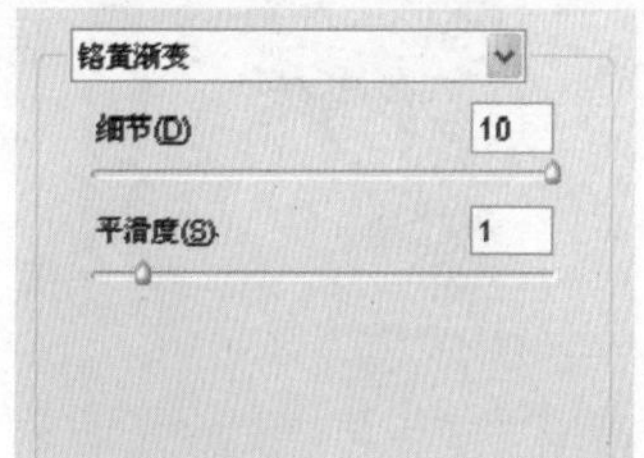

图7-119 设置参数

步骤08 单击“确定”按钮，得到的图像效果如图7-120所示。

图7-120 图像效果

步骤09 单击“以标准模式编辑”按钮进入标准模式，如图7-121所示。然后按【Delete】键删除选区内的图像，最后按【Ctrl+D】组合键取消选区，得到的图像效果如图7-122所示。

图7-121 标准模式

图7-122 图像效果

步骤10 执行“图层”|“图层样式”|“斜面和浮雕”命令，在“图层样式”对话框中设置参数如图7-123所示，然后单击“确定”按钮，得到的最终图像效果如图7-124所示。

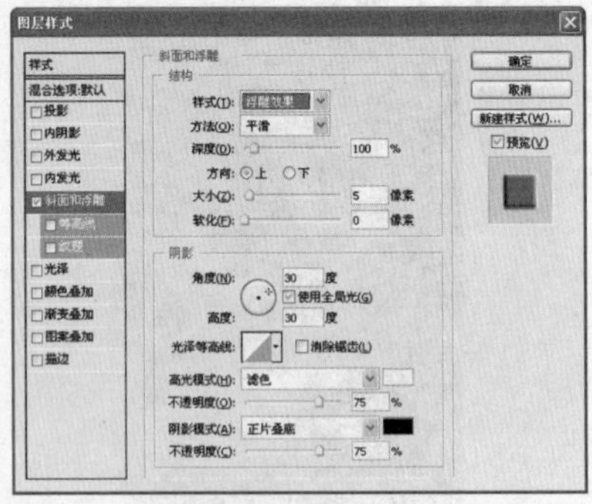

图7-123 图层样式

图7-124 最终图像效果

实例092 浮雕边框

本实例介绍为一幅普通的照片添加浮雕边框的方法。实例的原照片和处理后的照片对比效果如图7-125所示。

原图

效果图

图7-125 效果对比

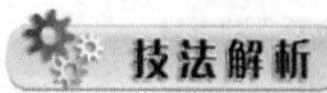

本实例制作的浮雕边框效果，首先使用“干画笔”滤镜对画面进行处理，然后结合填充图案、创建矩形选区和删除图像等操作创建矩形边框图形，最后执行“图层样式”命令添加浮雕效果即可。

	实例路径	实例\第7章\浮雕边框.psd
	素材路径	素材\第7章\照片3.jpg

步骤01 按【Ctrl+O】组合键，打开“照片3.jpg”照片素材，如图7-126所示。

图7-126 打开照片素材

步骤02 将背景图层拖动到“图层”面板下方的“创建新图层”按钮中，复制背景图层为“背景副本”图层。然后选择背景图层，将该图层填充为白色，如图7-127所示。

图7-127 打开复制背景图层

步骤03 选择背景副本图层，按下【Ctrl+T】组合键，然后按【Shift+Alt】组合键同时将图像缩小，效果如图7-128所示。

步骤04 执行“滤镜”|“艺术效果”|“干画笔”命令，打开“干画笔”对话框，参照图7-129设置参数。然后单击“确定”按钮，得到的图像效果如图7-130所示。

图7-128 复制背景图层

图7-129 设置参数

图7-130 图像效果

步骤05 选择背景图层，然后执行“滤镜”“|“素描”|“网状”命令，打开“网状”对话框设置其参数如图7-131所示。

图7-131 设置参数

步骤06 单击“确定”按钮，得到的图像效果如图7-132所示。

图7-132 图像效果

步骤07 单击图层面板下方的“创建新图层”按钮新建图层，设置前景色为R124、G72、B82，按【Alt+Delete】组合键使用前景色填充图层，得到的图像效果如图7-133所示。

图7-133 图像效果

步骤08 使用矩形选框工具创建一个矩形选区，如图7-134所示。然后按【Delete】键删除选区中的图像，得到的图像效果如图7-135所示。

图7-134 创建矩形选区

图7-135 删除选区中图像

步骤09 使用矩形选框工具创建矩形如图7-136所示，然后按下【Ctrl+J】组合键复制选区中的图像，得到图层2，如图7-137所示。

图7-136 创建矩形选区

图7-137 复制图像

步骤10 关闭图层1的可视性，然后使用矩形选框工具创建一个矩形，如图7-138所示。

图7-138 创建矩形选区

步骤11 按【Delete】键删除选区中的图像，得到的图像效果如图7-139所示。然后执行"图层"|"图层样式"|"斜面和浮雕"命令，在"图层样式"对话框中设置参数如图7-140所示。

图7-139 删除选区中图像

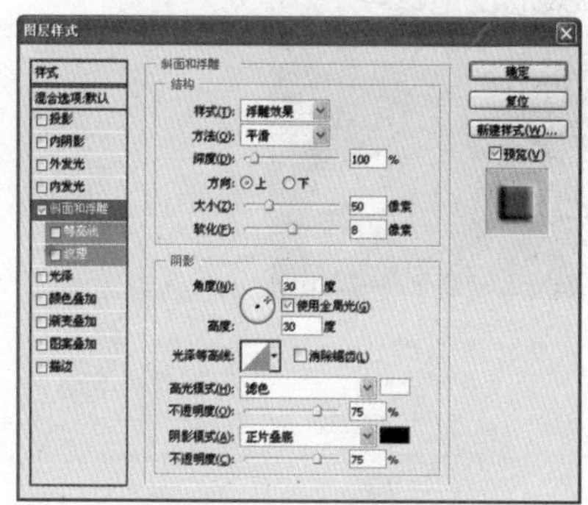

图7-140 设置参数

步骤12 单击"确定"按钮，得到的图像效果如图7-141所示。

步骤13 选择图层1，执行"图层"|"图层样式"|"斜面和浮雕"命令，在"图层样式"对话框中设置参数如图7-142所示。然后单击"确定"按钮，得到的图像效果如图7-143所示。

图7-141 浮雕效果

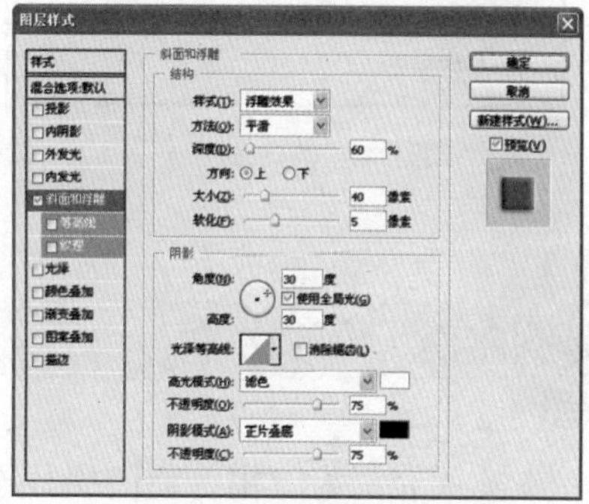

图7-142 设置参数

图7-143 浮雕效果

步骤14 按【Ctrl】键并单击背景副本图层，载入该图像选区，效果如图7-144所示。

图7-144 载入选区

步骤15 执行"编辑"|"描边"命令，打开"描边"对话框，设置宽度为50px，如图7-145所示。

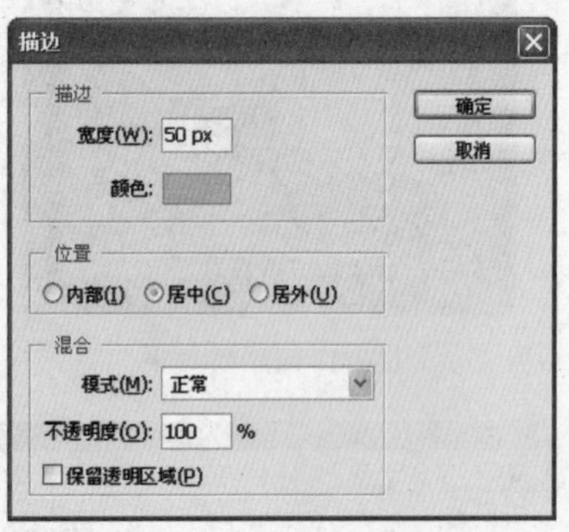

图7-145 设置描边宽度

步骤16 设置描边的颜色为土黄色，单击"确定"按钮，得到的最终图像效果如图7-146所示。

图7-146 最终图像效果

实例093 磨砂边框

本实例介绍为一幅普通的照片添加磨砂边框的方法。实例的原照片和处理后的照片对比效果如图7-147所示。

原图

效果图

图7-147 效果对比

技法解析

本例制作的磨砂边框效果，首先需要进入快速蒙版模式进行编辑，然后使用"彩色半调"和"玻璃"滤镜创建一个边框效果，最后在"玻璃"对话框中选择"磨砂"纹理即可。

	实例路径	实例\第7章\磨砂边框.psd
	素材路径	素材\第7章\照片4.jpg

步骤01 按【Ctrl+O】组合键，打开"照片4.jpg"照片素材，如图7-148所示。

图7-148 打开照片素材

步骤02 将背景图层拖动到“图层”面板下方的“创建新图层”按钮中，复制背景图层为“背景副本”图层。然后选择背景图层，将该图层填充为白色，如图7-149所示。

图7-149 复制背景图层

步骤03 选择背景副本图层，创建一个矩形选区，按【Ctrl+Shift+I】组合键反向选择，如图7-150所示。然后单击“以快速蒙版模式编辑”按钮，进入快速蒙版模式，效果如图7-151所示。

图7-150 创建选区

图7-151 快速蒙版模式效果

步骤04 执行“滤镜”|“像素化”|“彩色半调”命令，打开“彩色半调”对话框，设置最大半径为20像素、网角度数都设置为0，如图7-152所示

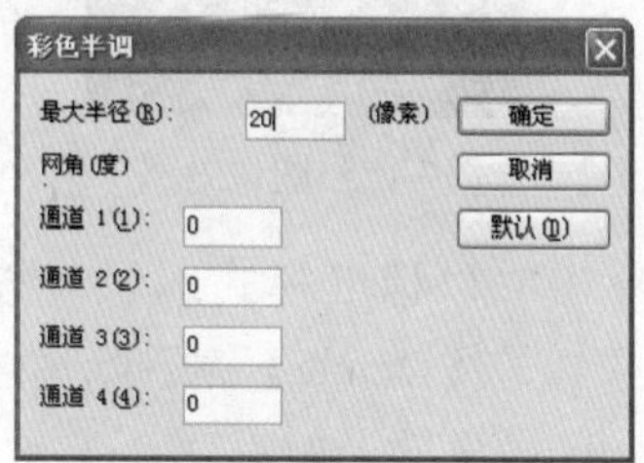

图7-152 设置参数

步骤05 单击“确定”按钮，得到的图像效果如图7-153所示。

图7-153 图像效果

步骤06 执行“滤镜”|“扭曲”|“玻璃”命令，打开“玻璃”对话框，在“纹理”下拉列表中选择“磨砂”选项，设置其他参数如图7-154所示。然后单击“确定”按钮，得到的图像效果如图7-155所示。

图7-154 设置参数

图7-155 图像效果

图7-156 图像效果

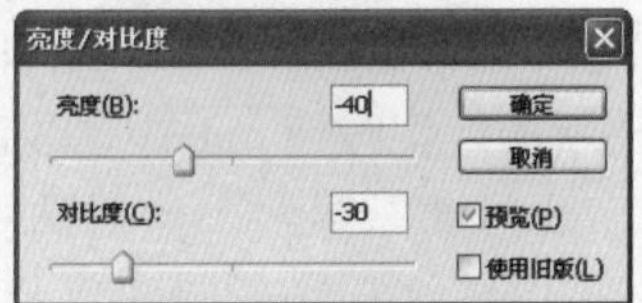

图7-157 设置参数

图7-158 最终图像效果

步骤07 单击“以标准模式编辑”按钮进入标准模式，按【Delete】键删除选区内的图像，得到的图像效果如图7-156所示。

步骤08 执行“图像”|“调整”|“亮度/对比度”命令，打开“亮度/对比度”对话框，参照图7-157设置参数。然后单击“确定”按钮，得到的最终图像效果如图7-158所示。

实例094 喷溅边框

本实例介绍为一幅普通的照片添加喷溅边框的方法。实例的原照片和处理后的照片对比效果如图7-159所示。

原图

效果图

图7-159 效果对比

技法解析

本实例制作的喷溅边框效果，首先需要进入快速蒙版模式进行编辑，然后结合使用“晶格化”、“喷溅”、“挤压”和“旋转扭曲”滤镜创建一个边框效果，最后执行“描边”命令进行描边。

	实例路径	实例\第7章\喷溅边框.psd
	素材路径	素材\第7章\照片5.jpg

步骤01 按【Ctrl+O】组合键，打开“照片5.jpg”照片素材。复制背景图层，得到背景副本图层，如图7-160所示。

图7-160 打开照片素材

步骤02 创建一个矩形选区，如图7-161所示。然后单击“以快速蒙版模式编辑”按钮，进入快速蒙版模式，效果如图7-162所示。

图7-161 创建选区

图7-162 进入快捷蒙版模式

步骤03 执行“滤镜”|“像素化”|“晶格化”命令，打开“晶格化”对话框，参照图7-163设置参数。

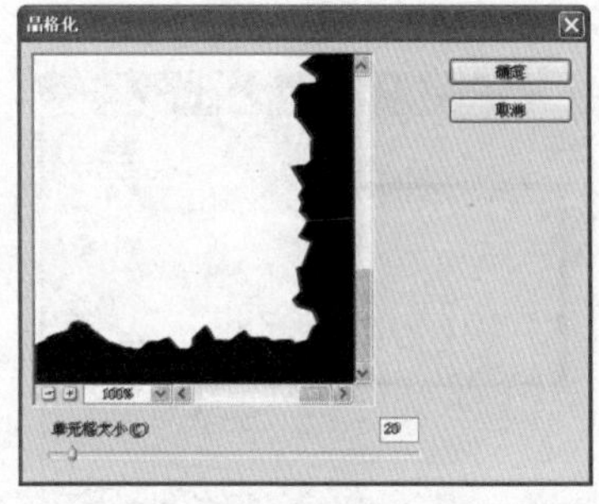

图7-163 设置参数

步骤04 单击“确定”按钮，得到的图像效果如图7-164所示。

图7-164 图像效果

步骤05 执行“滤镜”|“画笔描边”|“喷溅”命令，打开“喷溅”对话框，参照图7-165设置参数。然后单击“确定”按钮，得到的图像效果如图7-166所示。

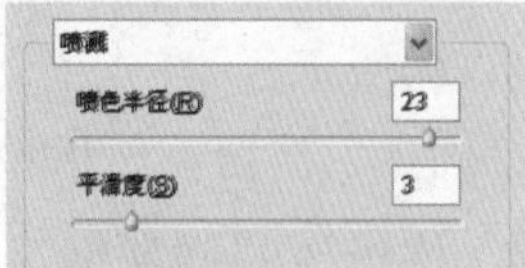

图7-165 设置参数

图7-166 图像效果

步骤06 执行“滤镜”|“扭曲”|“挤压”命令，打开“挤压”对话框，设置参数如图7-167所示。

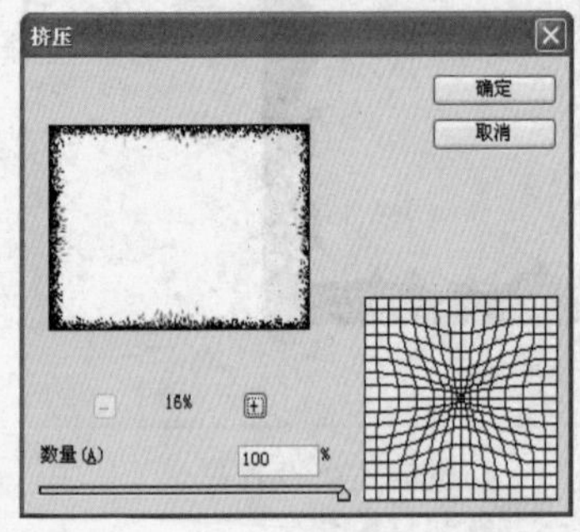

图7-167 设置参数

步骤07 单击“确定”按钮，然后按【Ctrl+F】组合键，重复使用一次刚才的滤镜，得到的图像效果如图7-168所示。

图7-168 重复滤镜效果

步骤08 执行“滤镜”|“扭曲”|“旋转扭曲”命令，打开“旋转扭曲”对话框，设置参数如图7-169所示。

步骤09 单击“确定”按钮，然后单击“以标准模式编辑”按钮返回到标准模式，效果如图7-170所示。

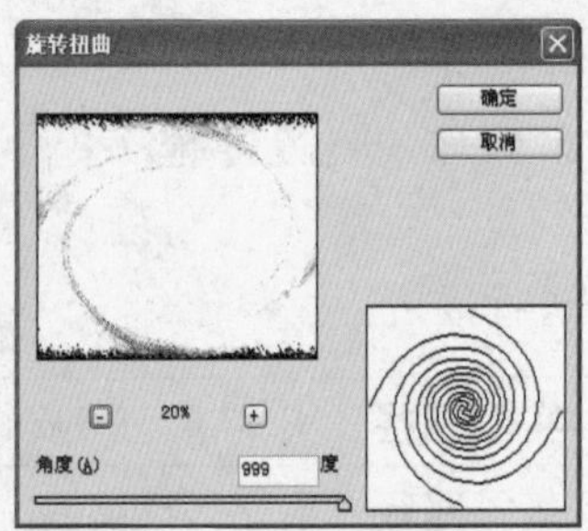

图7-169 设置参数

图7-170 标准模式

步骤10 执行“编辑”|“描边”命令，打开“描边”对话框，设置描边颜色为粉红色、描边宽度为2，如图7-171所示。然后单击“确定”按钮，得到的最终图像效果如图7-172所示。

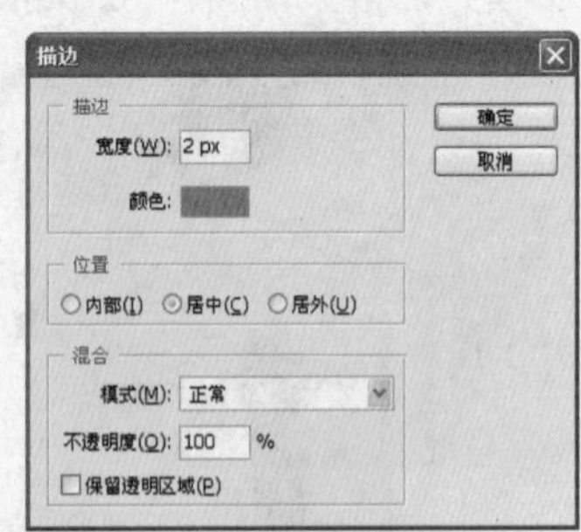

图7-171 描边设置

图7-172 最终图像效果

实例095 波浪边框

本实例介绍为一幅普通的照片添加波浪边框的方法。实例的原照片和处理后的照片对比效果如图7-173所示。

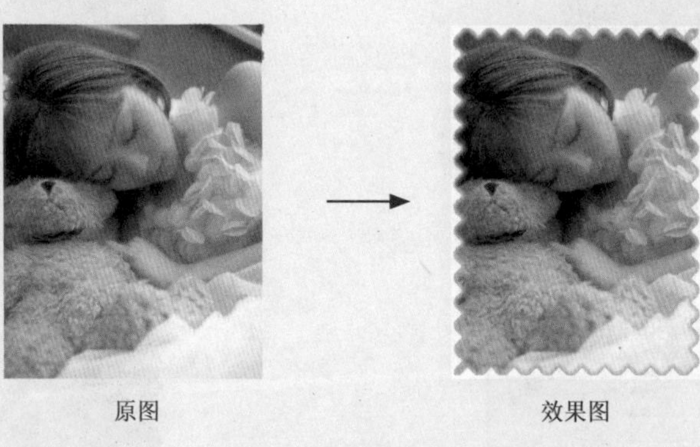

原图　　效果图

图7-173 效果对比

技法解析

本实例制作的波浪边框效果，首先需要进入快速蒙版模式进行编辑，然后使用“波浪”和“碎片”滤镜创建一个边框效果，最后对边框进行描边处理。

	实例路径	实例\第7章\波浪边框.psd
	素材路径	素材\第7章\照片6.jpg

步骤01 按【Ctrl+O】组合键，打开“照片6.jpg”照片素材，如图7-174所示。

图7-174 打开照片素材

步骤02 将背景图层拖动到“图层”面板下方的“创建新图层”按钮中，复制背景图层为“背景副本”图层。然后选择背景图层，将该图层填充为白色，如图7-175所示。

图7-175 复制背景图层

步骤03 选择背景副本图层，创建一个矩形选区，按【Ctrl+Shift+I】反向选择。然后单击“以快速蒙版模式编辑”按钮，进入快速蒙版模式，效果如图7-176所示。

步骤04 执行“滤镜”|“扭曲”|“波浪”命令，打开“波浪”对话框，设置参数如图7-177所示。然后单击“确定”按钮，得到

的图像效果如图7-178所示。

图7-176 快速蒙版模式

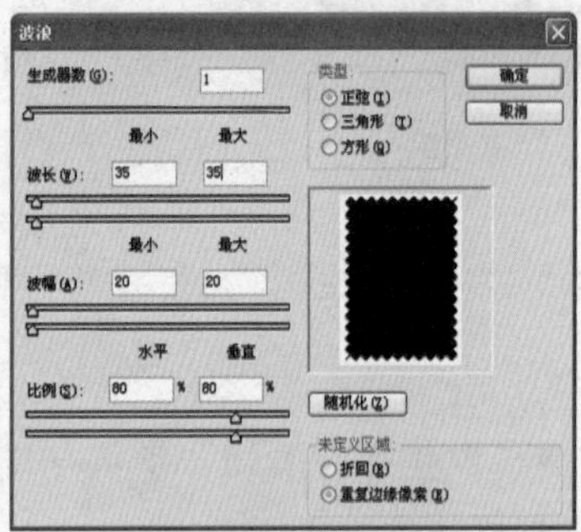

图7-177 设置参数

图7-178 图像效果

步骤05 执行“滤镜”|“像素化”|“碎片”命令，得到的图像效果如图7-179所示。然后单击“以标准模式编辑”按钮进入标准模式。

步骤06 按【Delete】键删除选区内的图像，得到的图像效果如图7-180所示。

步骤07 执行“图层”|“图层样式”|“描边”命令，打开“描边”对话框设置描边颜色为R135、G174、B253，其余参数设置如图7-181所示。然后单击“确定”按钮，得到的最终图像效果如图7-182所示。

图7-179 图像效果

图7-180 删除选区图像效果

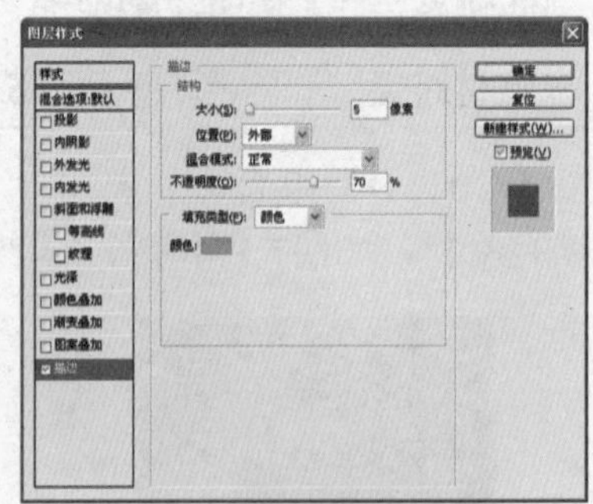

图7-181 设置描边参数

图7-182 最终图像效果

实例096 染色玻璃边框

本实例介绍为一幅普通的照片添加染色玻璃边框的方法。实例的原照片和处理后的照片对比效果如图7-183所示。

原图

效果图

图7-183 效果对比

技法解析

本实例制作的染色玻璃边框效果，首先需要进入快速蒙版模式进行编辑，然后使用“波浪”和“碎片”滤镜创建一个边框效果，最后对边框进行描边处理。

	实例路径	实例\第7章\染色玻璃边框.psd
	素材路径	素材\第7章\照片7.jpg

步骤01 按【Ctrl+O】组合键，打开“照片7.jpg”照片素材，然后创建一个矩形选区，按【Ctrl+Shift+I】组合键反向选择，得到的图像效果如图7-184所示。

图7-184 创建选区

步骤02 单击“以快速蒙版模式编辑”按钮，进入快速蒙版模式，效果如图7-185所示。

图7-185 快速蒙版模式

步骤03 执行“滤镜”|“纹理”|“染色玻璃”命令，打开“染色玻璃”对话框设置参数如图7-186所示。

染色玻璃
单元格大小(C) 10
边框粗细(B) 8
光照强度(L) 0

图7-186 设置参数

步骤04 单击“确定”按钮，得到的图像效果如图7-187所示。

图7-187 图像效果

步骤05 执行“滤镜”|“艺术效果”|“调色刀”命令，打开“调色刀”对话框，设置参数如图7-188所示。

图7-188 设置参数

步骤06 单击“确定”按钮，得到的图像效果如图7-189所示。然后单击“以标准模式编辑”按钮进入标准模式。

图7-189 图像效果

步骤07 设置前景色为R15、G75、B247，然后按【Alt+Delete】组合键填充前景色，得到的最终图像效果如图7-190所示。

图7-190 最终图像效果

实例097 工笔画美女

本实例将介绍使用Photoshop制作工笔画效果的方法。实例的原照片和处理后的照片对比效果如图7-191所示。

原图

→

效果图

图7-191 效果对比

技法解析

本实例制作的工笔画效果，主要是运用了“去色”图像调整命令、“最小值”滤镜、“高斯模糊”滤镜，以及改变图层的混合模式。

	实例路径	实例\第7章\工笔画美女.psd
	素材路径	素材\第7章\美女.jpg

步骤01 按【Ctrl+O】组合键，打开“美女.jpg”照片素材，如图7-192所示，下面将对这张照片进行工笔画效果制作。

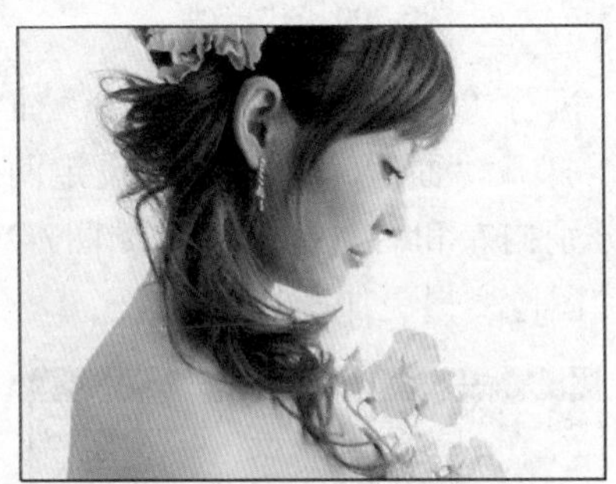

图7-192 打开照片素材

步骤02 复制背景图层，得到背景图层副本。然后执行“图像”|“调整”|“去色”命令，将图像变成黑白色调，效果如图7-193所示。

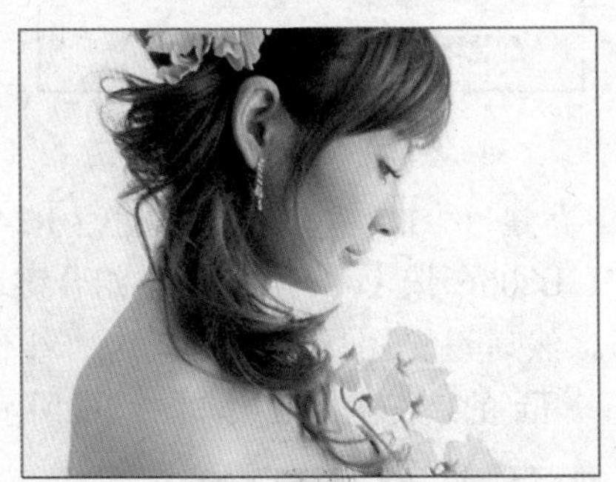

图7-193 图像去色效果

步骤03 复制去色后的图层，按【Ctrl+I】组合键进行反相处理，将图层混合模式设置为“颜色减淡”，如图7-194所示。然后执行“滤镜”|“其他”|“最小值”命令，打开“最小值”对话框，设置半径为1，得到的图像效果如图7-195所示。

步骤04 双击处理图像后的图层，打开“图层样式”对话框，对“混合颜色带”选项区中的“下一图层”进行调整，按【Alt】键并向右拖动小三角，如图7-196所示。

图7-194 图像效果

图7-195 图像效果

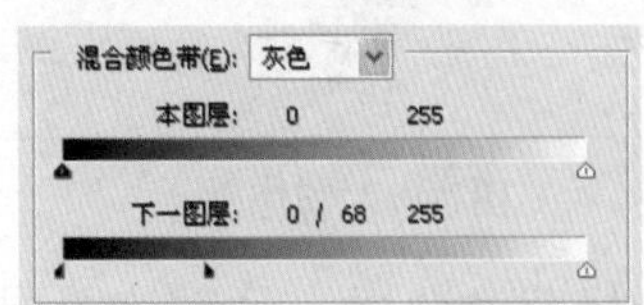

图7-196 拖动小三角形

步骤05 按【Ctrl+E】组合键向下合并一次图层，并将其名称改变为“图层1”，得到的图像效果如图7-197所示。

步骤06 复制图层1，得到新的图层1副本。然后执行“滤镜”|“模糊”|“高斯模糊”命

令，打开“高斯模糊”对话框，设置半径为7像素，如图7-198所示。

图7-197 图像效果

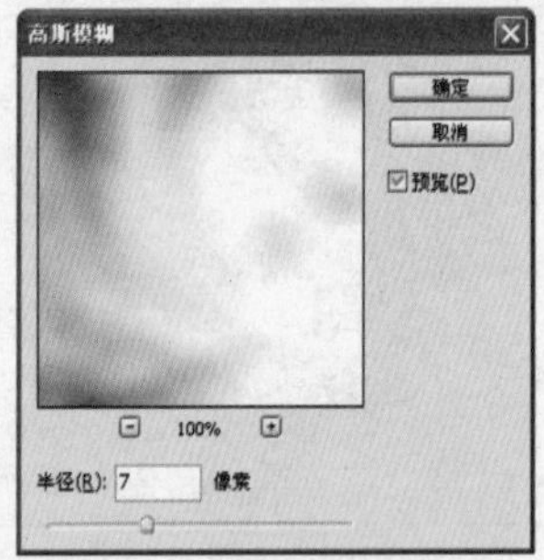

图7-198 设置模糊参数

步骤07 设置图层1副本的图层混合模式为“线性加深”，得到的图像效果如图7-199所示。

图7-199 图像效果

步骤08 选择背景图层，复制该图层，并将其放到“图层”面板的最上方，改变图层混合模式为“颜色”，再复制一次背景图层，放到“图层”面板的最上方。然后单击“图层”面板下方的“添加图层蒙版”按钮，使用画笔工具对人物进行不透明度为20%的涂抹，最后适当调整透明度，将头发和花朵部分进行隐藏，得到的图像效果如图7-200所示。

图7-200 图像效果

步骤09 执行“图像”|“调整”|“曲线”命令，打开“曲线”对话框，设定两个点后，分别向左和右进行拖动，如图7-201所示，使图像变得更加明亮。

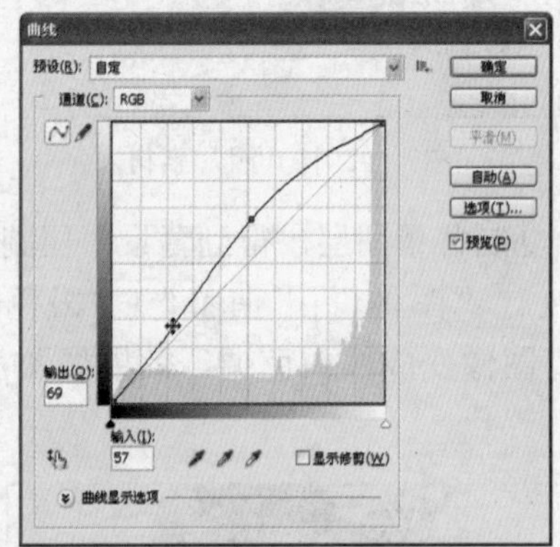

图7-201 调整曲线

步骤10 新建一个图层，设置前景色为R248、G227、B206，按【Alt+Delete】组合键进行填充。然后设置图层混合模式为“线性加深”，得到的最终图像效果如图7-202所示。

图7-202 最终图像效果

实例098 石刻画美女

本实例将介绍使用Photoshop制作石刻画美女效果的方法。实例的原照片和处理后的照片对比效果如图7-203所示。

原图

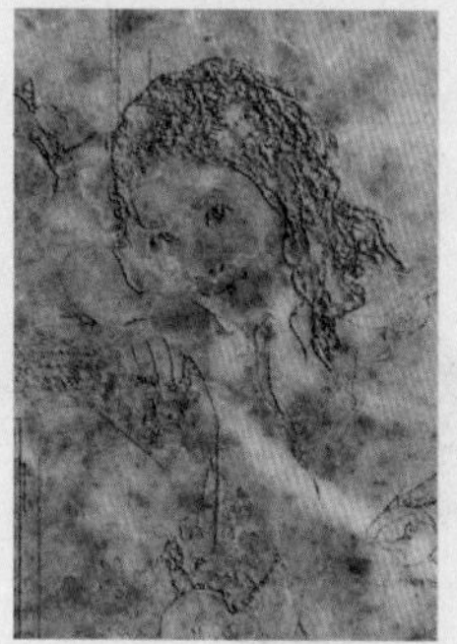
效果图

图7-203 效果对比

技法解析

本实例制作的石刻画效果，主要是运用了“去色”图像调整命令、“查找边缘”滤镜以及“斜面和浮雕”图层样式，并使用到图层的混合模式。

	实例路径	实例\第7章\石刻画美女.psd
	素材路径	素材\第7章\大理石.jpg、微笑.jpg

步骤01 按【Ctrl+O】组合键，打开“微笑.jpg”和“大理石.jpg”照片素材，如图7-204和图7-205所示。

图7-204 打开人物素材

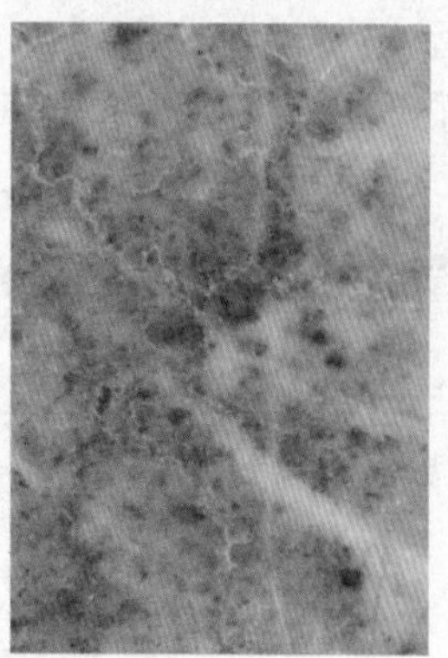
图7-205 打开大理石素材

步骤02 将“微笑.jpg”照片素材拖动到“大理石.jpg”文件中生成图层1，如图7-206所示。然后执行“图像”|“调整”|“去色”命令，得到的图像效果如图7-207所示。

图7-206 生成图层1

图7-207 照片去色

步骤03 按【Ctrl+M】组合键，打开“曲线”对话框，参照图7-208调整曲线参数，使照片的黑白对比更鲜明，得到的图像效果如图7-209所示。

步骤04 执行“滤镜”|“风格化”|“查找边缘”命令，得到的图像效果如图7-210所示。

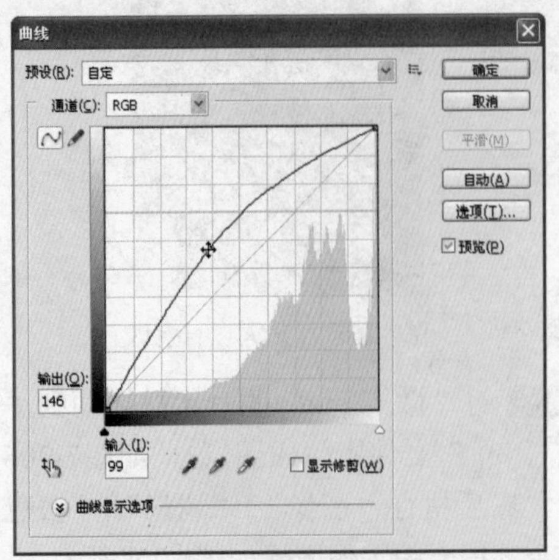

图7-208 调整曲线参数

图7-209 图像效果

步骤05 按【Ctrl+A】组合键全选图像，然后按【Ctrl+C】组合键复制图像，选择“通道”面板，新建Alpha 1通道，按下【Ctrl+V】组合键粘贴图像，如图7-211所示。

图7-210 图像效果

图7-211 在通道中复制图像

步骤06 按【Ctrl】键单击Alpha 1的缩览图载入选区，然后按【Ctrl+Shift+I】组合键进行反选，效果如图7-212所示。

图7-212 进行反选效果

步骤07 在“图层”面板中选择背景图层，按【Ctrl+J】组合键，通过复制选区内的图像生成图层2，如图7-213所示。然后关闭背景图层和图层1的可视性，得到的图像效果如图7-214所示。

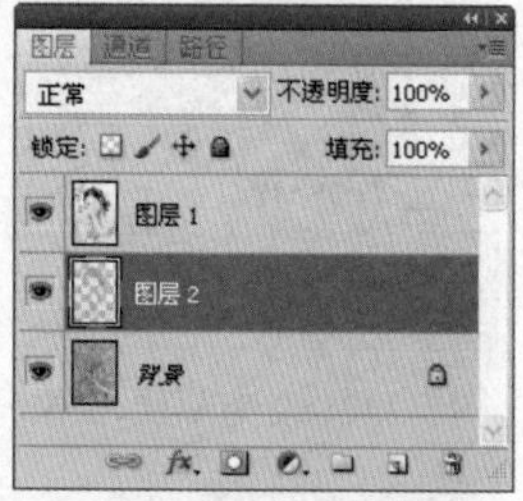

图7-213 复制选区图像

图7-214 图像效果

步骤08 选择图层2，单击“添加图层样式”按钮，在弹出的菜单中选择“斜面和浮雕”命令，打开“图层样式”对话框，设置“斜面和浮雕”的参数如图7-215所示。然后选中“内阴影”复选框，设置参数如图7-216所示。

步骤09 打开背景图层的可视性，使用图层样式后的图像效果如图7-217所示。

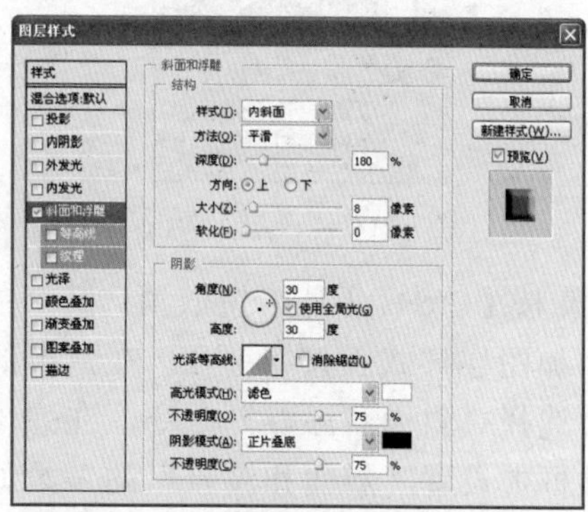

图7-215 设置斜面和浮雕参数

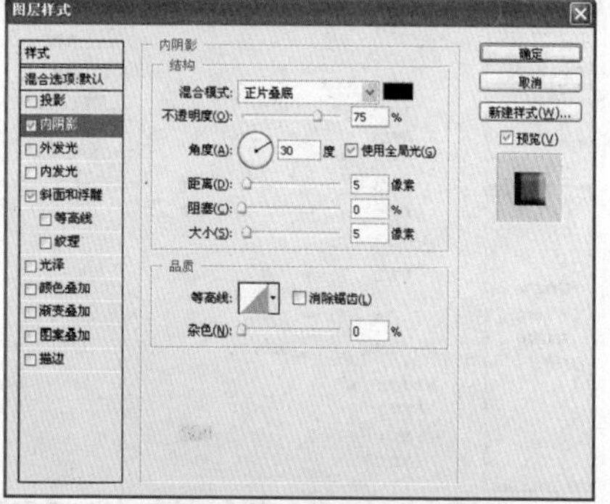

图7-216 设置内阴影参数

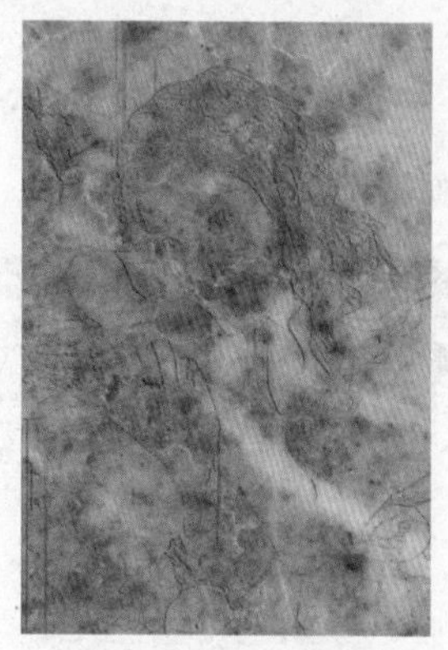

图7-217 图像效果

步骤10 按【Ctrl】键单击图层2的缩览图载入选区，新建图层3。然后按【Alt+Delete】组合键填充选区，并设置该图层的填充为0%，如图7-218所示。

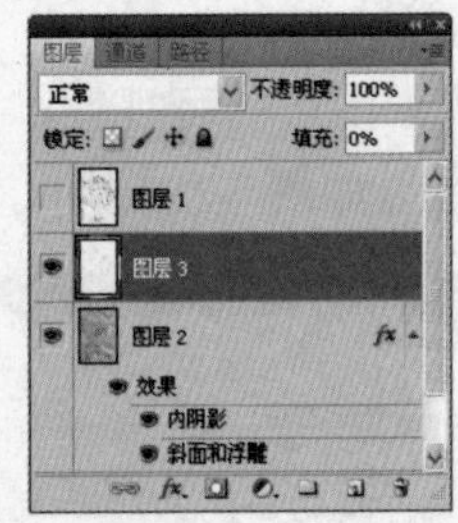

图7-218 “图层”面板

步骤11 按【Ctrl+D】组合键取消选区，单击“添加图层样式”按钮 fx.，在弹出的菜单中选择“斜面和浮雕”命令，在弹出的对话框中设置“斜面和浮雕”的参数如图7-219所示。

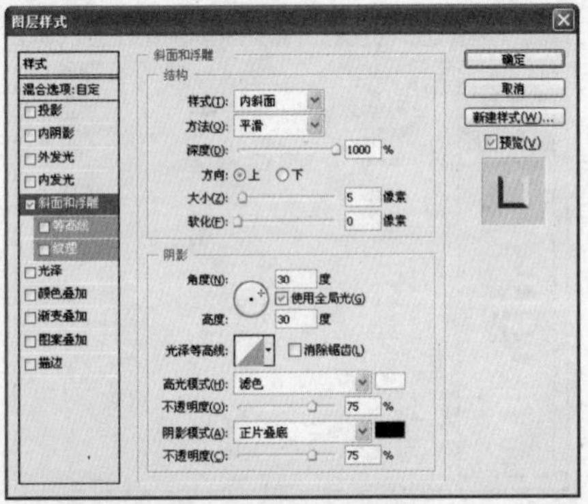

图7-219 设置斜面和浮雕参数

步骤12 选中“内阴影”复选框，设置参数如图7-220所示。然后单击“确定”按钮，得到的图像效果如图7-221所示。

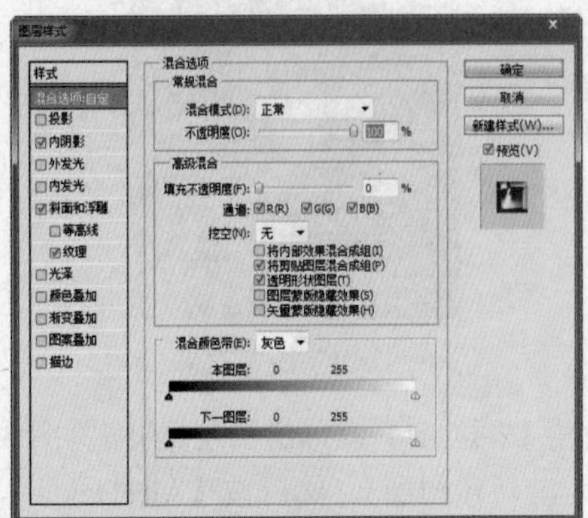

图7-220 设置内阴影参数

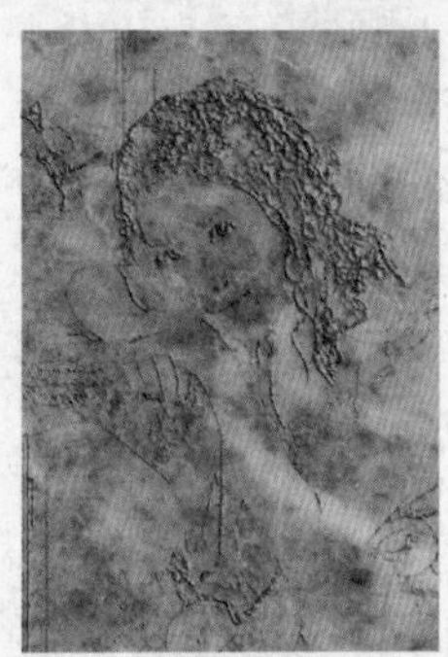

图7-221 图像效果

步骤13 打开图层1的可视性，然后设置其混合模式为“颜色加深”、不透明度为20%，如图7-222所示，得到的最终图像效果如图7-223所示。

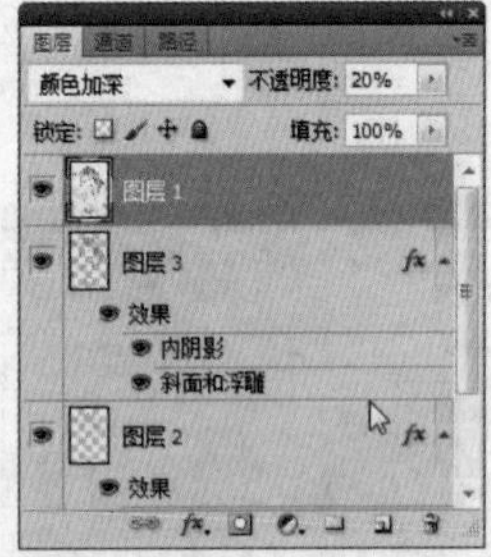

图7-222 改变图层参数

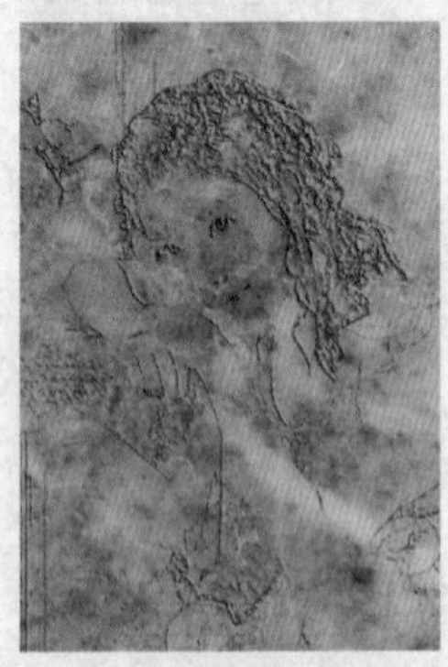

图7-223 最终图像效果

技巧提示

在Photoshop中进行图形处理，为了便于观看处理的效果，通常会将影响观察当前效果的图层暂时关闭，这样有利于图形处理操作。

实例099 浪漫彩虹

本实例将介绍使用Photoshop制作出彩虹效果的方法。实例的原照片和处理后的照片对比效果如图7-224所示。

原图　　效果图

图7-224 效果对比

技法解析

本实例制作的浪漫彩虹，首先运用图像调整功能调整图像的色调，然后将渐变工具的属性设置为彩色、渐变方式为径向渐变，在图像中拉出一条彩色条纹，再对条纹进行擦除、模糊等处理，得到彩虹效果，最后将彩虹复制一次，做成倒影效果。

	实例路径	实例\第7章\浪漫彩虹.psd
	素材路径	素材\第7章\山水.jpg

步骤01 按【Ctrl+O】组合键，打开“山水.jpg”照片素材，如图7-225所示。

图7-225 打开照片素材

步骤02 执行“图像”|“调整”|“色相/饱和度”命令，打开“色相/饱和度”对话框，设置参数如图7-226所示。然后单击“确定”按钮，得到的图像效果如图7-227所示。

步骤03 单击“图层”面板中的“创建新图层”按钮，创建图层1。然后选择工具箱中的矩形选框工具创建一个矩形选区，如图7-228所示。

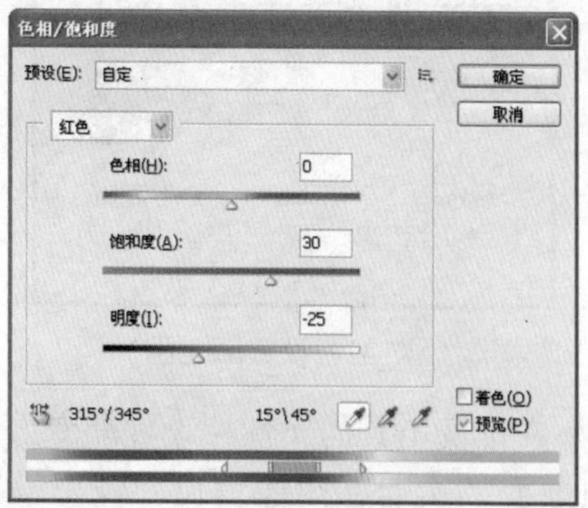

图7-226 调整颜色

图7-227 图像效果

图7-228 创建矩形选区

步骤04 选择工具箱中的渐变工具，设置渐变色为彩色，然后编辑颜色位置，如图7-229所示。

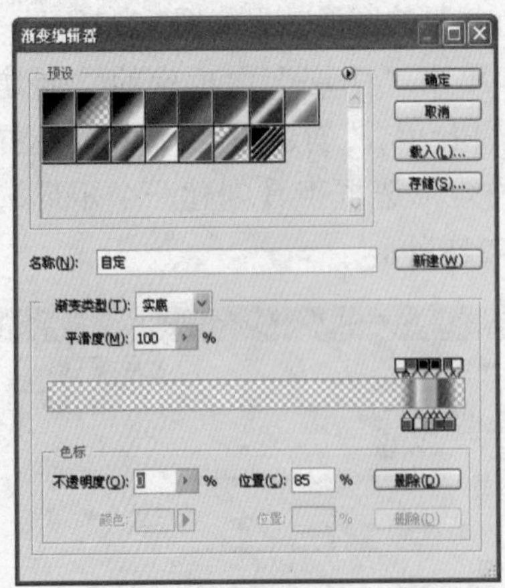

图7-229 设置渐变色

步骤05 在渐变工具的属性栏设置渐变方式为径向渐变，然后在图像窗口中拉出一条斜线，创建的图像渐变效果如图7-230所示。

图7-230 图像渐变效果

步骤06 执行“滤镜”|“模糊”|“高斯模糊”命令，打开“高斯模糊”对话框，设置模糊的半径为5，如图7-231所示。然后单击“确定”按钮，得到的图像效果如图7-232所示。

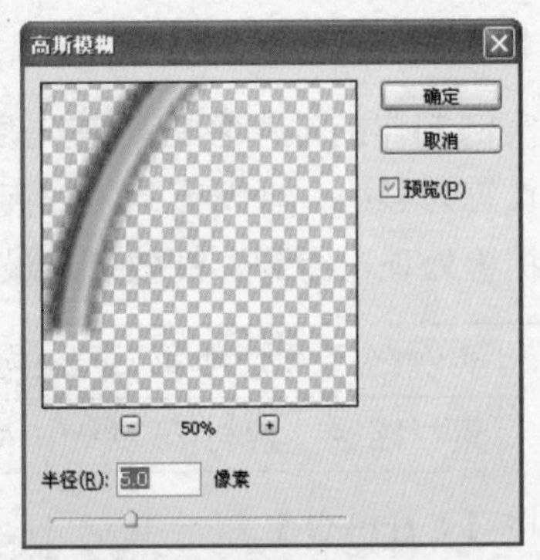

图7-231 设置模糊半径

图7-232 模糊效果

步骤07 在“图层”面板中设置图层1的混合模式为“变亮”，不透明度为85%，如图7-233所示，得到的图像效果如图7-234所示。

图7-233 设置图层属性

图7-234 图像效果

步骤08 选择工具箱中的橡皮擦工具，在属性栏中设置不透明度为15%。然后适当对彩色条纹的边缘进行擦除，得到的图像效果如图7-235所示。

图7-235 擦除图像效果

步骤09 按【Ctrl+J】组合键，复制图层1得到图层1副本，然后执行“编辑”|“变换”|“垂直翻转”命令，将复制的彩色条纹进行垂直翻转，得到的图像效果如图7-236所示。

图7-236 垂直翻转图像

步骤10 选择移动工具，将复制的图像向下移动，效果如图7-237所示。

图7-237 向下移动图像效果

步骤11 执行“滤镜”|“模糊”|“高斯模糊”命令，打开“高斯模糊”对话框，设置模糊的半径为10像素，如图7-238所示。然后单击“确定”按钮，得到的图像效果如图7-239所示。

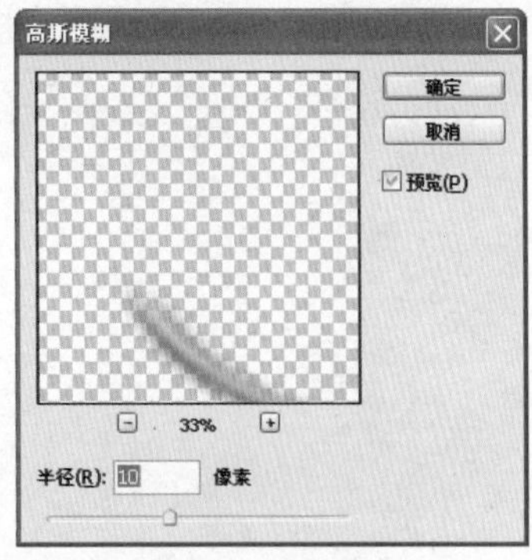

图7-238 设置模糊半径

图7-239 图像效果

图7-240 设置图层属性

步骤12 在“图层”面板中设置图层1副本的混合模式为“滤色”、不透明度为50%，如图7-240所示，得到的最终图像效果如图7-241所示。

图7-241 最终图像效果

PART 08

照片合成与装饰

本章主要介绍对数码照片进行创意表现的方法，讲解巧妙地运用Photoshop软件制作出12个经典的案例效果的方法，其中包括制作双胞胎、磨砂玻璃、浪漫艺术照、天使的翅膀以及合成图像效果等。

效果展示 XIAOGUO ZHANSHI

实例100 双胞胎效果

本实例将介绍使用普通的照片制作双胞胎效果的方法。实例的原照片和处理后的照片对比效果如图8-1所示。

原图

效果图

图8-1 效果对比

技法解析

本实例所制作的双胞胎效果，首先通过复制照片得到两个相同的图像，然后运用蒙版功能，对照片的交接处做隐藏处理，最后再用修复画笔工具，对画面中的相同图像做一些涂抹，使整个画面呈现一定的变化而不是普通的复制效果。

	实例路径	实例\第8章\双胞胎效果.psd
	素材路径	素材\第8章\游泳的女孩.jpg

步骤01 按【Ctrl+N】组合键，打开“新建”对话框，设置文件名称为双胞胎、宽度为46.5、高度为34.5厘米，其余参数设置如图8-2所示。

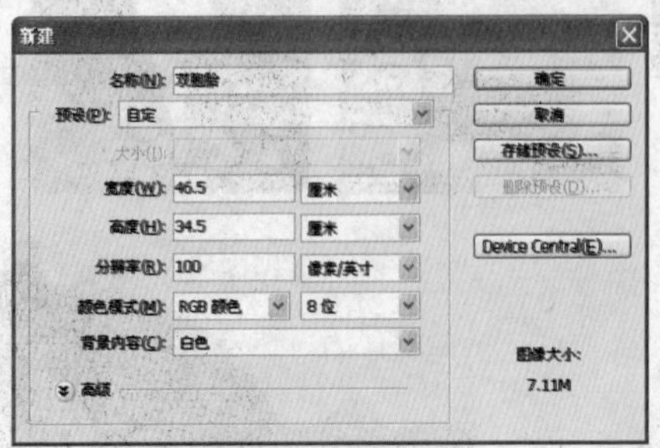

图8-2 新建文件

步骤02 打开“游泳的女孩.jpg”照片素材，将该图像拖到“双胞胎”文件中，得到图层1，如图8-3所示。

图8-3 导入素材图像

步骤03 复制一次图层1，将得到的副本图像放到右侧。然后执行“编辑”|“变换”|“水平翻转”命令，将图像做镜像处理，效果如图8-4所示。

图8-4 水平翻转图像效果

步骤04 单击“图层”面板下方的“添加图层蒙版”按钮，然后使用画笔工具，在两个图像的交界处做细致的涂抹，使图像呈现自然融合的效果，如图8-5所示。

图8-5 融合图像效果

步骤05 按【Ctrl+E】组合键将图层1和图层1副本合并，选择修复画笔工具对海滩交界处进行处理，首先按【Alt】键并单击海滩黄色部分进行取样，如图8-6所示。

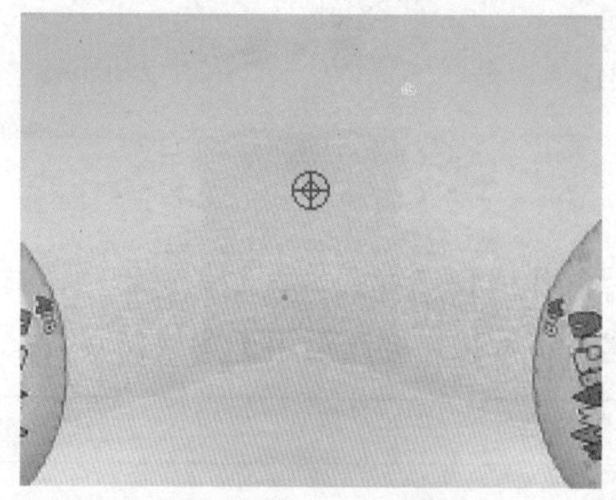
图8-6 对图像进行取样

步骤06 完成取样后，在海边进行涂抹，使大海与沙滩呈现出自然的过渡效果，如图8-7所示。

图8-7 涂抹图像效果

步骤07 使用同样的方法，对右下方沙滩中的海星和海螺等图像进行取样涂抹，隐藏这些图像，以使整个画面看起来不是单一的镜像效果，如图8-8所示。

图8-8 涂抹其他图像效果

技巧提示

可以利用修复画笔工具使用图像或图案中的样本像素来绘图。

步骤08 执行“图层”|“图层样式”|“投影”命令，打开“图层样式”对话框，设置投影颜色为黑色，其余参数设置如图8-9所示。

步骤09 完成投影的设置后，单击“确定”按钮返回到画面中，得到的最终图像效果如图8-10所示。

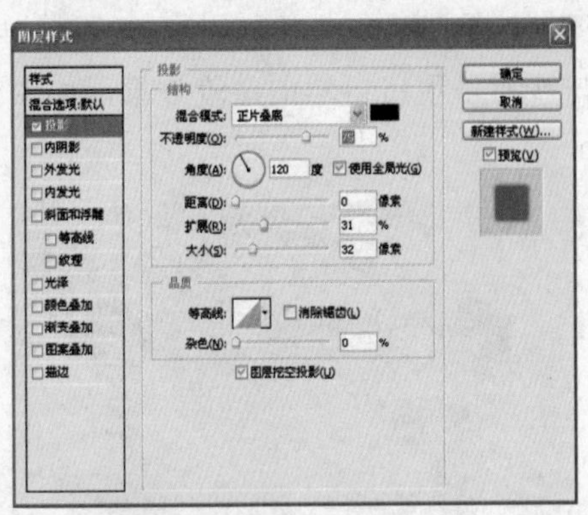
图8-9 设置投影参数

图8-10 最终图像效果

技巧提示

修复画笔工具还可以将样本像素的纹理、光照、透明度和阴影与所修复的像素进行匹配，从而使修复后的图像不留痕迹地融入周围图像。

实例101 制作桌面壁纸

本实例将介绍使用照片制作桌面壁纸效果的方法。实例的原照片和处理后的照片对比效果如图8-11所示。

原图

效果图

图8-11 效果对比

技法解析

本实例所制作的桌面壁纸效果，主要是将照片制作成日历样式。在制作过程中，首先运用了自定义形状工具创建路径，然后沿路径创建文字效果，同时运用了图层样式效果。

	实例路径	实例\第8章\桌面壁纸.psd
	素材路径	素材\第8章\儿童.jpg

步骤01 按【Ctrl+O】组合键，打开“儿童.jpg”照片素材，如图8-12所示。

图8-12 打开照片素材

步骤02 按【Ctrl+N】组合键，新建一个文档，设置文档参数如图8-13所示，然后将照片拖放到文档中，生成图层1，如图8-14所示。

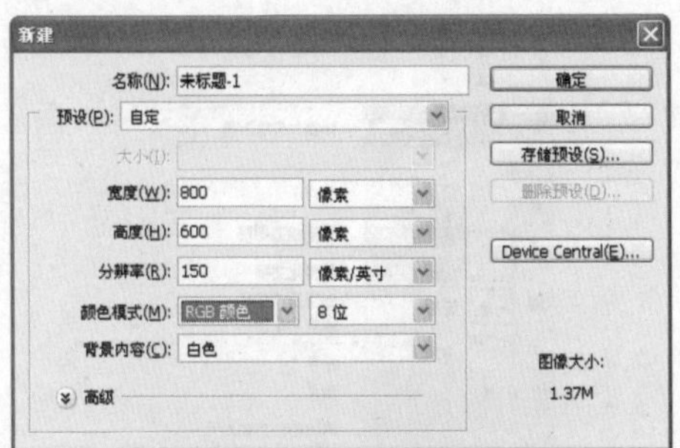

图8-13 新建文档

图8-14 将照片拖到文档中

步骤03 单击工具栏中的“自定形状工具”按钮，然后单击工具属性栏中“形状”右方的按钮，在展开的图案中选择“花1”形状，如图8-15所示。

图8-15 选择“花1”形状

步骤04 按住鼠标左键并拖动光标，创建一个花形路径，如图8-16所示。

图8-16 创建花形路径

步骤05 单击“路径”面板下方的“将路径作为选区载入”按钮，将路径转换为选区，如图8-17所示。

图8-17 将路径转换为选区

步骤06 按【Ctrl+Shift+I】组合键进行反向选择，然后按【Delete】键删除选区内的图像，效果如图8-18所示。

图8-18 删除选区内的图像效果

步骤07 再次对选区进行反向选择，执行“选择”|“修改”|“扩展”命令，设置选区的扩展量为30像素，如图8-19所示。然后单击“确定”按钮，得到的图像效果如图8-20所示。

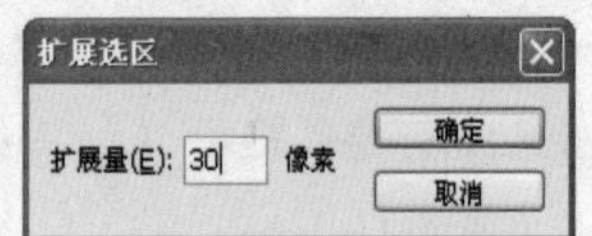

图8-19 设置参数

图8-20 扩展选区后的图像效果

步骤08 单击“路径”面板下方的“从选区生成工作路径”按钮，将选区转换为路径，如图8-21所示。

图8-21 将选区转换为路径

步骤09 选择工具箱中的横排文字工具T，将鼠标光标移到路径上，当鼠标光标呈形状时输入日期数字，如图8-22所示，得到的文字效果如图8-23所示。

步骤10 单击文字图层，在弹出的快捷菜单中选择“栅格化文字”命令，如图8-24所示。

图8-22 将鼠标移到路径上

图8-23 输入文字效果

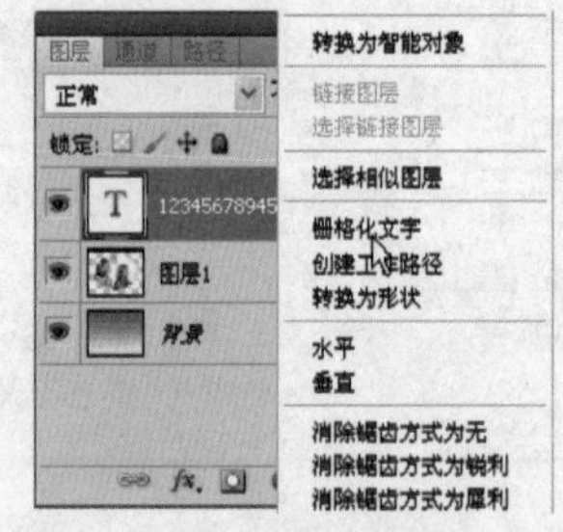

图8-24 选择“栅格化文字”命令

步骤11 将第一组作为周末的日期数字选择下来，如图8-25所示，使用红色填充选区中的数字，然后依次选择其他周末的数字，并填充为红色，效果如图8-26所示。

图8-25 选择指定的数字

步骤12 选择工具箱中的横排文字工具T，输入月份文字，如图8-27所示。

图8-27 输入月份文字

技巧提示

在选择指定的数字时，可以在按【Ctrl】键的同时单击文字图层的图标，将文字对象选取下来，然后选择矩形选框工具，在属性中单击“与选区交叉”按钮，即可框选指定的数字。

步骤13 执行“图层”|“图层样式”|“投影”命令，打开的“图层样式”对话框，设置投影的参数如图8-28所示，设置完成后得到的投影效果如图8-29所示。

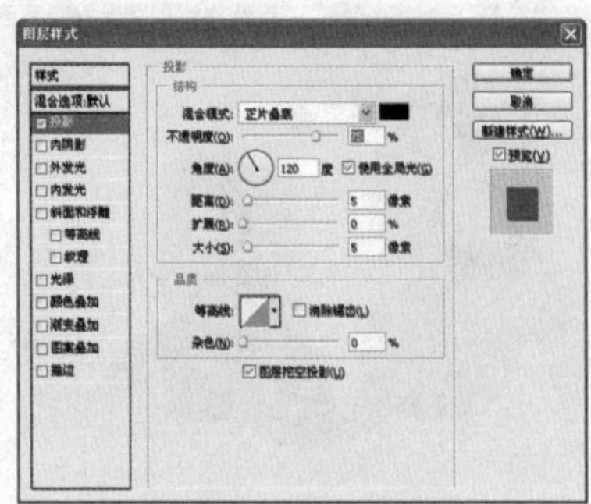

图8-28 设置投影参数

图8-29 投影效果

步骤14 选择渐变工具，设置渐变的颜色从蓝色到白色，选择背景图层，对背景图层进行渐变填充，得到的图像效果如图8-30所示。

图8-30 图像效果

步骤15 选择图层1，单击“样式”面板中的“双环发光”按钮，如图8-31所示，为图层1添加双环发光样式，得到的图像效果如图8-32所示。

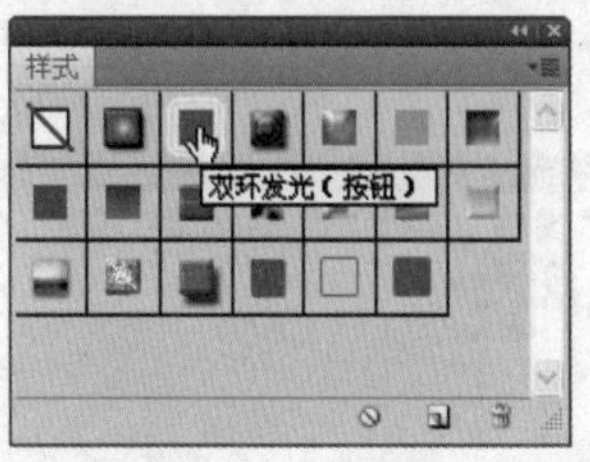

图8-31 选择样式

图8-32 图像效果

步骤16 选择背景图层，然后执行“滤镜”|“扭曲”|“玻璃”命令，打开“玻璃”对话框，设置参数如图8-33所示。

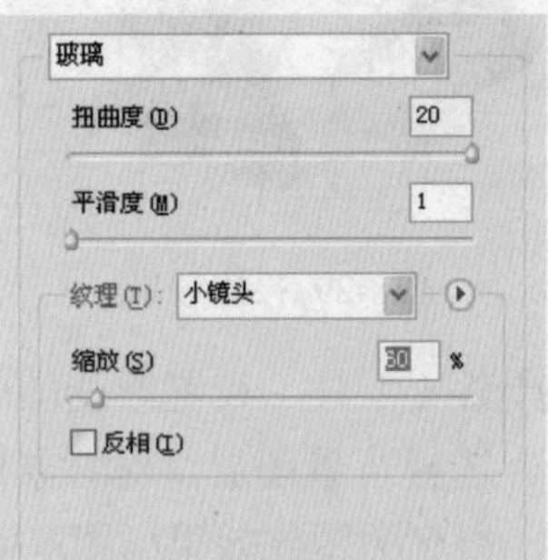

图8-33 设置玻璃参数

步骤17 单击“确定”按钮，得到的壁纸效果如图8-34所示，然后将其以JPG的格式保存在桌面上，如图8-35所示。

图8-34 壁纸效果

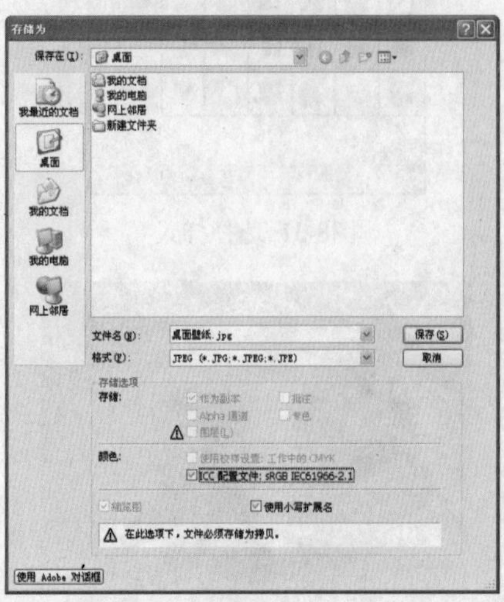

图8-35 保存为JPG格式

步骤18 在桌面空白处单击，在弹出的快捷菜单中选择“属性”命令，打开“显示 属性”对话框，如图8-36所示。然后单击“浏览”按钮，选择保存的图片为桌面壁纸，如图8-37所示。

图8-36 “显示 属性”对话框

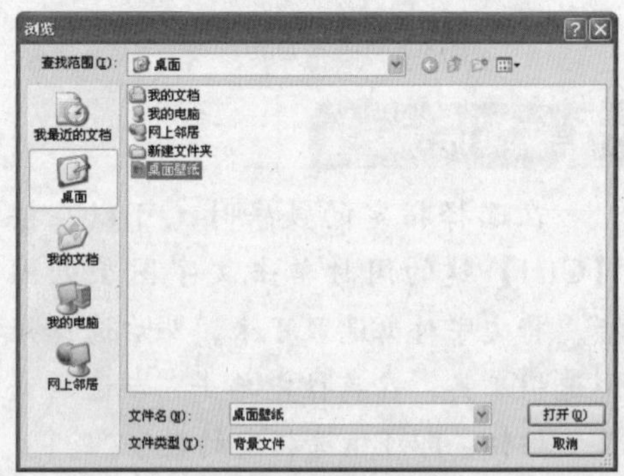

图8-37 选择保存的图片

步骤19 在“显示 属性”对话框中单击“确定”按钮，得到的桌面壁纸效果如图8-38所示。

图8-38 桌面壁纸效果

实例102 磨砂玻璃效果

本实例将介绍将照片中的图像制作成磨砂玻璃效果的方法。实例的原照片和处理后的照片对比效果如图8-39所示。

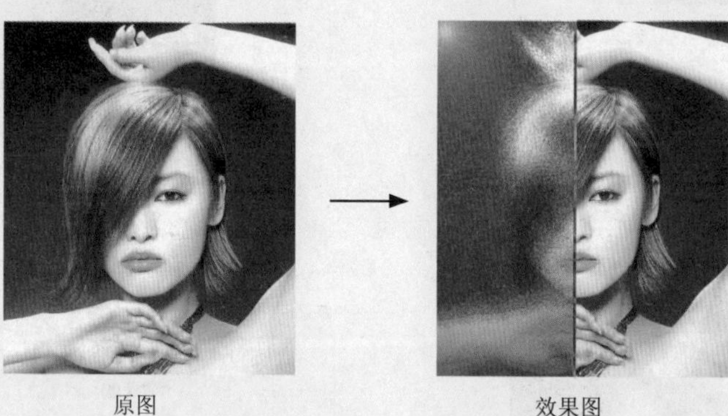

原图　　效果图

图8-39 效果对比

技法解析

本实例所制作的磨砂玻璃效果，首先运用了玻璃滤镜和镜头光晕滤镜，然后配合渐变填充与图层模式的设置，表现出玻璃边缘的立体效果。

	实例路径	实例\第8章\磨砂玻璃效果.psd
	素材路径	素材\第8章\女孩.jpg

步骤01 打开“女孩.jpg”照片素材，使用矩形选框工具选取需要制成磨砂玻璃的区域，如图8-40所示。然后按【Ctrl+J】组合键，将选取的部分复制为新的图层1，如图8-41所示。

图8-40 创建选区

图8-41 创建图层1

步骤02 执行“滤镜”|“杂色”|“添加杂色”命令，打开“添加杂色”对话框，设置参数如图8-42所示，添加杂色后的图像效果如图8-43所示。

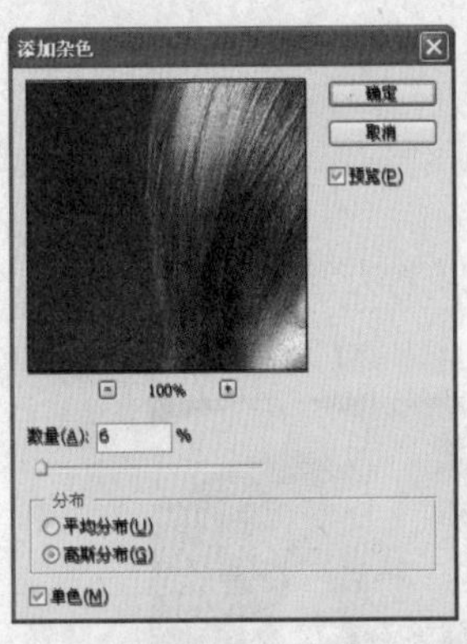

图8-42 设置参数

图8-43 添加杂色后的图像效果

步骤03 执行"滤镜"|"风格化"|"扩散"命令，打开 "扩散"对话框，设置参数如图8-44所示，设置完成后得到的图像效果如图8-45所示。

步骤04 执行"滤镜"|"扭曲"|"玻璃"命令，打开 "玻璃"对话框，设置玻璃的纹理为"磨砂"，其他参数设置如图8-46所示，设置完成后得到的图像效果如图8-47所示。

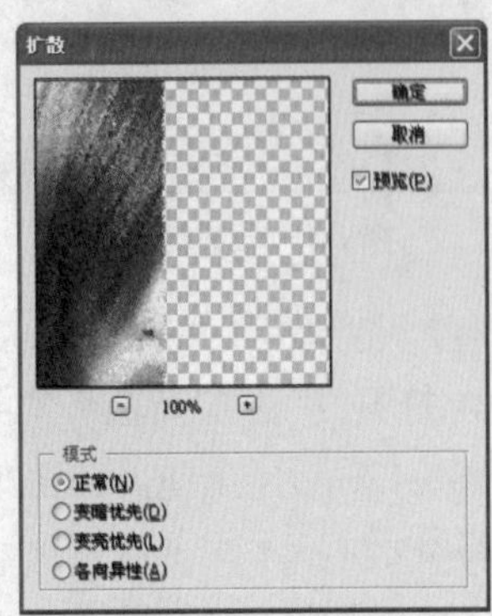

图8-44 设置参数

图8-45 扩散效果

图8-46 设置参数

图8-47 玻璃效果

技巧提示

使用"玻璃"滤镜可以制造出不同的纹理效果，让图像产生一种隔着玻璃观看的效果。

使用"扩散"滤镜可以产生透过磨砂玻璃观看的分离模糊效果。

步骤05 执行“滤镜”|“渲染”|“光照效果”命令，打开“光照效果”对话框，设置参数如图8-48所示，设置完成后得到的图像效果如图8-49所示。

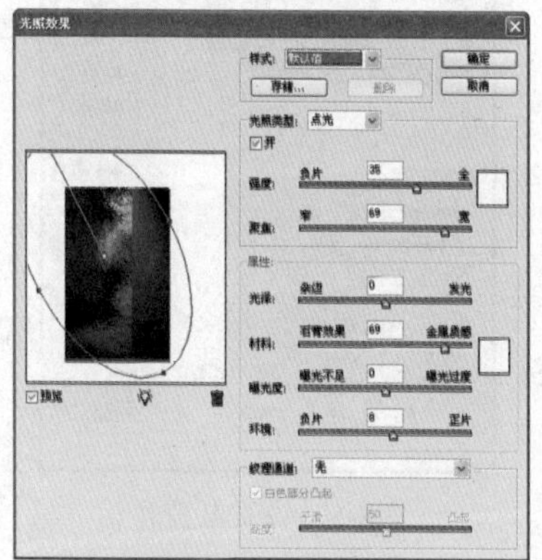

图8-48 设置参数

图8-49 光照效果

步骤06 执行“滤镜”|“渲染”|“镜头光晕”命令，打开“镜头光晕”对话框，设置参数如图8-50所示，设置完成后得到的图像效果如图8-51所示。

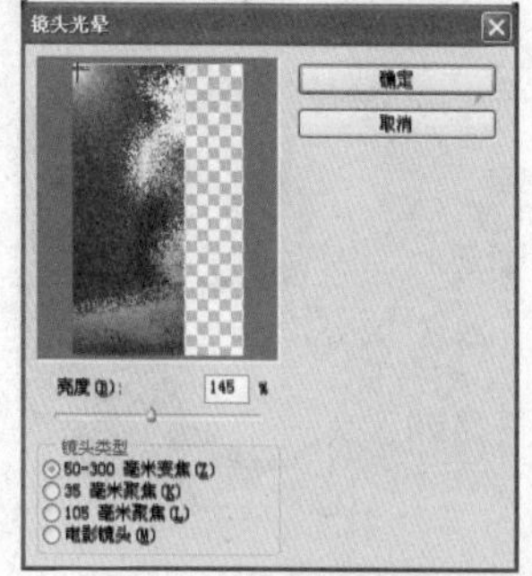

图8-50 设置参数

图8-51 镜头光晕

步骤07 在“图层”面板中设置图层1的不透明度为80%，如图8-52所示，修改图层不透明度后的图像效果如图8-53所示。

图8-52 设置图层不透明度

图8-53 图像效果

技巧提示

“镜头光晕”滤镜模拟亮光照射到相机镜头所产生的折射。可以通过单击图像缩览图的任意位置或拖动其十字线，指定光晕的中心位置。

步骤08 执行“滤镜”|“模糊”|“高斯模糊”命令，打开“高斯模糊”对话框，设置半径为0.5像素，如图8-54所示，模糊后的图像效果如图8-55所示。

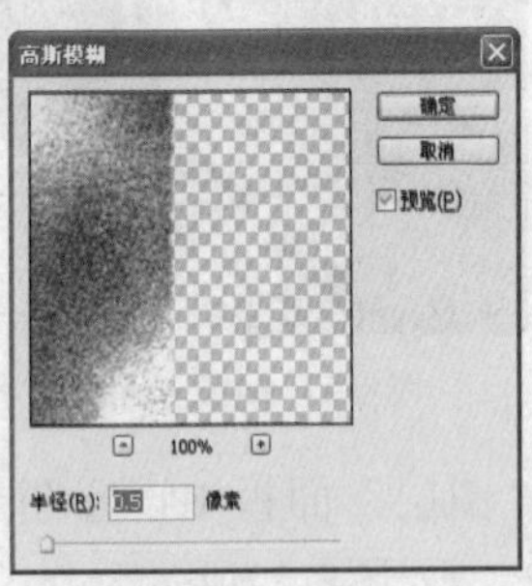

图8-54 设置模糊半径

图8-55 图像效果

步骤09 创建一个新的图层，然后使用矩形选框工具在玻璃图像的边缘处创建一个矩形选区，如图8-56所示，以便后面制作玻璃边缘效果。

图8-56 创建矩形选区

步骤10 选择工具箱中的渐变工具，单击属性栏中的渐变编辑条，打开“渐变编辑器”对话框，然后设置渐变颜色为白色和灰色交替，如图8-57所示。

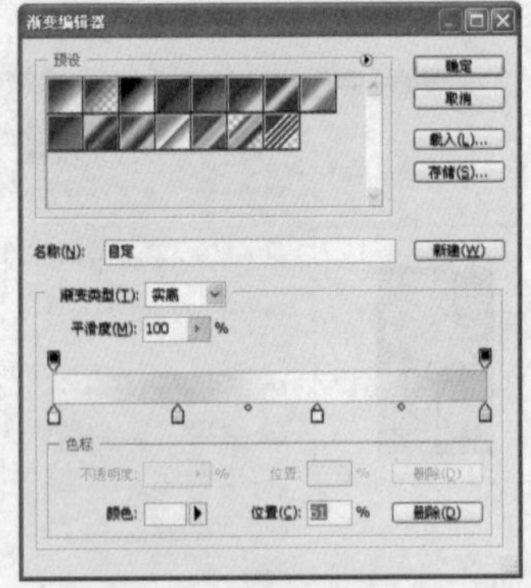

图8-57 设置渐变色

步骤11 单击属性栏中的“线性渐变”按钮，使用渐变工具在图层2的选区中从上向下拉出一条斜线，对选区进行渐变填充，如图8-58所示，填充的渐变色图像效果如图8-59所示。

图8-58 拉出一条斜线

图8-59 渐变色图像效果

步骤12 设置图层2的混合模式为“差值”、不透明度为80%，如图8-60所示，得到的最终磨砂玻璃图像效果如图8-61所示。

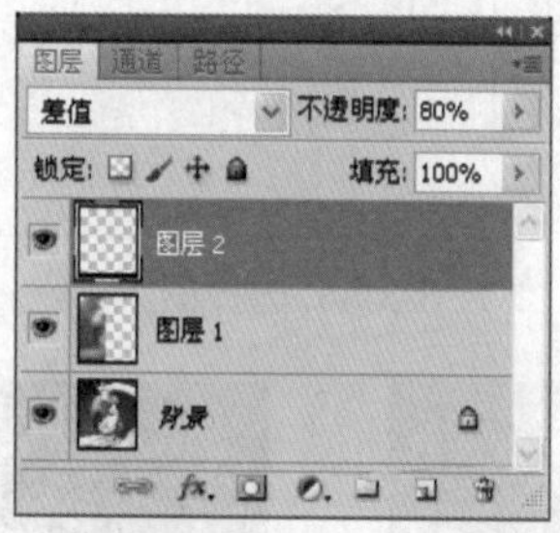

图8-60 设置图层属性

图8-61 磨砂玻璃图像效果

实例103 制作国画卷轴

本实例将介绍把照片制作成国画卷轴的方法。实例的原照片和处理后的照片对比效果如图8-62所示。

原图　　效果图

图8-62 效果对比

技法解析

本实例所制作的国画卷轴效果，首先应注意照片的选取，然后将背景处理为淡黄色的宣纸效果，在制作过程中配合图案、线条、墨色和书法来表现效果。

	实例路径	实例\第8章\国画卷轴.psd
	素材路径	素材\第8章\图案.jpg、齐云山.jpg

步骤01 打开“图案.jpg”照片素材，按下Ctrl+A】组合键进行全选，如图8-63所示。

图8-63 全选图案

步骤02 执行“编辑”|“定义图案”命令，打开“图案名称”对话框，输入图案的名称，然后单击“确定”按钮，如图8-64所示。

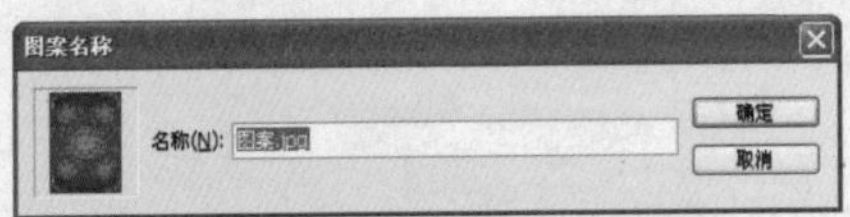

图8-64 定义图案

步骤03 按【Ctrl+N】组合键，新建一个文档，文档的参数设置如图8-65所示。

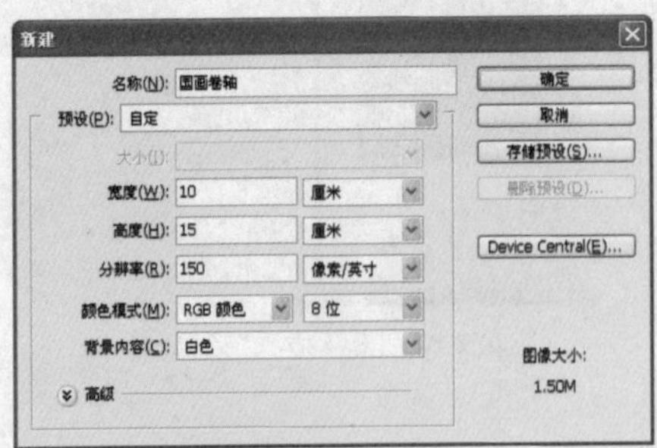

图8-65 新建文档

步骤04 选择油漆桶工具，在属性栏的图案样式中选择刚定义的图案，如图8-66所示。然后在新建文档中单击，即可使用定义的图案填充文档，效果如图8-67所示。

步骤05 选择魔棒工具，取消属性栏中的“连续”复选框，然后在图案中选择黄色图像，如图8-68所示。

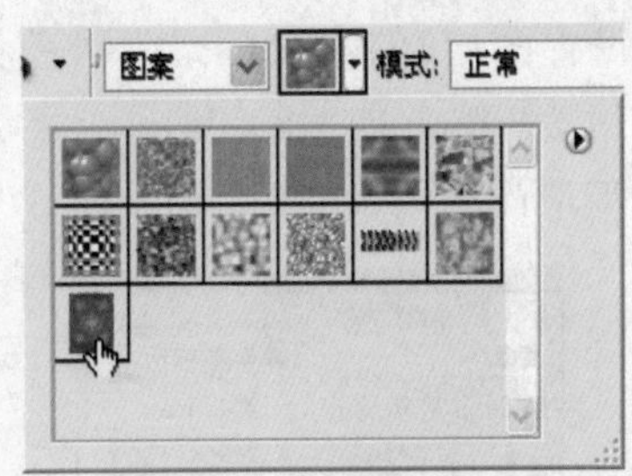

图8-66 选择图案

图8-67 图案填充效果　图8-68 选择黄色图像

步骤06 单击工具箱中的前景色图标，在打开的“拾色器（前景色）”对话框中重新设置前景色的颜色，如图8-69所示。然后使用前景色填充选区，效果如图8-70所示。

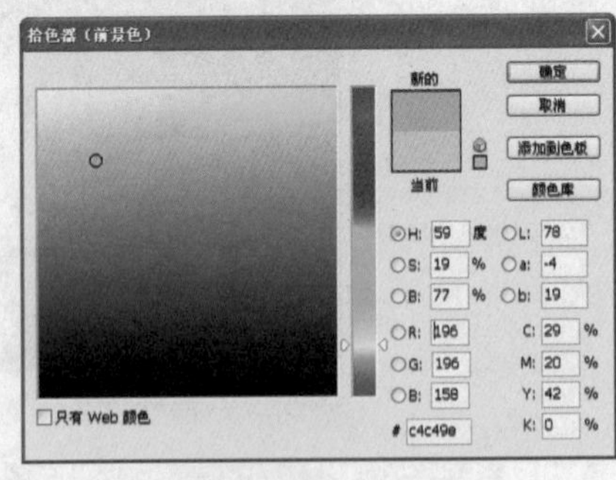

图8-69 设置前景色

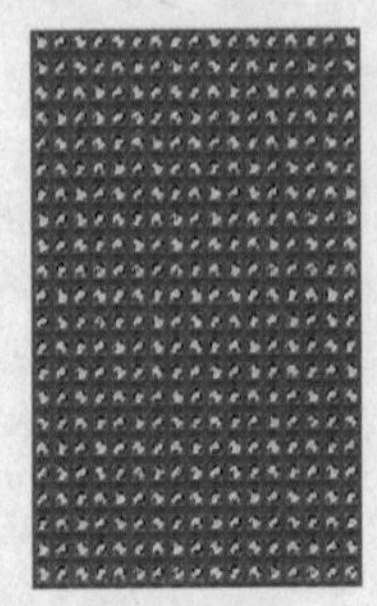
图8-70 填充选区效果

步骤07 按【Ctrl+Shift+I】组合键对选区进行反向选择，重新设置前景色的颜色，如图8-71所示。然后使用前景色填充选区，取消选区后的效果如图8-72所示。

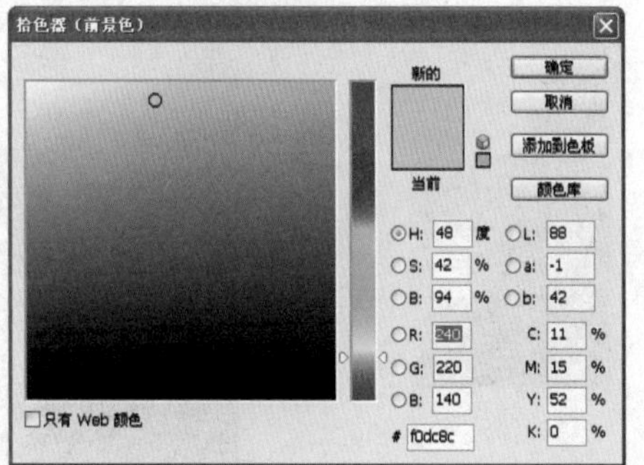

图8-71 设置前景色

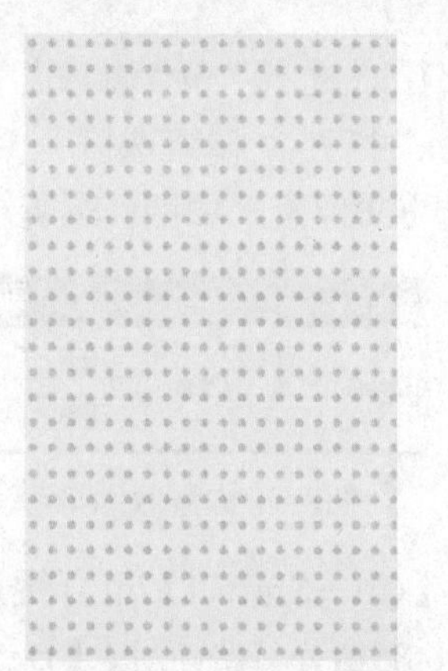

图8-72 取消选区效果

步骤08 执行“滤镜”|“画笔描边”|“喷溅”命令，打开“喷溅”对话框，设置喷溅参数如图8-73所示。设置完成后得到的图像效果如图8-74所示。

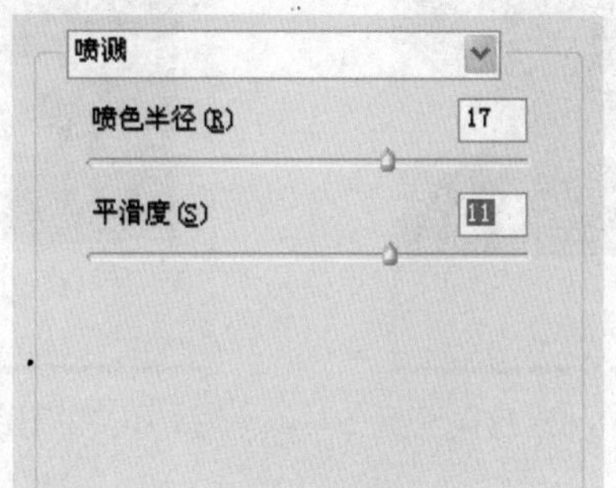

图8-73 设置喷溅参数

图8-74 喷溅效果

步骤09 执行“滤镜”|“模糊”|“高斯模糊”命令，打开“高斯模糊”对话框，设置模糊的半径为0.5像素，如图8-75所示。设置完成后得到的图像效果如图8-76所示。

图8-75 设置模糊参数

图8-76 模糊效果

步骤10 执行“图层”|“图层样式”|“投影”命令，打开“投影”对话框，设置投影参数如图8-77所示。设置完成后得到的图像效果如图8-78所示。

步骤11 创建图层2，使用矩形选框工具在图像中创建一个矩形选区，如图8-79所示。

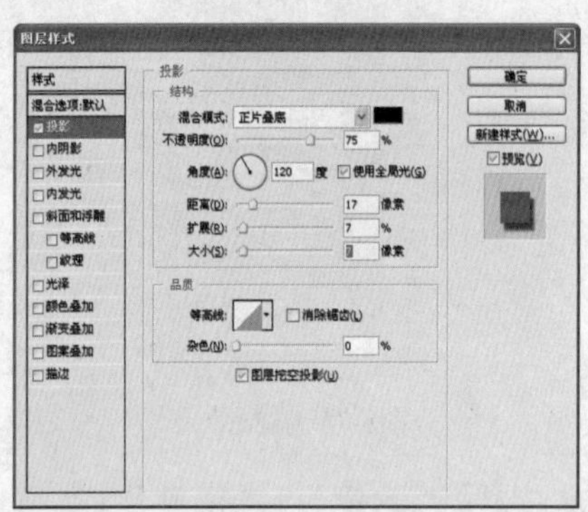

图8-77 设置投影参数

图8-78 投影效果　　图8-79 创建矩形选区

步骤12 设置前景色为淡黄色，使用前景色填充选区，效果如图8-80所示。

步骤13 执行“编辑”|“描边”命令，打开“描边”对话框，设置描边的宽度为6、描边颜色为白色，然后单击“确定”按钮，描边效果如图8-81所示。

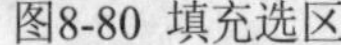

图8-80 填充选区　　图8-81 描边效果

步骤14 打开“齐云山.jpg”素材文件，然后将其拖到创建好的文档中，如图8-82所示。

步骤15 按【Ctrl】键同时单击图层2图标，创建一个选区，如图8-83所示。

图8-82 拖动图像　　图8-83 创建选区

步骤16 执行“选择”|“修改”|“收缩选区”命令，打开“收缩选区”对话框，设置收缩量为20像素，如图8-84所示。

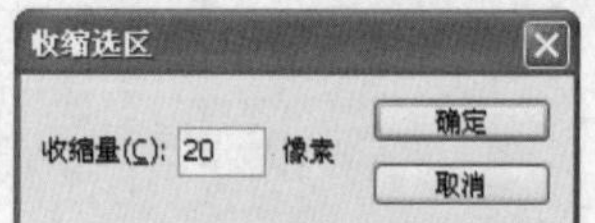

图8-84 设置收缩量

步骤17 按【Ctrl+Shift+I】组合键进行反向选择，如图8-85所示，然后按【Delete】键删除选区中的图像，得到的图像效果如图8-86所示。

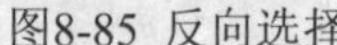

图8-85 反向选择　　图8-86 删除图像

步骤18 执行“滤镜”|“艺术效果”|“木刻”命令，打开“木刻”对话框，设置木

刻参数如图8-87所示。

图8-87 设置木刻参数

技巧提示

“木刻”滤镜是使图像看上去像是由从彩纸上剪下的边缘粗糙的纸片组成。高对比度的图像呈现剪影效果，而彩色图像看上去是由儿层彩纸组成的。

步骤19 执行“滤镜”|“画笔描边”|“喷溅”命令，打开“喷溅”对话框，设置喷溅参数如图8-88所示。

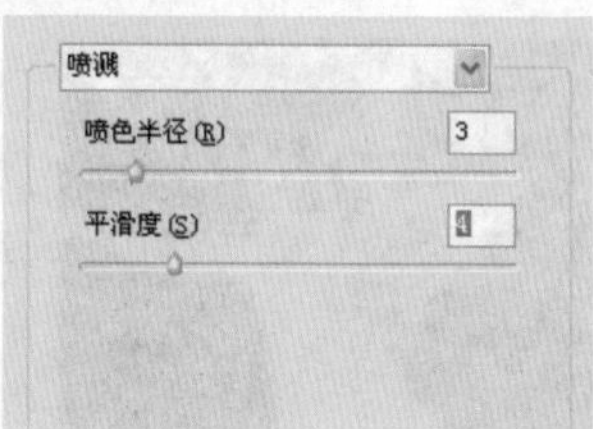

图8-88 设置喷溅参数

步骤20 执行“滤镜”|“模糊”|“高斯模糊”命令，打开“高斯模糊”对话框，设置半径为0.5像素，如图8-89所示设置完成后得到的图像效果如图8-90所示。

图8-89 设置半径参数

图8-90 图像效果

步骤21 选择图层3，将该图层的不透明度设置为90%，如图8-91所示，设置完成后得到的图像效果如图8-92所示。

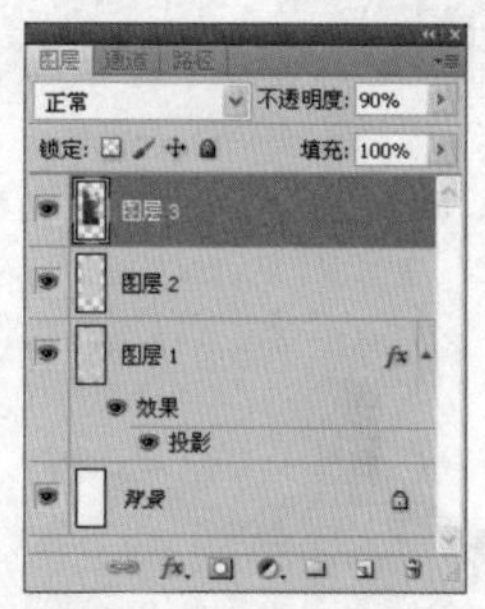

图8-91 设置不透明度

图8-92 图像效果

步骤22 使用文字工具在图形中添加文字效果，如图8-93所示。然后使用渐变工具创建两条轴图像，并为轴图像添加投影效果，得到的图像效果如图8-94所示。

图8-93 添加文字效果

图8-94 添加轴图像

步骤23 选择图层1，然后执行“图像”|“调整”|“色相/饱和度”命令，打开“色相/饱和度”对话框，设置参数如图8-95所示，制作完成的国画效果如图8-96所示。

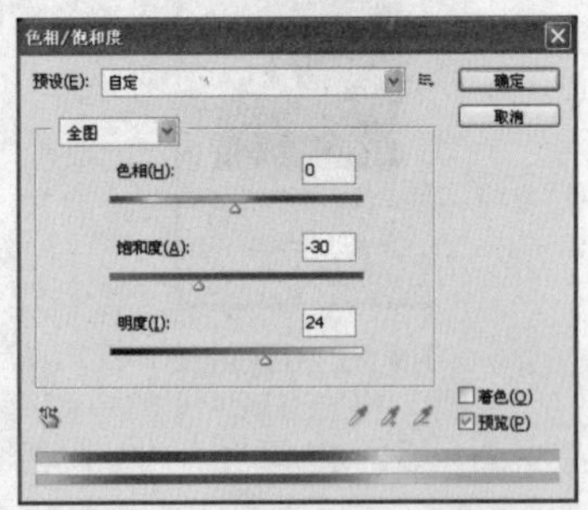

图8-95 设置色相/饱和度参数

图8-96 国画效果

实例104 天使的翅膀

本实例将介绍为照片中的人物添加翅膀的方法。实例的原照片和处理后的照片对比效果如图8-97所示。

原图

效果图

图8-97 效果对比

技法解析

本实例所制作的天使的翅膀效果，首先运用画笔工具载入翅膀图样，然后设置画笔的属性，在人物背部添加翅膀，并设置翅膀的大小及透明度，使翅膀与人物完美的结合在一起。另外，为了增强整个画面的视觉效果，将对背景图像进行艺术创作处理。

<table>
<tr><td rowspan="2"></td><td>实例路径</td><td>实例\第8章\天使的翅膀.psd</td></tr>
<tr><td>素材路径</td><td>素材\第8章\少女.psd、水墨花.psd、翅膀.abr</td></tr>
</table>

步骤01 按【Ctrl+N】组合键打开“新建”对话框，新建一个名称为“天使的翅膀”文档，在“新建”对话框中设置参数如图8-98所示。

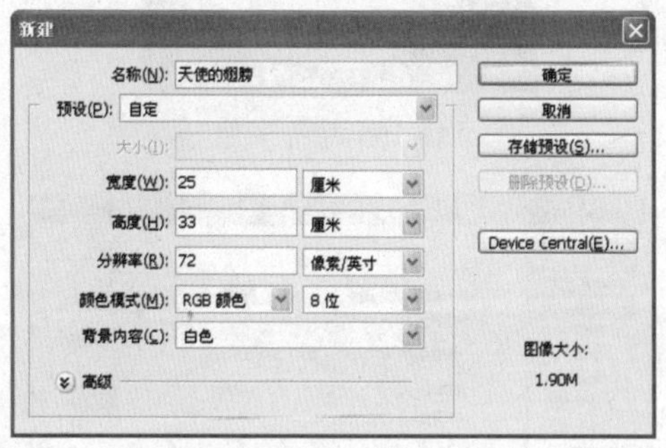

图8-98 新建一个文档

步骤02 选择渐变工具，打开“渐变编辑器”对话框，设置颜色为R147、G15、B128；R8、G7、B8；R107、G 6、B97，如图8-99所示，然后在画面中从左上角到右下角做拉伸，填充后的图像效果如图8-100所示。

步骤03 新建图层1，选择椭圆选框工具，按【Shift】键创建一个正圆形选区，如图8-101所示。

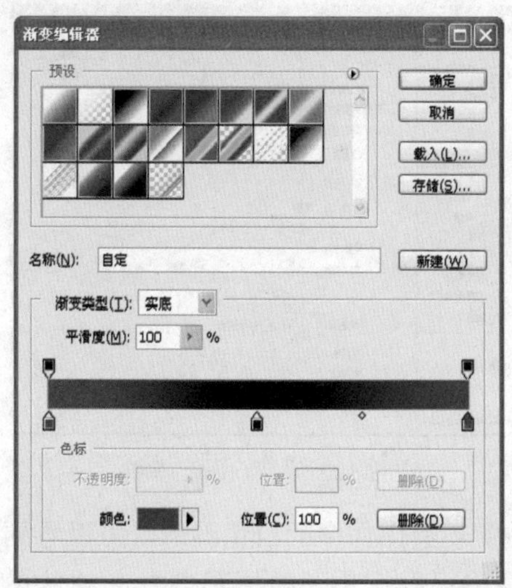

图8-99 设置颜色

图8-100 填充颜色

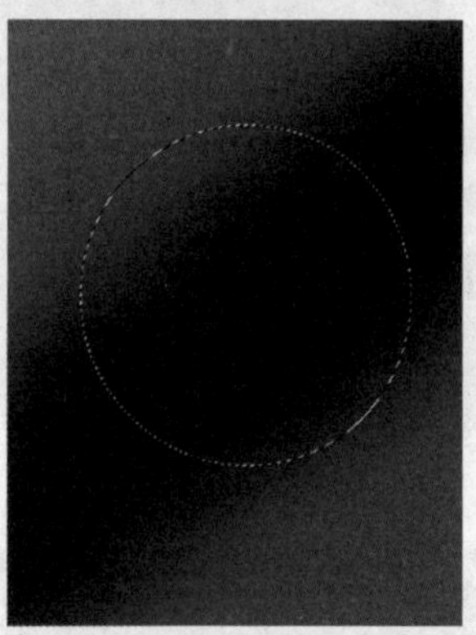

图8-101 创建选区

技巧提示

按【Shift + Alt】组合键同时使用椭圆选框工具，可以创建出一个以鼠标端点为中心点的正圆形。

步骤04 执行“编辑”|“描边”命令，打开“描边”对话框，设置描边宽度为1px，颜色为R125、G13、B106，如图8-102所示。描边完成后按【Ctrl+D】组合键取消选区，得到的图像效果如图8-103所示。

步骤05 复制一次图层1，执行“编辑”|“自由变换”命令，按【Shift＋Alt】组合键进行中心缩小图像，如图8-104所示。

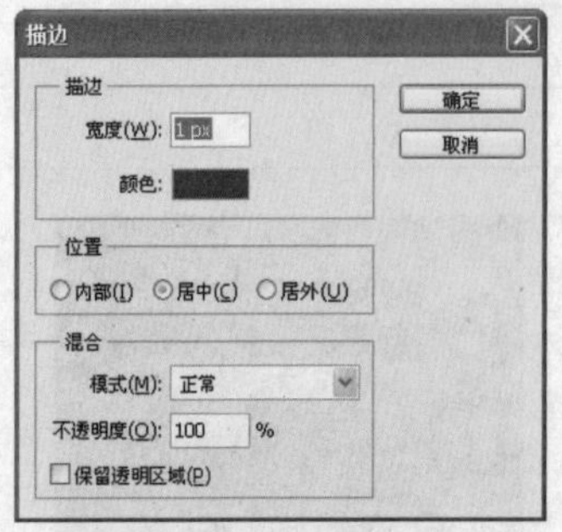

图8-102 设置“描边”参数

图8-103 图像描边效果

图8-104 缩小图像

步骤06 新建图层2，选择工具箱中的椭圆选框工具◯，按【Shift】键创建正圆形选区，然后填充选区为白色，效果如图8-105所示。

步骤07 执行“图层”|“图层样式”|“投影”命令，打开“图层样式”对话框，设置投影颜色为黑色、角度为124度、距离为3像素、扩展为0%、大小为9像素，如图8-106所示。

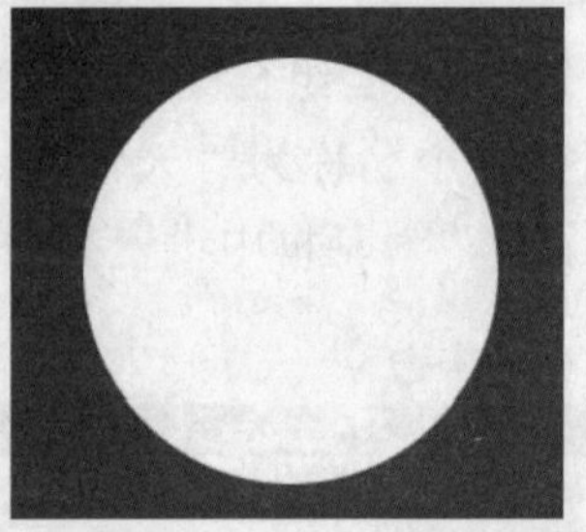

图8-105 填充图像

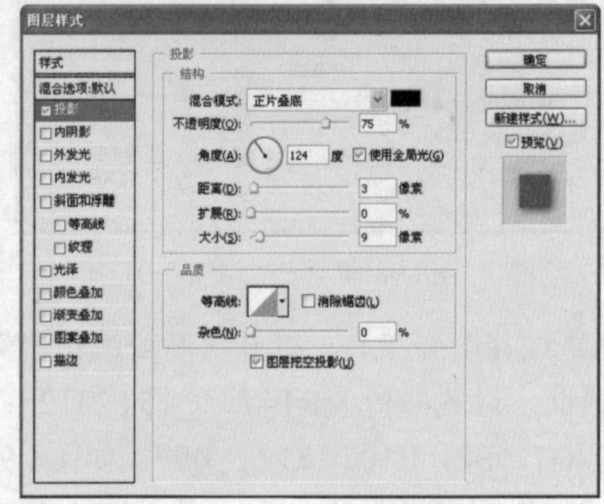

图8-106 设置投影参数

步骤08 选择“内发光”复选框，设置内发光颜色为黑色、不透明度为40%，其余参数设置如图8-107所示。

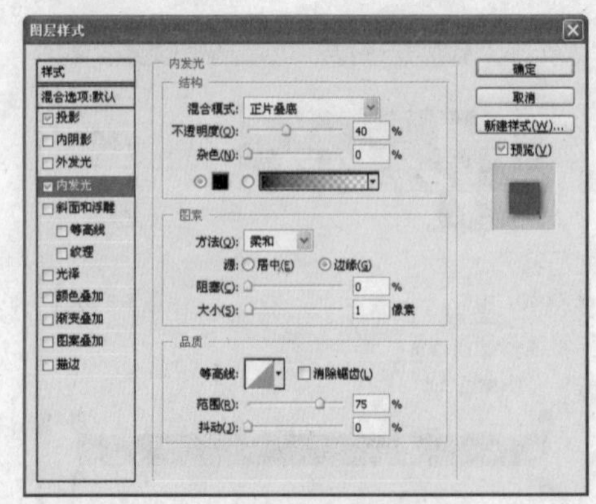

图8-107 设置内发光参数

步骤09 观察图像中的白色圆形，可以看到白色圆形已经产生了投影和内发光的效果，如图8-108所示。

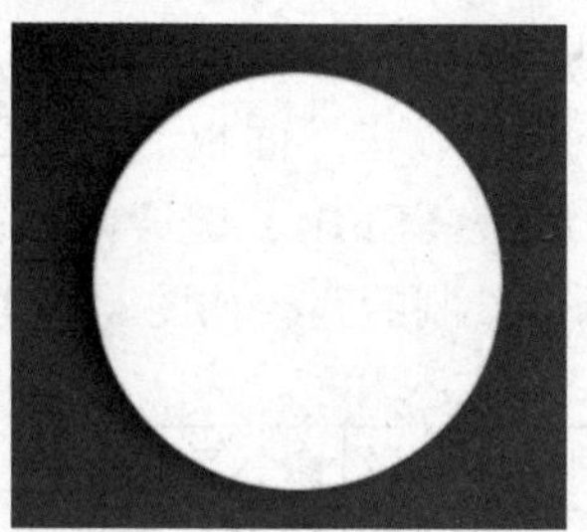

图8-108 图像效果

步骤10 选择“斜面和浮雕”复选框，设置浮雕样式为“内斜面”、方法为“雕刻清晰”，其余参数设置如图8-109所示。然后单击下方的“光泽等高线”旁边的编辑框，在弹出的“等高线编辑器”对话框中进行曲线的编辑，如图8-110所示。

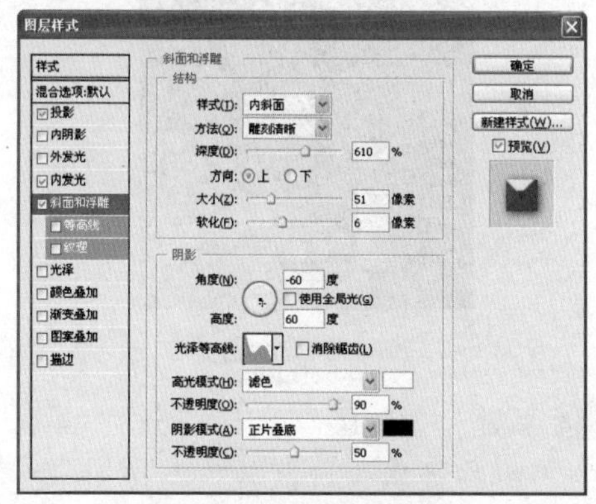

图8-109 设置浮雕参数

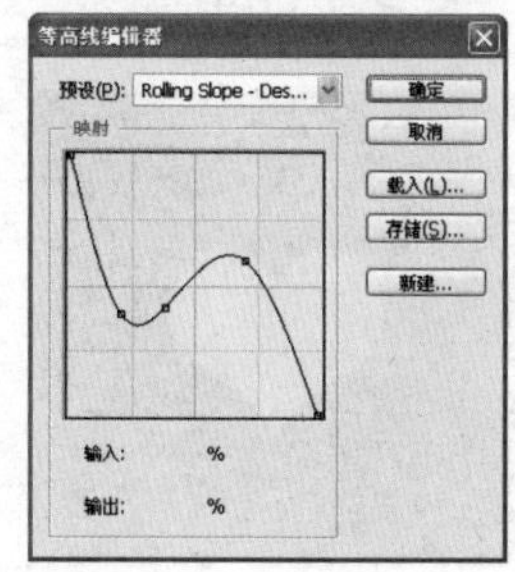

图8-110 编辑曲线

步骤11 选择“等高线”复选框，设置范围为73，如图8-111所示。然后单击等高线旁边的编辑框，在“等高线编辑器”对话框中编辑曲线，如图8-112所示，使珍珠的立体效果更强。

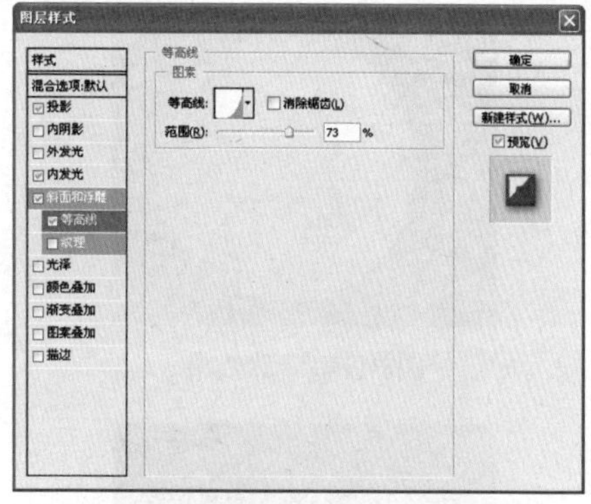

图8-111 设置等高线参数

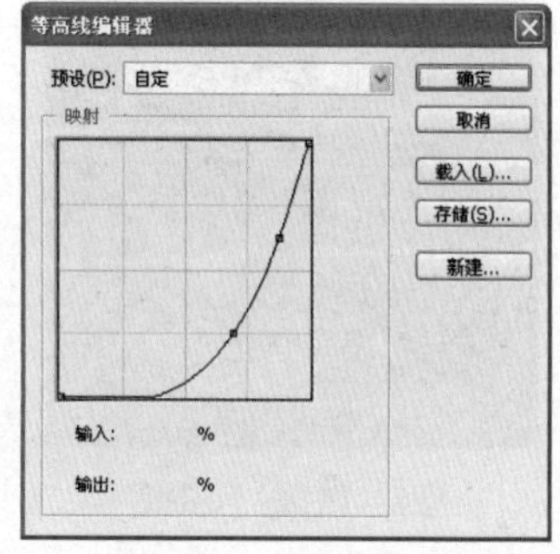

图8-112 编辑曲线

步骤12 选中“图层样式”对话框左侧的“颜色叠加”复选框，设置颜色为白色、“混合模式”为“变亮”，如图8-113所示。完成各项参数设置后，单击“确定”按钮返回到画面中，得到珍珠效果如图8-114所示。

步骤13 完成珍珠的绘制后，按【Ctrl+T】组合键适当地缩小珍珠图像，效果如图8-115所示。

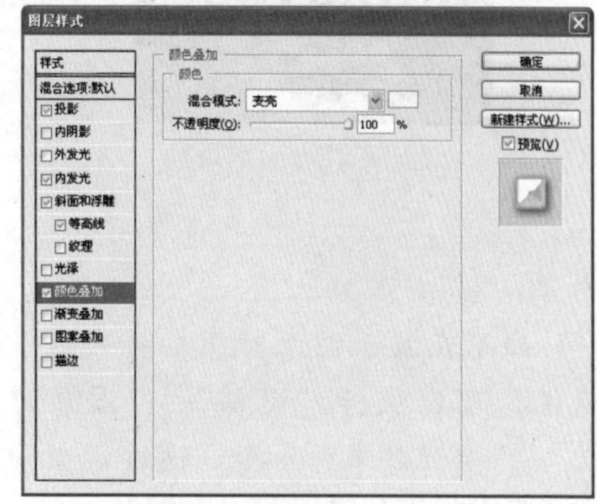

图8-113 设置颜色叠加效果

图8-114 珍珠效果

图8-115 缩小图像

步骤14 多次复制图层2，得到多个图层2副本，参照如图8-116所示的样式，将珍珠排列成一个心形图案。

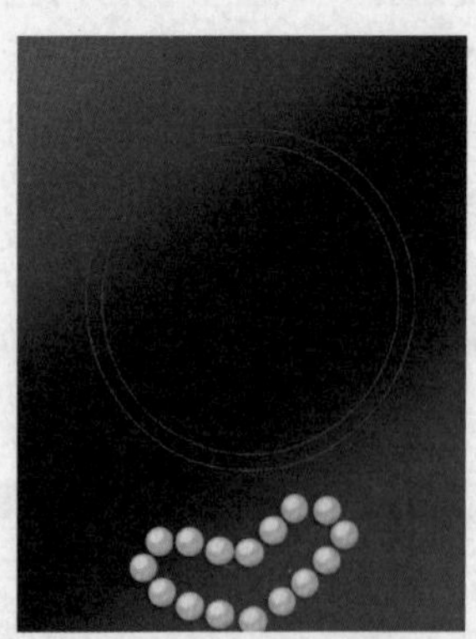

图8-116 珍珠图像排列

技巧提示

如果在缩小图像时图层样式有了变化，可以执行“图层”|“图层样式”|“缩放效果”命令，通过调整缩放值得到样式效果。

步骤15 选择自定形状工具，在属性栏中打开“自定义形状”面板，选择“红桃”图形，然后按【Shfit】键绘制路径，如图8-117所示，绘制的路径如图8-118所示。

图8-117 选择图形

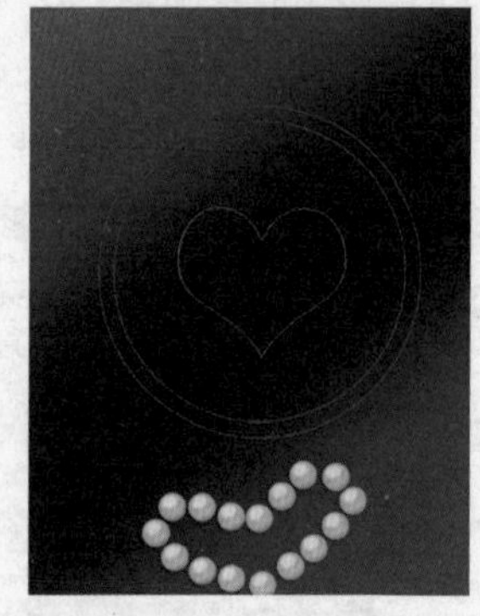

图8-118 绘制路径

步骤16 新建一个图层，单击“路径”面板下方的“将路径做为选区载入”按钮，得到心形选区，然后将其填充为白色，得到的图像效果如图8-119所示。

图8-119 填充颜色

步骤17 执行“图层”|“图层样式”|“内发光”命令，打开“图层样式”对话框，设置外发光不透明度为46%、颜色为白色、大小为35像素如图8-120所示。完成设置后该图层的填充为0，得到的图像效果如图8-121所示。

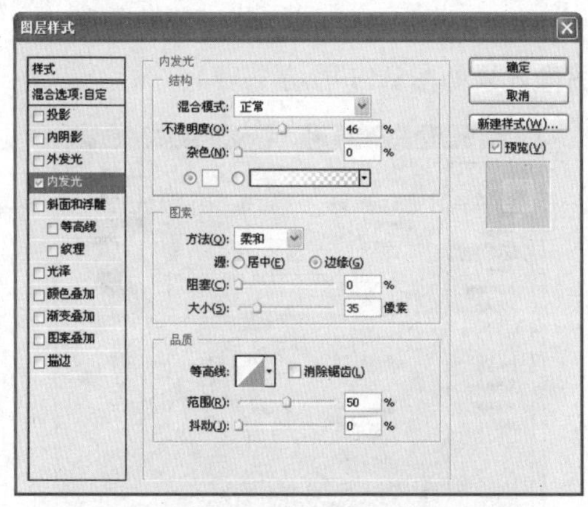

图8-120 设置外发光参数

图8-121 图像效果

步骤18 得到透明的心形图像后，将其放置到画面的右上方，并适当对图像做一些调整，如图8-122所示。

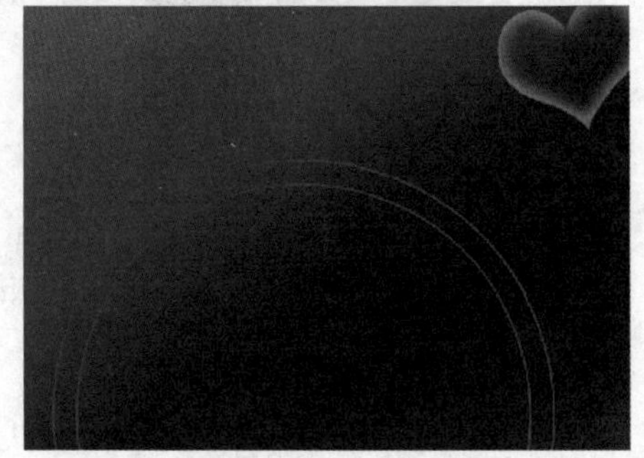

图8-122 调整图像位置

步骤19 为了使画面更加丰富，需要添加一些装饰。首先新建一个图层，使用钢笔工具绘制一个弯曲的图形，如图8-123所示。

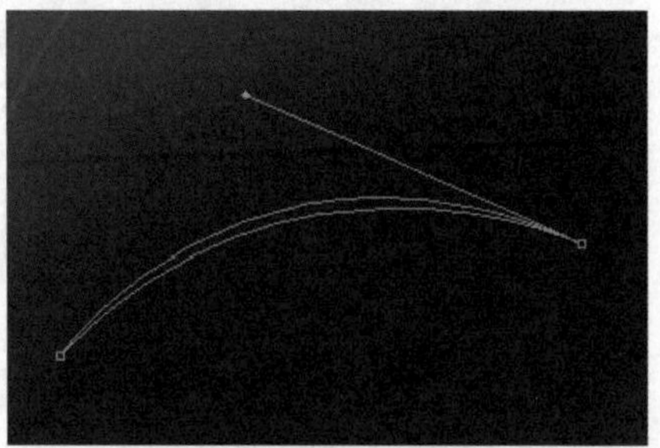

图8-123 绘制路径

步骤20 将路径转换为选区后，填充选区为白色，然后设置该图层不透明度为50%，设置完成后得到的图像效果如图8-124所示。

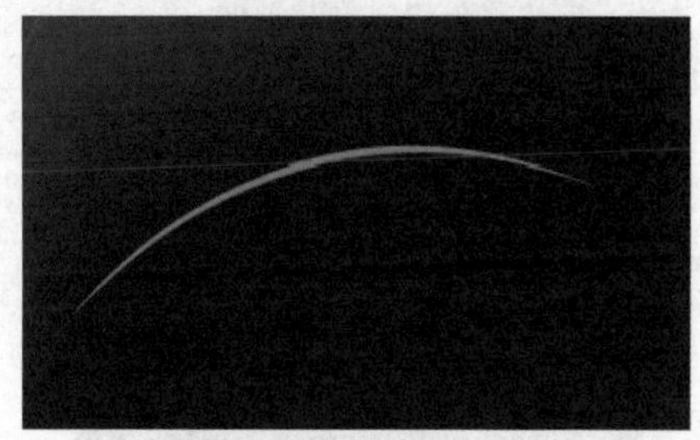

图8-124 填充图像

步骤21 选择画笔工具，设置前景色为白色。在属性栏中选择柔角画笔，设置不透明度为75%，然后单击“喷枪”按钮。设置完成后在白色弯曲图像中间按住鼠标右键暂停一会，得到柔和的椭圆图像，效果如图8-125所示。

图8-125 使用画笔工具

步骤22 适当调整图像的方向，将其放置到图像的左端中间部位，然后再将该图像复制两次，将其放置到右上方的心形图像中和图像下端，如图8-126所示。再复制一次珍珠图像，将其放置到左边发光图像的尖部，如图8-127所示。

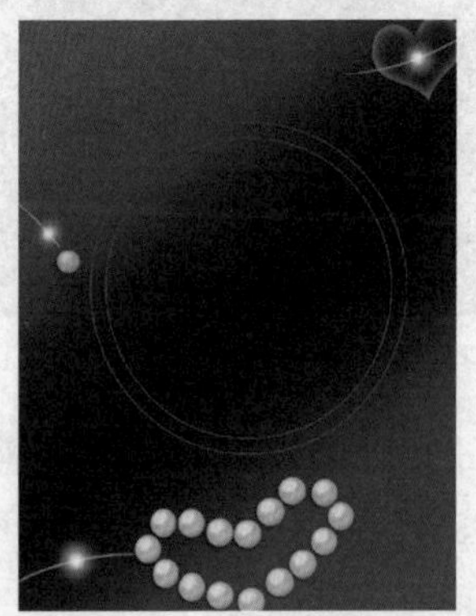

图8-126 复制图像

图8-127 再次复制图像

步骤23 按【Ctrl+O】组合键打开“水墨花.psd”素材文件，使用移动工具将花朵图像拖到当前文件中，并放置到画面的右下角，效果如图8-128所示。

图8-128 打开素材文件

步骤24 在“图层”面板中将花朵图层混合模式设置为“明度”，然后为花朵添加“外发光”效果，设置外发光颜色为白色、大小为24像素，如图8-129所示。然后单击“确定”按钮完成图层样式设置，得到的图像效果如图8-130所示。

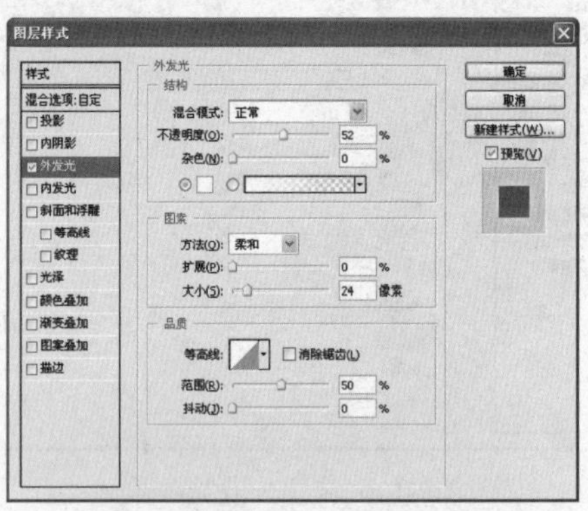

图8-129 设置外发光参数

图8-130 图像效果

步骤25 打开“少女.psd”素材图像，将该图像拖动到当前文件中，适当调整大小后，放到画面的中心部位，效果如图8-131所示。

图8-131 打开素材图像

步骤26 新建一个图层，选择画笔工具，载入素材画笔样式“翅膀”，如图8-132所示，调整画笔大小为686，在图像中单击得到翅膀图像，效果如图8-133所示。

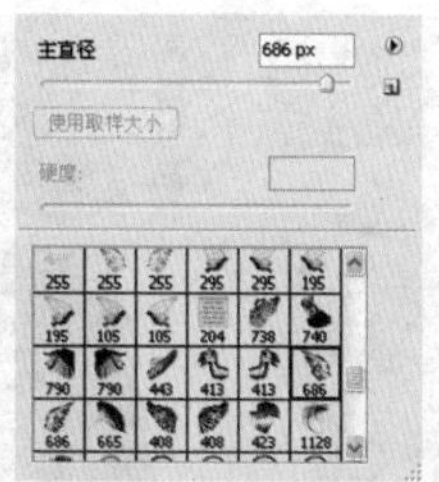

图8-132 选择画笔

图8-133 图像效果

步骤27 将翅膀图层放到人物图层的下方，然后为翅膀制作外发光效果。打开“图层样式”对话框，设置外发光颜色为白色、大小为15像素，如图8-134所示，设置完成后得到的图像效果如图8-135所示。

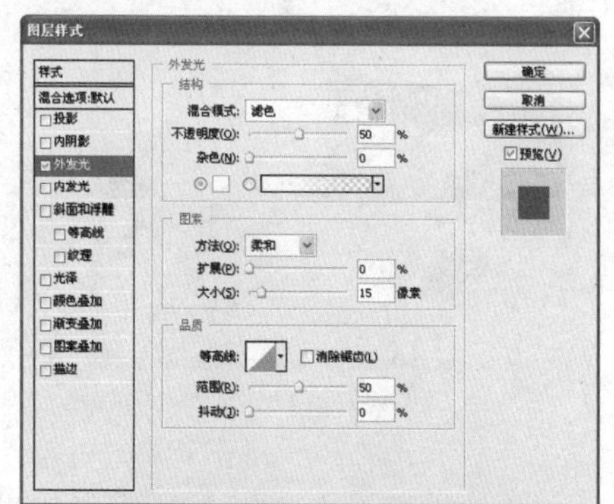

图8-134 设置外发光

图8-135 图像效果

步骤28 复制一次翅膀图层，适当旋转图像方向，然后放置到如图8-136所示的位置。再复制两次翅膀图像，适当调整图像大小和位置后，设置这两个图层的不透明度为25%，得到的图像效果如图8-137所示。

图8-136 复制图像

图8-137 透明图像效果

步骤29 选择任意一个翅膀图层，然后执行“图层”|“图层样式”|“拷贝图层样式”命令，再选择人物图层，执行“图层”|“图层样式”|“粘贴图层样式”命令，得到的人物外发光图像效果如图8-138所示。

图8-138 人物外发光效果

步骤30 新建一个图层，选择画笔工具，设置前景色为R223、G69、B189，然后使用不同的画笔大小，单击图像以添加光高亮效果，得到的最终图像效果如图8-139所示。

技巧提示

在设置图层样式时，通常可以在“图层样式”对话框中看到“全局光”选项，通过设置全局光可以使图像呈现出一致的光源照明效果。

图8-139 最终图像效果

实例105 阳光的味道

本实例将使用一张普通照片制作出“阳光的味道”效果。实例的原照片和处理后的照片对比效果如图8-140所示。

原图

效果图

图8-140 效果对比

技法解析

本实例将一张普通的照片进行艺术处理，制作出阳光明媚的效果。首先对照片颜色进行调整，并运用“镜头光晕”滤镜为照片添加阳光照射效果，使得整个图像有温和的感觉。然后在画面中添加艺术花纹和其他图像，以点缀、丰富画面效果。

	实例路径	实例\第8章\阳光的味道.psd
	素材路径	素材\第8章\新娘jpg、花纹.psd、婚纱照.jpg、小熊.psd

步骤01 按【Ctrl+N】组合键打开“新建”对话框，新建一个名为“浪漫婚纱照”的文档，在该对话框中设置其参数如图8-141所示。

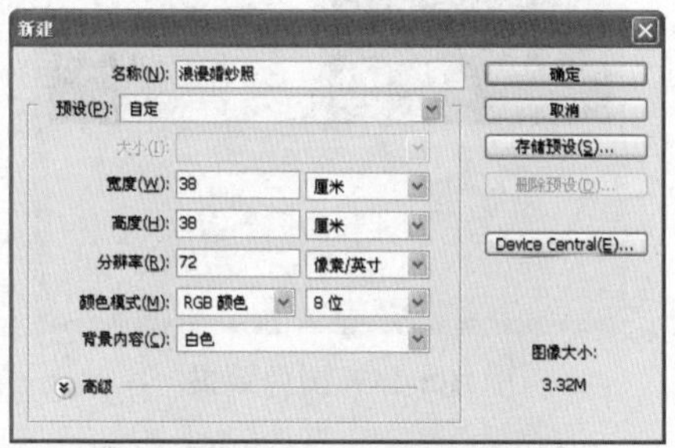

图8-141 新建文档

步骤02 选择渐变工具，在属性栏中设置渐变类型为线性渐变。然后单击按钮，打开“渐变编辑器”对话框，设置颜色为从R238、G238、B250到R36、G54、B186，在图像中从左上到右下做拉伸，填充渐变颜色，图像效果如图8-142所示。

图8-142 渐变填充图像效果

步骤03 执行“滤镜”|“杂色”|“添加杂色”命令，打开“添加杂色”对话框，设置“数量”为12，选择“平均分布”单选按钮并勾选“单色”复选框，如图8-143所示。

步骤04 新建图层1，按【Ctrl＋A】组合键得到背景图层选区，执行“选择”|“变换选区”命令，按【Shift＋Ctrl】组合键对选区做中心缩小，效果如图8-144所示。

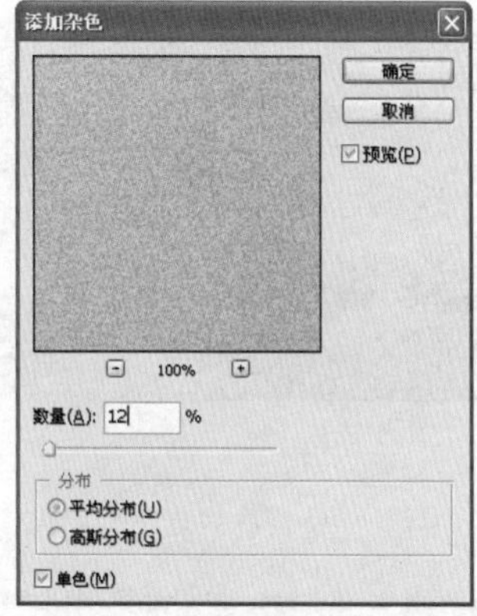

图8-143 设置添加杂色参数

图8-144 缩小选区

步骤05 设置前景色为R226、G247、B251，然后按【Alt＋Delete】组合键对图像填充颜色，图像效果如图8-145所示。

图8-145 填充颜色图像效果

步骤06 打开“新娘jpg”素材图像，使用移动工具将该图层直接拖动到当前文件中，得到图层2，并调整图像大小，使其适合淡蓝色矩形，得到的图像效果如图8-146所示。

图8-146 打开素材图像

步骤07 执行“图像”|“调整”|“亮度/对比度”命令，打开“亮度/对比度”对话框，设置亮度为20、对比度为10，如图8-147所示，得到的图像效果如图8-148所示。

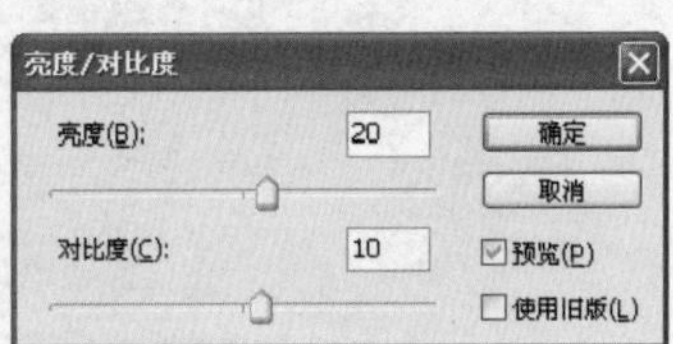

图8-147 调整图像亮度

图8-148 图像效果

步骤08 复制一次图层2，得到图层2副本，然后设置图层混合模式为“柔光”，得到的图像效果颜色更加亮丽如图8-149所示。

步骤09 按【Ctrl + E】组合键合并图层2和图层2副本，然后执行“滤镜”|“渲染”|“镜头光晕”命令，打开“镜头光晕”对话框，设置亮度为115%，其他设置如图8-150所示。

图8-149 图像效果

图8-150 设置参数

步骤10 单击“确定”按钮返回到画面中，可以看到画面已经增添了阳光照射效果，如图8-151所示。

图8-151 图像阳光照射效果

步骤11 打开“镜头光晕”对话框，缩小亮度设置，并适当调整光亮位置，如图8-152所示，得到的图像效果如图8-153所示。

图8-152 设置不同的亮度参数

图8-153 图像效果

步骤12 新建图层3，按【Ctrl+Alt+2】组合键获取图像高光选区，然后填充选区为白色，得到的图像效果显得更加明亮如图8-154所示。

图8-154 图像效果

步骤13 按【Ctrl】键单击图层2，载入图层2的选区。然后单击“图层”面板下方的“创建新的填充或调整图层”按钮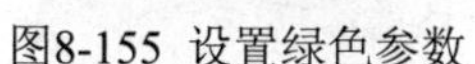，在弹出的菜单中选择“色相/饱和度”命令，进入“调整”面板，分别设置“绿色”和“蓝色”参数，各项参数设置如图8-155和图8-156所示。

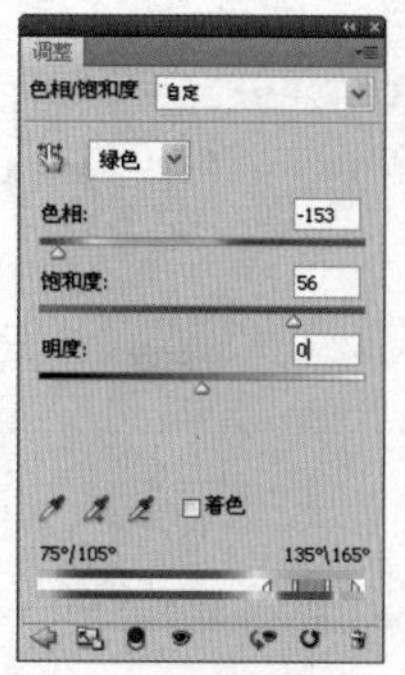

图8-155 设置绿色参数

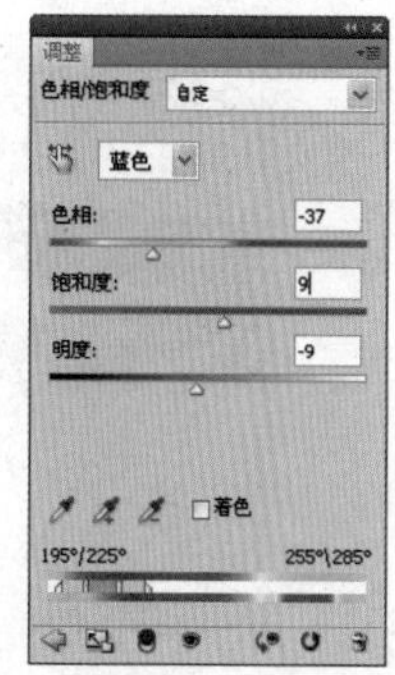

图8-156 设置蓝色参数

步骤14 设置完成后，得到的图像效果如图8-157所示。

图8-157 图像效果

步骤15 打开“花纹.psd”素材图像，如图8-158所示，将花纹图像拖动到当前文件中，适当调整大小和方向，然后将其放置到如图8-159所示的位置。

步骤16 按【Ctrl】键并单击花纹图像图层，载入选区，在选择任意一个选框工具的状态下，按【Alt】键减选新娘图像中的花纹图像，将剩余的图像填充颜色为R29、G148、B180，效果如图8-160所示。

图8-158 打开素材图像

图8-159 进行图像调整

图8-160 填充选区颜色图像效果

步骤17 再导入两次“花纹.psd”素材图像，填充为白色和R29、G148、B180，并设置这两个图层的不透明度分别为60%和10%，参照如图8-161所示的位置将其放置在图像中。

图8-161 放置图像

步骤18 打开“婚纱照.jpg”素材文件，使用移动工具将图像拖动到当前文件中，适当调整其大小和方向，然后放置到画面的左下角，效果如图8-162所示。

图8-162 调整图像位置

步骤19 按【Ctrl】键单击“婚纱照”图像图层，载入选区。然后执行“选择”|“反向”命令，得到反选的选区。在选区中单击右键，选择“羽化”命令，设置羽化值为5像素，如图8-163所示，

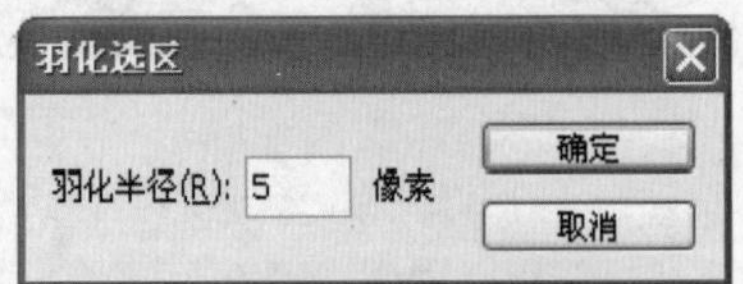

图8-163 设置选区羽化

步骤20 单击“确定”按钮返回到画面中，然后按【Delete】键删除图像，得到的图像效果如图8-164所示。

图8-164 图像羽化效果

技巧提示

使用“羽化”命令可以在选区的边缘产生渐变过渡效果，达到柔化图像选区边缘的目地。

步骤21 选择横排文字工具T，输入文字“阳光的味道”，在属性栏中设置文字颜色为R29、G148、B180，字体为方正琥珀繁体，得到的图像效果如图8-165所示。

图8-165 输入文字

步骤22 参照步骤21的方法，分别选择文字设置大小和间距，使文字拥有比较美观的变化效果，得到的图像效果如图8-166所示。

图8-166 调整文字

步骤23 选择钢笔工具，绘制一条曲线路径，如图8-167所示。然后选择画笔工具，单击属性栏中的按钮打开“画笔”面板，设置画笔圆度为24%，如图8-168所示。

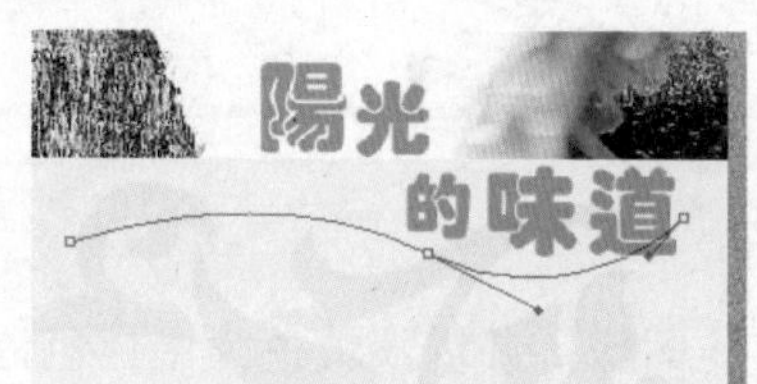

图8-167 绘制路径

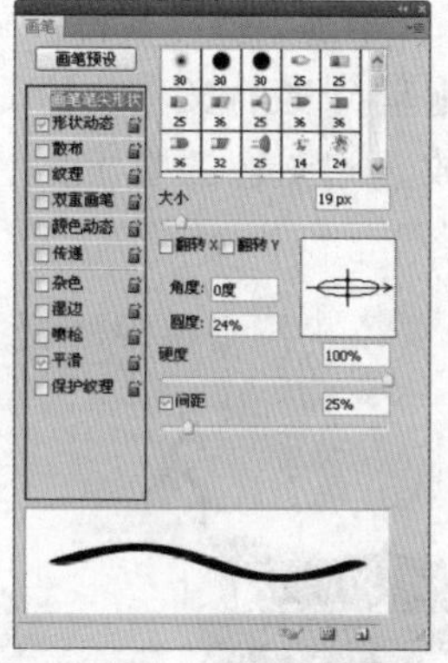

图8-168 设置画笔参数

步骤24 新建一个图层，设置前景色为R29、G148、B180，然后切换到“路径”面板中，单击面板底部的“用画笔描边路径”按钮，描边后的图像效果如图8-169所示。

图8-169 描边路径

步骤25 按【Ctrl＋T】组合键适当调整曲线的位置和方向，然后参照花纹图像的颜色填充方式，将曲线也填充为上下两种颜色，得到的图像效果如图8-170所示。

图8-170 填充图像

步骤26 复制一次曲线图像图层，适当将其旋转，然后放置到如图8-171所示的位置。

图8-171 复制图像图层

步骤27 打开“小熊.psd”素材文件，将小熊图像直接拖动到当前文件中，适当调整大小，然后放置到图像的右下角，效果如图8-172所示。

图8-172 导入素材图像

步骤28 新建一个图层，选择画笔工具，打开“画笔”面板，设置画笔大小为15、间距为174%，如图8-173所示。

步骤29 单击“传递”复选框，设置不透明度抖动和流量抖动的“控制”都为“渐隐”、数值都为7，如图8-174所示。

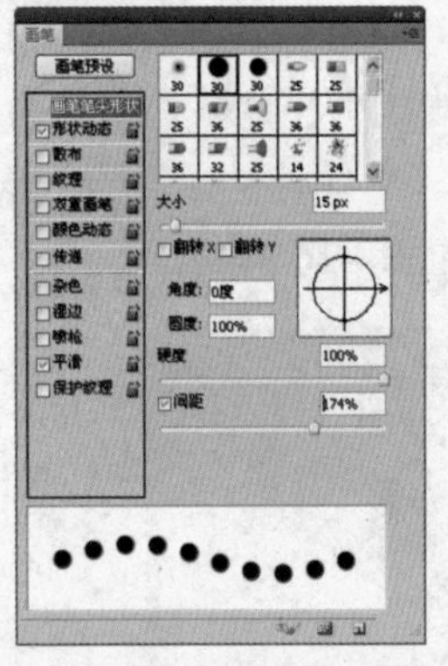

图8-173 设置画笔参数

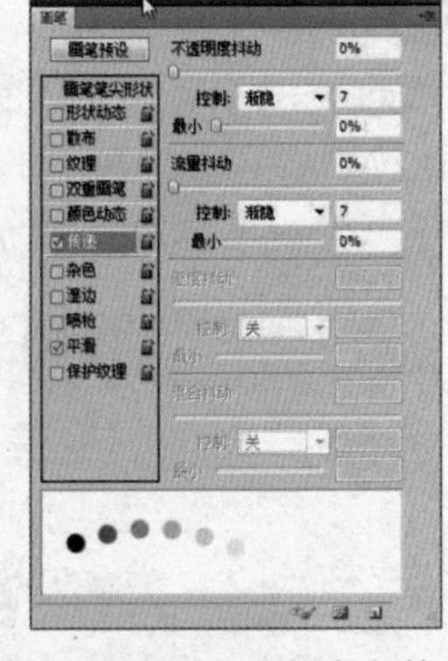

图8-174 设置渐隐参数

步骤30 设置前景色为R29、G148、B180，在图像中添加渐隐圆点图像，得到的最终图像效果如图8-175所示。

图8-175 最终图像效果

实例106 可爱宝贝

本实例将介绍使用可爱的图像为孩子制作艺术照片的方法。实例效果如图8-176所示。

图8-176 实例效果

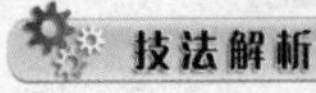

技法解析

本实例所制作的宝贝艺术照，是以儿童照片为主体图像，并以淡黄色为主体色调，在画面中绘制一些卡通图像，再把多个卡通图像应用到画面中，使整个画面充满了儿童情趣。

	实例路径	实例\第8章\可爱宝贝.psd
	素材路径	素材\第8章\小女孩.psd、小女孩2.psd、小猪.jpg、气球.psd、礼盒.j

步骤01 执行“文件”|“新建”命令，打开“新建”对话框，新建一个名为“可爱宝贝”的文档，在该对话框中设置其参数如图8-177所示。

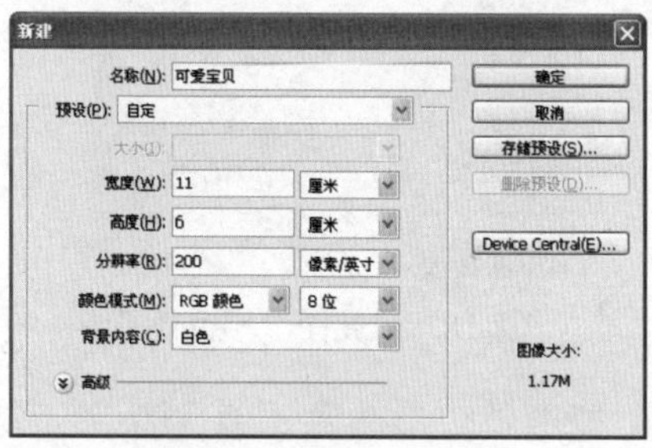

图8-177 新建文件

步骤02 设置前景色为R255、G245、B214，然后按【Alt+Delete】组合键填充图像颜色，如图8-178所示。

图8-178 填充图像颜色

步骤03 新建图层1，选择矩形选框工具在画面中创建一个矩形选框，填充为白色，效果如图8-179所示。

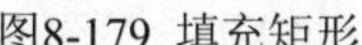

图8-179 填充矩形

步骤04 执行“图层”|“图层样式”|“投影”命令，打开“图层样式”对话框，设置投影颜色为黑色，其余参数设置如图8-180所示，得到的图像效果如图8-181所示。

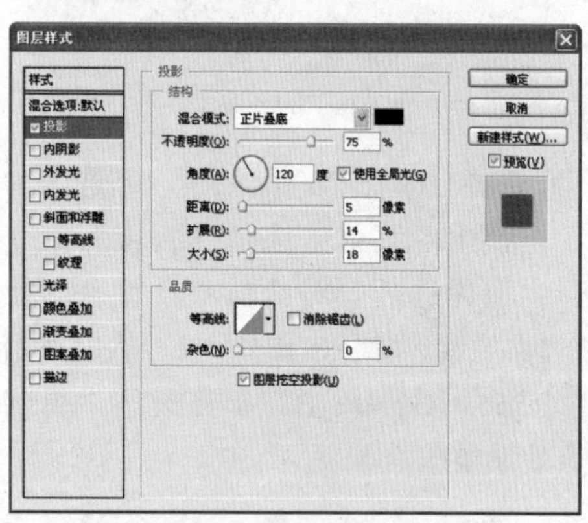

图8-180 设置投影参数

图8-181 图像投影效果

步骤05 新建图层2，按【Ctrl】键并单击图层1，得到图像选区。然后使用渐变工具对选区应用线性渐变填充，设置渐变颜色从R255、G194、B33到R255、G152、B71，从画面左下角到右上角做拉伸填充，效果如图8-182所示。

图8-182 填充颜色效果

步骤06 选择钢笔工具在画面中绘制一段如图8-183所示的封闭曲线路径。

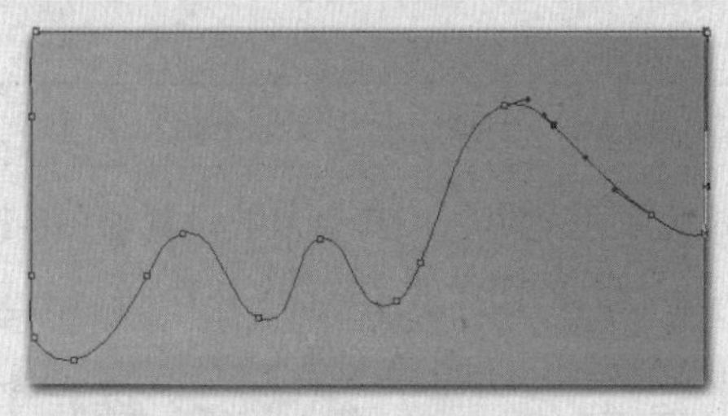

图8-183 绘制路径

步骤07 选择任意一个选框工具，在选区中单击，在弹出的菜单中选择“羽化”命令，打开“羽化选区”对话框，设置“羽化半径”为4像素，如图8-184所示。然后使用淡黄色R255、G210、B82填充选区，得到的图像效果如图8-185所示。

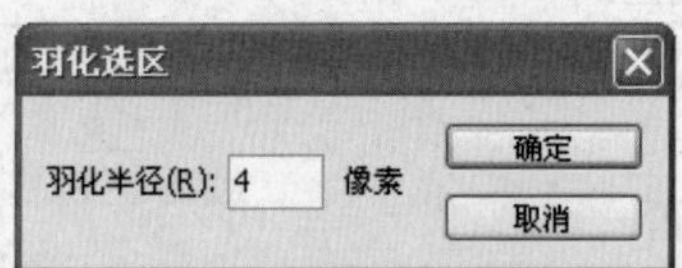

图8-184 设置羽化半径

图8-185 填充选区颜色

步骤08 新建一个图层，选择椭圆选框工具，按【Shift】键创建一个正圆形，将鼠标光标移动到选区中单击右键，选择“羽化”命令，然后设置参数为3像素，如图8-186所示。

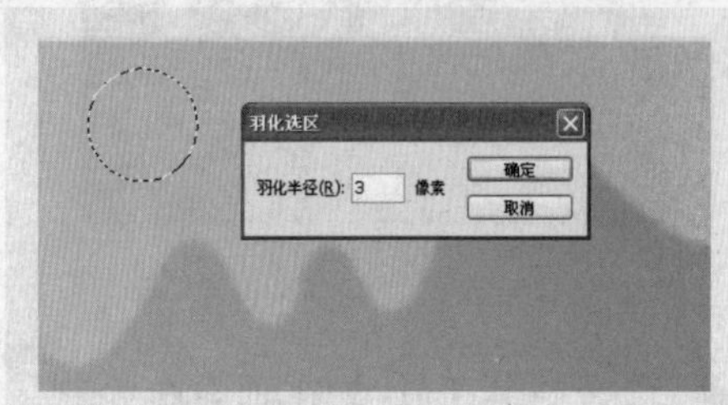

图8-186 设置羽化半径参数

步骤09 选择渐变工具，在属性栏中设置渐变类型为“径向渐变”，然后对选区填充颜色从R255、G228、B120到R254、G239、B176，得到的图像效果如图8-187所示。

图8-187 填充图像颜色效果

步骤10 使用多边形套索工具，在圆形中创建一个多边形选区，如图8-188所示。

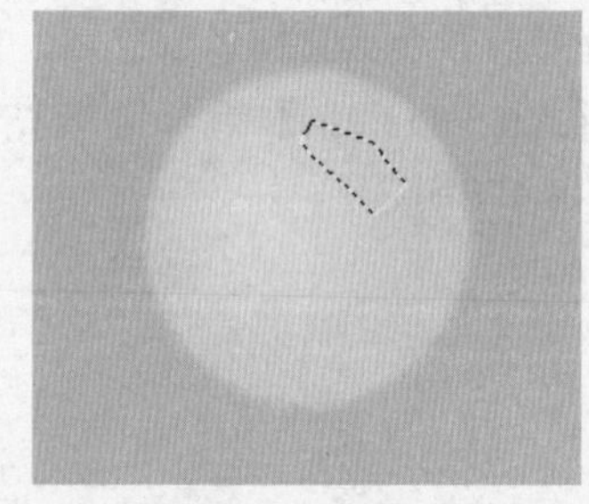

图8-188 创建选区

步骤11 对选区做羽化效果，设置“羽化半径”为5像素，然后使用渐变工具对选区做线性渐变填充，设置颜色从白色到透明，填充颜色后的图像效果如图8-189所示。

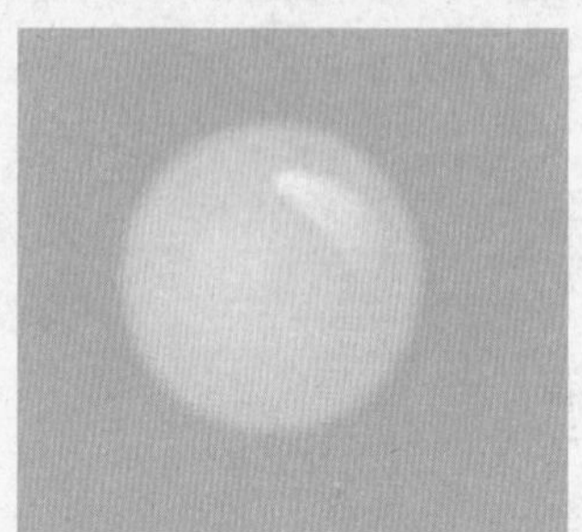

图8-189 填充效果

步骤12 将圆形放到画面的左上方，然后多次复制该图层，参照如图8-190所示的图像效果，调整各个圆形的大小和位置。

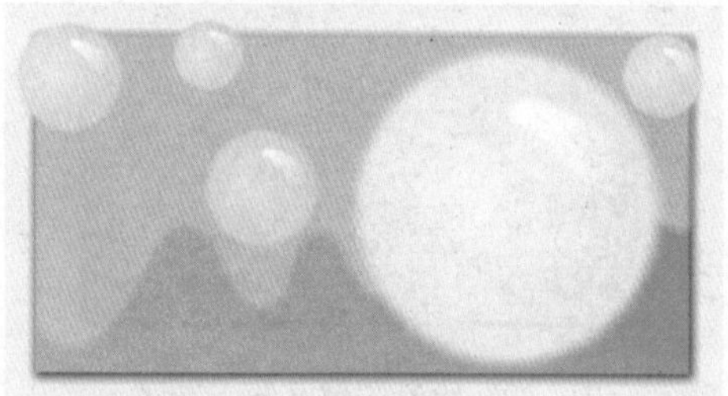

图8-190 调整图形位置和大小

步骤13 打开“小女孩.psd”素材图像，使用移动工具将图像拖动到当前文件中，放置到如图8-191所示的位置。

图8-191 导入素材照片

步骤14 单击“图层”面板下方的“添加图层蒙版”按钮，使用画笔工具在小女孩裙子下方做涂抹，将衣服与背景制作出过渡隐藏的效果如图8-192所示。

图8-192 隐藏图像

步骤15 打开“小女孩2.psd”素材图像，将该图像拖动到当前文件中，对小女孩裙子尾部同样做过渡隐藏效果如图8-193所示。

步骤16 选择“小女孩2”图像图层，设置图层混合模式为“线性加深”、不透明度为50%，得到的图像效果如图8-194所示。

图8-193 导入素材照片

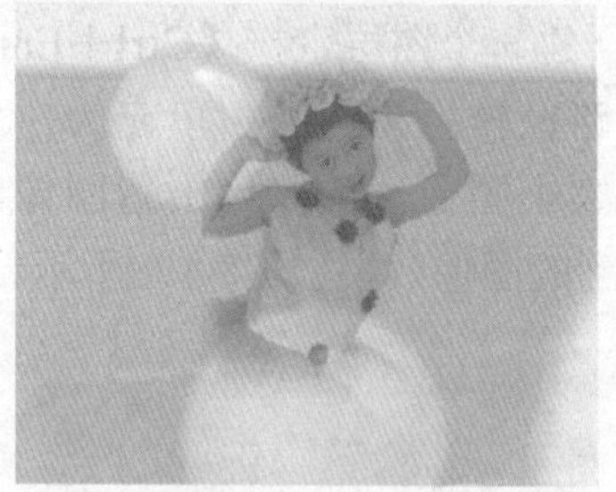

图8-194 图像效果

步骤17 打开“小猪.jpg”素材文件，将图像拖动到当前文件中，适当调整其大小然放置到如图8-195所示的位置。

图8-195 导入素材图像

步骤18 选择自定形状工具，单击属性栏中“形状”旁边的三角形按钮，在打开的“自定形状”拾色器中选择“思考2”图形，如图8-196所示，在图像中绘制该图形，效果如图8-197所示。

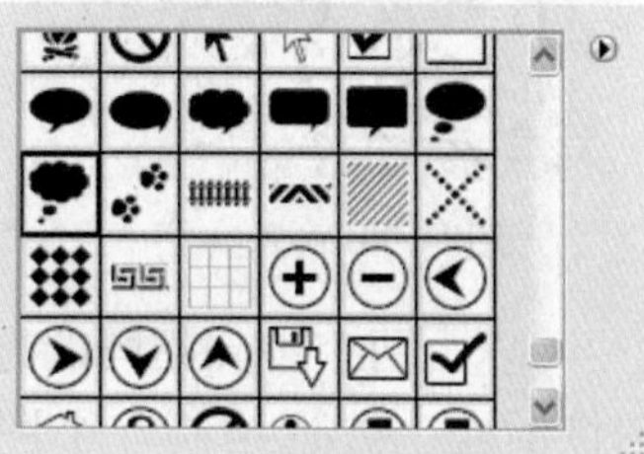

图8-196 选择图形

图8-197 绘制图形效果

步骤19 新建一个图层，按【Ctrl＋Enter】组合键将路径转换为选区，填充为白色，然后适当缩小图像，放置到小猪图像的右上方，得到的图像效果如图8-198所示。

图8-198 填充图像颜色

步骤20 选择文字工具，在图像中输入文字“这个小妹妹不错！”，然后在属性栏中设置字体为汉仪秀英体简，设置颜色为R254、G157、B51，设置完成后将文字放置到如图8-199所示的位置。

图8-199 输入文字

步骤21 使用与以上两个步骤相同的方法，在小女孩图像的左上方也绘制一个图像，并输入文字“这个猪猪好可爱啊！”，效果如图8-200所示。

图8-200 绘制图像并输入文字

步骤22 新建一个图层，使用自定形状面板拾色器，选择“雪花”图形，如图8-201所示，在图像中绘制两个该图形，转换为选区，然后填充颜色为R15、G252、B21，得到的图像效果如图8-202所示。

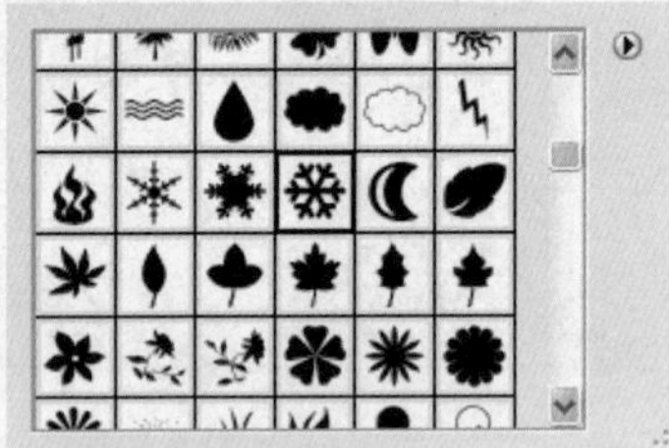

图8-201 选择图形

图8-202 填充颜色

技巧提示

在自定形状工具的属性栏中包括“形状图层”、“路径”和“填充像素”3个选项。“形状图层”选项用于在单独的图层中创建形状，“路径”选项用于在当前图层中绘制一个工作路径，“填充像素”选项用于直接在图层中绘制，它与绘画工具的功能非常类似。

步骤23 打开“气球.psd”和“礼盒.jpg”素材图像，分别将这两个图像拖动到当前文件中，适当调整大小，然后参照如图8-203所示的位置进行放置。

图8-203 导入素材图像

步骤24 分别设置这两个素材照片的图层不透明度为50%和60%，使图像更好地融合在背景中，图像如图8-204所示。

步骤25 新建一个图层，选择画笔工具，设置前景色为白色，然后在属性栏中分别选择画笔样式为“柔角”和“星光”，在图像中点缀一些圆点和星光图像，得到的最终图像效果如图8-205所示。

图8-204 调整透明度图像效果

图8-205 最终图像效果

实例107 蓝天白云

本实例将介绍在图像中添加蓝天白云的方法。实例的原照片和处理后的照片对比效果如图8-206所示。

原图

效果图

图8-206 效果对比

技法解析

本实例所制作的蓝天白云效果，将蓝天白云图像移动到普通图像中，然后添加图层蒙版，并做适当修饰即可。

	实例路径	实例\第8章\蓝天白云.psd
	素材路径	素材\第8章\女孩儿.jpg、白云.jpg

步骤01 打开“女孩儿.jpg”、“白云.jpg”素材图像，如图8-207和图8-208所示。

图8-207 女孩儿素材图像

图8-208 白云素材图像

步骤02 切换到白云素材图像中，框选一片适合的天空图像如图8-209所示，然后使用移动工具将其拖动到人物照片中，并翻转图像调整大小和位置，如图8-210所示。

图8-209 选择图像

图8-210 调整图像

步骤03 执行“图像”|“调整”|“亮度/对比度”命令，设置亮度参数如图8-211所示，然后单击“确定”按钮，得到的图像效果如图8-212所示。

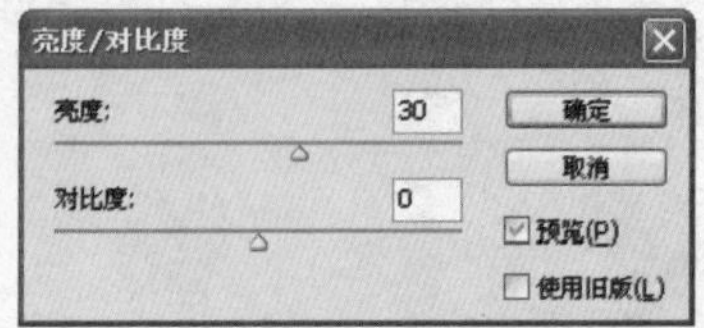

图8-211 设置参数

图8-212 调整后的图像效果

步骤04 将天空图层的不透明度设置为60%，得到的效果如图8-213所示。

图8-213 调整透明度后的图像效果

技巧提示

在编辑图像的过程中，通过改变图层的混合模式和设置图层的不透明度，可以创建出特殊的图像效果。

步骤05 单击“图层”面板下方的添加图层蒙版按钮，隐藏天空图像中的多余部分，如图8-214和图8-215所示。

图8-214 用画笔工具涂抹

图8-215 隐藏天空中多余图像

步骤06 复制天空图层，执行“编辑”|“变换”|“垂直翻转”命令，将图像翻转，如图8-216所示。

步骤07 将复制的天空图层不透明度设置为30%，然后使用图层蒙版，隐藏河水以外的图像，制作成天空在河水中的倒影效果，得到的图像效果如图8-217所示。

图8-216 复制并翻转图像

图8-217 最终图像效果

技巧提示

在“变换”命令子菜单中有各种图像变换命令，运用这些命令可以对选区、图层、路径和形状进行变换。

实例108 邮票效果

本实例将介绍将一张普通的照片制作成邮票效果的方法。实例的原照片和处理后的照片对比效果如图8-218所示。

原图

效果图

图8-218 效果对比

技法解析

本实例所制作的邮票效果，首先调整图像的大小，然后使用画笔工具在图像周围制作半圆点，得到邮票的锯齿效果。

	实例路径	实例\第8章\邮票效果.psd
	素材路径	素材\第8章\族长.jpg

步骤01 打开“族长.jpg”照片素材，如图8-219所示。

图8-219 打开照片素材

步骤02 双击背景图层，弹出“新建图层”对话框，如图8-220所示，然后单击“确定”按钮，得到图层0，再新建图层1，将图层1拖动到图层0的下方，如图8-221所示。

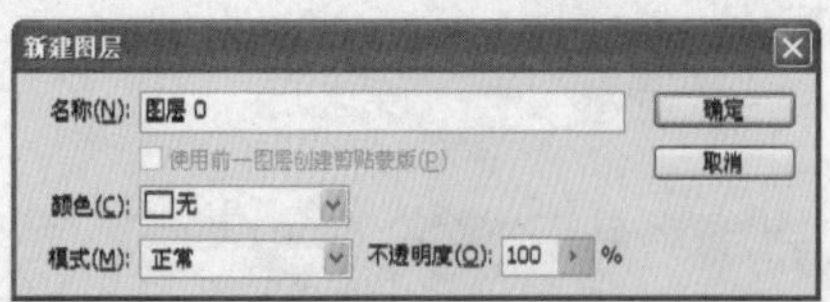

图8-220 “新建图层”对话框

图8-221 调整图层顺序

步骤03 选择图层1，设置前景色为蓝色R17、G70、B104，按【Alt+Delete】组合键填充图层1，接着选择图层0，使用矩形选框工具从画面的左上角往右下角拖动鼠标，创建一个矩形选区，效果如图8-222所示。

图8-222 创建选区

步骤04 执行“选择”|“反选”命令，对图像中的选区进行反选，设置前景色为白色，按【Alt＋Delete】组合键填充选区填充，完成后取消选区，效果如图8-223所示。

图8-223 删除图像效果

步骤05 按【Ctrl】键单击图层0，载入图层0的选区。然后选择“路径”面板，按“从选区生成工作路径”按钮，建立工作路径，如图8-224所示。

图8-224 创建路径

步骤06 选择画笔工具，单击属性栏中的“画笔”面板按钮，在该面板中设置画笔的形状，如图8-225所示。

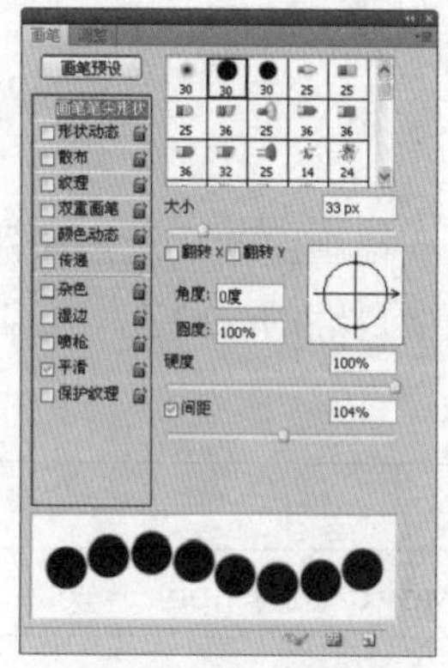

图8-225 设置画笔样式

步骤07 设置前景色为蓝色R17、G70、B104，然后单击“路径”面板中的“用画笔描边路径”按钮，得到邮票的边缘效果如图8-226所示。

步骤08 按【Ctrl＋T】组合键，适当缩小图层0中的图像，将图层1中的蓝色背景呈现出来，效果如图8-227所示。

图8-226 描边路径

图8-227 缩小图像

步骤09 在邮票中添加如图8-228所示的文字，并调整好文字的位置完成邮票的制作。

图8-228 输入文字

技巧提示

在Photoshop CS5中，使用横排文字工具可以输入横向文字。使用直排文字工具可以在图像中沿垂直方向输入文字。

实例109 合成图像

本实例将介绍运用多个图像制作合成图像的方法。实例的原照片和处理后的照片对比效果如图8-229所示。

原图

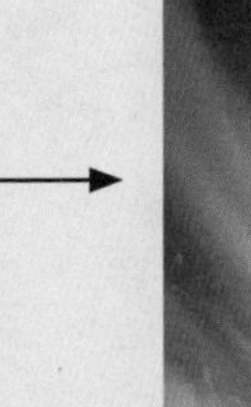

效果图

图8-229 效果对比

 技法解析

本实例所制作的合成效果是将多个图像自然的融合在一幅画面中，运用蒙版功能遮住多余的图像，再调整图像色调，使图像的边缘和颜色都能很自然的融合在一起，从而形成一幅新的画面。

	实例路径	实例\第8章\合成图像.psd
	素材路径	素材\第8章\城市.jpg、天空.jpg、火车jpg、汽车.jpg

步骤01 打开“城市.jpg”照片素材，如图8-230所示。下面将在这张图像中加入其他图像元素，并将其自然地融合在一起。

图8-230 打开照片素材

步骤02 打开“天空.jpg”照片素材，如图8-231所示，然后使用移动工具将该图像直接拖动到当前文件中，效果如图8-232所示。

图8-231 打开照片素材

图8-232 导入素材照片

步骤03 按【Ctrl+T】组合键将图像拉长，使图像覆盖原图像中的整片天空，效果如图8-233所示。

图8-233 拉长图像的效果

步骤04 执行"图像"|"调整"|"色彩平衡"命令，打开"色彩平衡"对话框，设置各项参数如图8-234所示，得到的图像效果如图8-235所示。

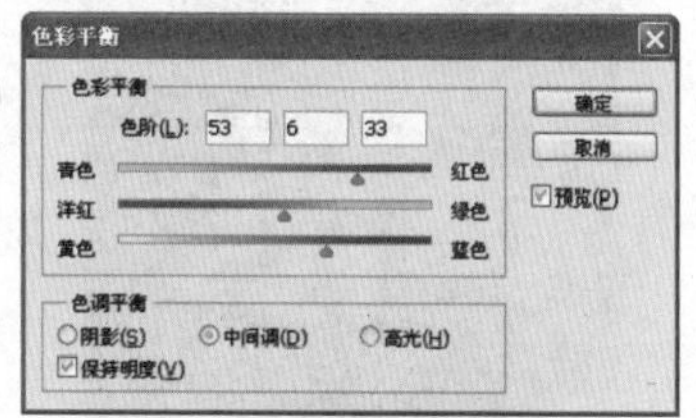

图8-234 调整图像颜色

图8-235 图像效果

步骤05 单击"图层"面板下方的"添加图层蒙版"按钮，使用画笔工具，对天空和大楼交界处进行隐藏涂抹，使大楼能很自然的显现出来，效果如图8-236所示。

图8-236 使用图层蒙版

步骤06 打开"火车jpg"照片素材，如图8-237所示。将该图像拖动到当前文件中，并执行"编辑"|"变换"|"水平翻转"命令，将图像做翻转效果如图8-238所示。

图8-237 素材文件

图8-238 翻转图像效果

步骤07 对火车图像应用图层蒙版，使用画笔工具涂抹火车周围图像，使其与周围图像产生自然过渡效果，并将其放到公路图像中，让火车有在公路上行驶的视觉效果，如图8-239所示。

图8-239 应用图层蒙版

步骤08 打开"汽车.psd"照片素材，将汽车拖动到当前文件中，适当调整大小，然后放置到如图8-240所示的位置。

图8-240 导入素材图像

步骤09 复制一次汽车图层，并将副本图层放到原来汽车图像的下方，然后执行"滤

镜”|“模糊”|“动感模糊”命令，打开“动感模糊”对话框，设置角度为0度、距离为81像素，如图8-241所示。

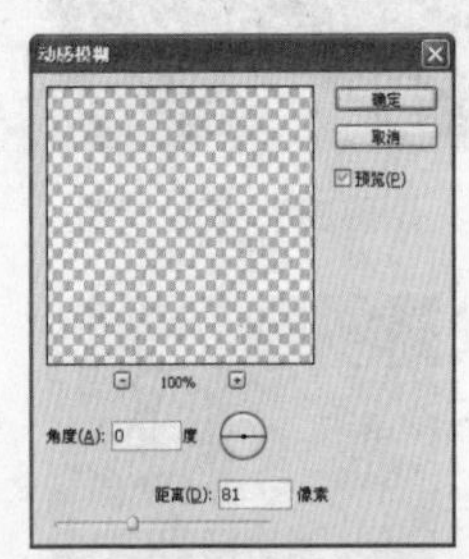
图8-241 设置动感模糊参数

步骤10 设置好图像动感模式，返回到画面中，得到的最终图像动感模糊效果如图8-242所示。

图8-242 最终图像效果

实例110 拼接全景图像

本实例将介绍运用多个图像制作合成图像的方法。实例的原照片处理后的照片效果如图8-243所示。

图8-243 图像效果

技法解析

本实例所制作的拼接全景照片效果，在拼接时应注意设置照片的大小，以及照片边缘交接处的拼接处理，通过改变照片透明度的方法，仔细调整边缘图像。

	实例路径	实例\第8章\拼接全景图像.psd
	素材路径	素材\第8章\全景1.jpg、全景2.jpg、全景3.jpg

步骤01 打开“全景1.jpg”照片素材，打开需要拼接的第一张照片，如图8-244所示。

技巧提示

全景图像是指大于双眼正常有效视角（大约水平90度、垂直70度）或双眼余光视角（大约水平180度、垂直90度），乃至360度完整场景范围的照片。

图8-244 打开照片素材

步骤02 执行“图像”|“画布大小”命令，打开“画布大小”对话框，设置宽度为37厘米，在“定位”网格中，将当前图像定位在画布左侧，如图8-245所示。

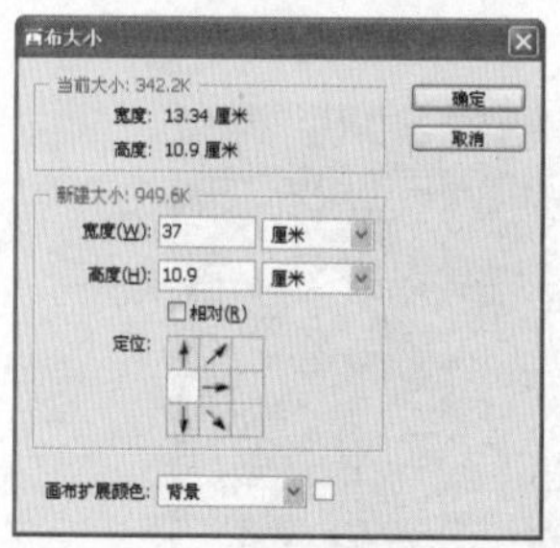

图8-245 调整画布大小

步骤03 单击“确定”按钮，得到的画布图像效果如图8-246所示。

图8-246 图像效果

步骤04 打开“全景2.jpg”照片素材，使用移动工具将其拖放到调整画布后的图像文件中，得到图层1，如图8-247所示。

图8-247 拖动图像

步骤05 设置图层1的不透明度为60%，然后使用移动工具调整全景2图像的位置，使其与背景图层的左边缘完全吻合，效果如图8-248所示。

图8-248 重合图像效果

步骤06 返回到“图层”面板中，设置图层1的不透明度为100%，得到拼接第二张照片后的图像效果如图8-249所示。

图8-249 设置图像透明度

步骤07 打开“全景3.jpg”照片素材，使用同样的方法将第3张照片拼合在当前文件中，完成全景照片的拼接，得到的最终图像效果如图8-250所示。

图8-250 最终图像效果

技巧提示

全景图像与传统图像的区别是，全景图像在本质上是基于图像的虚拟现实技术，它具有3D效果，可以让用户在浏览全景时具有身临其境的感觉，一般传统图像都是二维图像，不具有虚拟现实效果。

实例111 海市蜃楼

本实例将介绍如何运用图像合成的方法制作出海市蜃楼的效果。实例的原照片和处理后的照片对比效果如图8-251所示。

原图

效果图

图8-251 效果对比

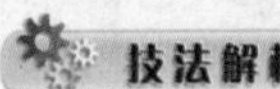

本实例制作的海市蜃楼效果，首先运用图像调整功能改变图像的色调，制作炎热的氛围，然后导入一幅画面，并使用橡皮擦工具将多余的部分擦除，最后改变其色调，使其与背景图像相融合即可。

	实例路径	实例\第8章\海市蜃楼.psd
	素材路径	素材\第8章\沙漠.jpg、建筑.jpg

步骤01 按【Ctrl+O】组合键打开“沙漠.jpg”照片素材，如图8-252所示。

图8-252 打开照片素材

步骤02 执行“图像”|“调整”|“色彩平衡”命令，打开“色彩平衡”对话框中设置其参数如图8-253所示，

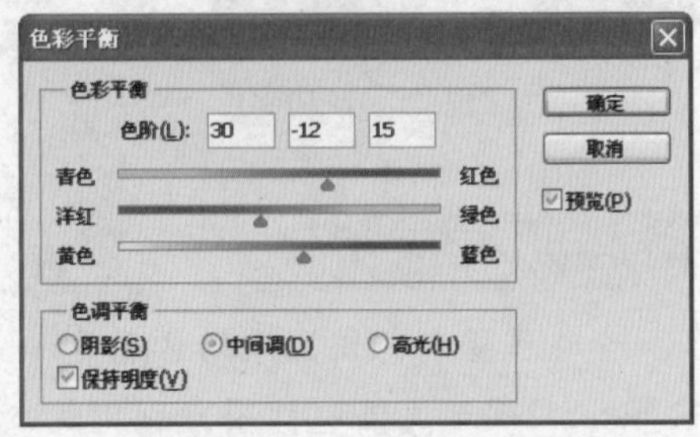

图8-253 设置参数

步骤03 单击“确定”按钮，得到的图像效果如图8-254所示。

图8-254 图像效果

步骤04 执行“图像”|“调整”|“色相/饱和度”命令，打开“色相/饱和度”对话框，设置其参数如图8-255所示，然后单击“确定”按钮，得到的图像效果如图8-256所示。

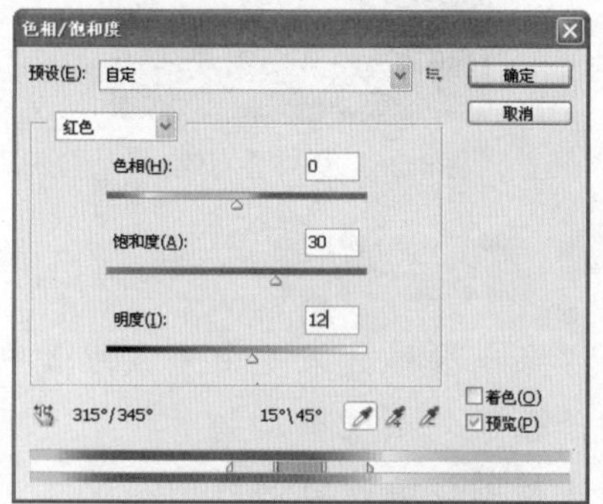

图8-255 设置参数

图8-256 图像效果

步骤05 按【Ctrl+O】组合键打开“建筑.jpg”照片素材如图8-257所示，使用移动工具将建筑照片拖到沙漠照片中，放置到如图8-258所示的位置。

图8-257 打开照片素材

图8-258 拖入素材

步骤06 选择工具箱中的橡皮擦工具，将建筑边缘多余的图像擦除，如图8-259所示，擦除后的图像效果如图8-260所示。

图8-259 擦除图像

图8-260 图像效果

步骤07 执行“图像”|“调整”|“色彩平衡”命令，打开“色彩平衡”对话框，设置其参数如图8-261所示。然后单击“确定”按钮，得到的图像效果如图8-262所示。

步骤08 在“图层”面板中设置图层1的混合模式为“叠加”，得到的最终图像效果如图8-263所示。

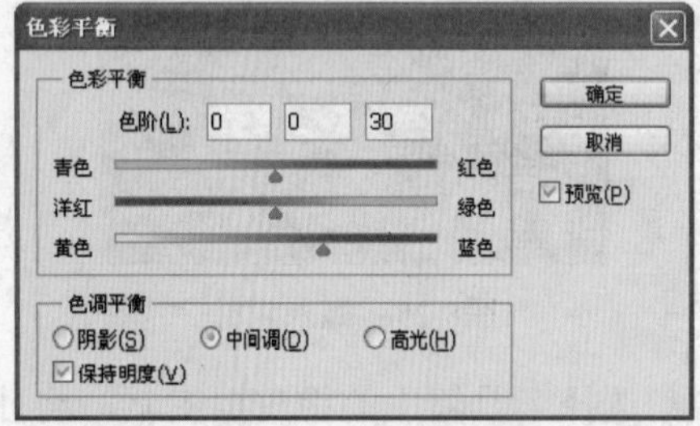

图8-261 设置参数

图8-262 图像效果

图8-263 最终图像效果

技巧提示

海市蜃楼效果是由于在沙漠中，沙子表面的空气密度相对较小，而光在传播的过程中方向时刻在改变，从而形成了海市蜃楼的景象。

PART

09 综合案例

在Photoshop中可以通过多种工具、命令制作出许多漂亮的艺术图像、合成图像等，将这些效果应用到工作中，可以用来制作婚纱照、个人艺术写真、儿童写真等。

本章主要制作了个人艺术写真、儿童艺术照制作方法等7个实例，通过对本章的学习，读者可以在了解和掌握Photoshlp功能的基础上，提高图像设计的水平。

效果展示 XIAOGUO ZHANSHI

实例112 梦游仙境

本实例将介绍将一张普通的图像通过调整色调和添加图案、文字等方法。制作成梦游仙境的图像实例效果如图9-1所示。

图9-1 实例效果

技法解析

本实例制作梦游仙境个人婚纱照设计，首先使用了调整菜单中的“色彩平衡”命令，将图像颜色做调整，然后再添加一些花纹 和文字做为辅助设计元素，最后使用绘制路径的方法制作出浪漫的云烟效果，使画面产生梦镜的视觉效果。

	实例路径	实例\第9章\梦游仙境.psd
	素材路径	素材\第9章\睡美人.jpg、花纹.jpg

步骤01 选择“文件”|“新建”命令，打开“新建”对话框，设置文件“名称”为梦游仙境，宽度为20厘米、高度为14厘米、分辨率为200像素/英寸，其余参数设置如图9-2所示。

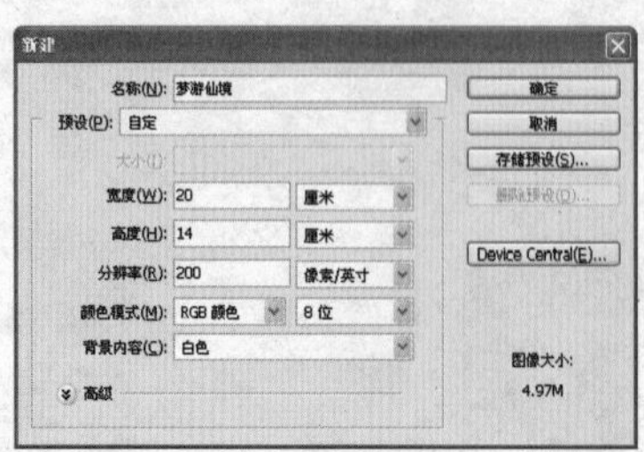

图9-2 新建文件

步骤02 设置前景色为R13、G82、B2，然后按【Alt+Delete】组合键填充前景色，效果如图9-3所示。

图9-3 填充颜色效果

步骤03 按【Ctrl+O】组合键，打开“睡美人.jpg”照片素材，如图9-4所示。

步骤04 执行“图像”|“调整”|“色彩平衡”命令，打开“色彩平衡”对话框，分

别拖动对话框中三个滑块，如图9-5所示，将图像颜色调整为绿色调，如图9-6所示。

图9-4 打开照片素材

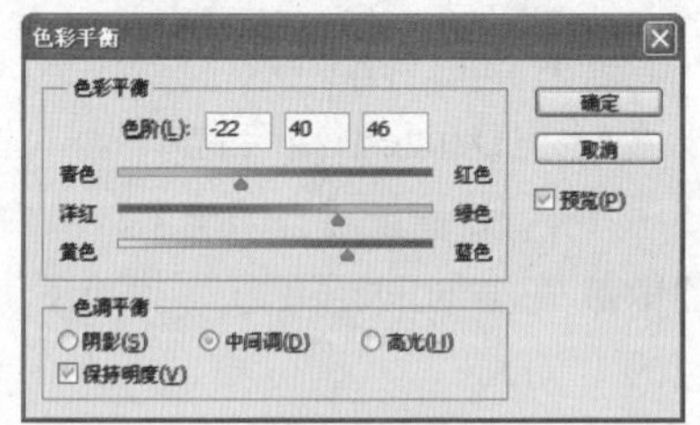

图9-5 调整图像色彩

图9-6 图像效果

步骤05 选择移动工具，将调整颜色后的图像文件拖曳到绿色背景图像中，并适当调整图像大小，放置到图像正中位置，效果如图9-7所示。

图9-7 调整图像

步骤06 选择画笔工具，执行“窗口”|“画笔预设”命令，打开“画笔预设”面板，单击该面板右上方的三角形按钮，在弹出的菜单中选择“混合画笔”命令，如图9-8所示。

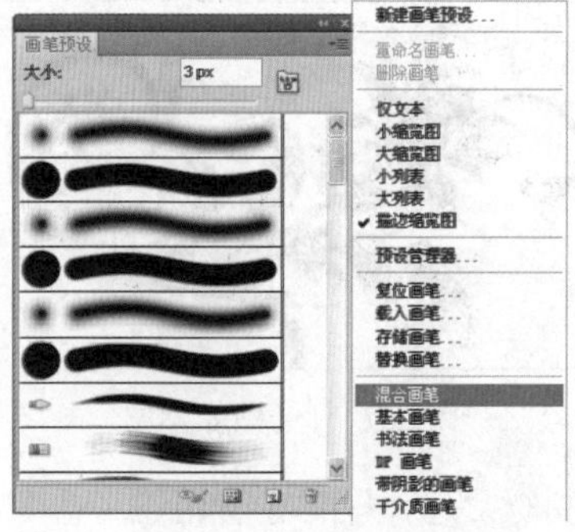

图9-8 选择画笔类型

步骤07 选择画笔类型后，将弹出一个提示对话框，单击“确定”或“追加”按钮。然后选择“星爆”画笔，设置“大小”为130，如图9-9所示。

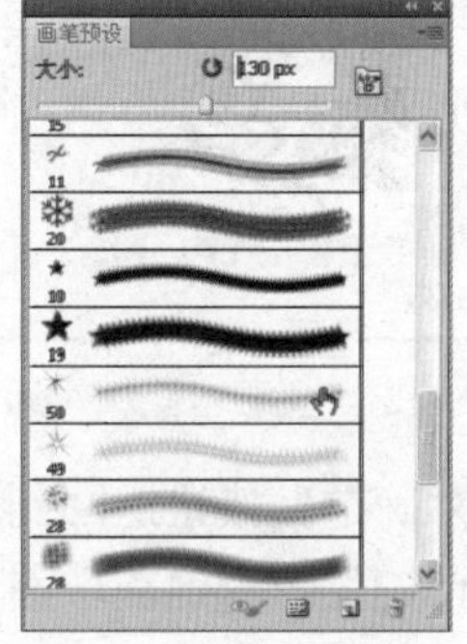

图9-9 设置画笔属性

步骤08 设置好画笔属性后，单击属性栏中的“启用喷枪模式”按钮，参照如图9-10所示的样式，单击图像的手部，得到图像星光效果。

图9-10 添加星光效果

步骤09 按【Ctrl＋O】组合键，打开“花纹.jpg”图像素材，如图9-11所示。

图9-11 打开图像素材

步骤10 执行“选择”|“色彩范围”命令，打开“色彩范围”对话框，单击图像中白色部分，设置“颜色范围”为200，如图9-12所示。

图9-12 “色彩范围”对话框

步骤11 单击“确定”按钮返回到画面中，按【Ctrl＋Shift＋I】组合键获取花纹图像的选区，如图9-13所示。

图9-13 获取选区

步骤12 返回到“梦游仙境”图像文件中，在“图层”面板中新建图层2，然后选择任意一个选框工具，将“花纹”图像中的选区直接拖到“梦游仙境”文件中，效果如图9-14所示。

图9-14 拖动选区

步骤13 设置前景色为R249、G229、B131，然后按【Alt＋Delete】组合键填充颜色，如图9-15所示。接着按【Ctrl＋T】组合键将花纹图像放到画面的左上方，参照图9-16调整图像的方向。

图9-15 填充图像样式

图9-16 调整图像位置和方向

步骤14 在“图层”面板中设置花纹图层的不透明度为55%，如图9-17所示。选择移动工具，然后按【Alt】键复制移动花纹图像，将复制的图像放置到画面的右上方，执行“编辑”|“变换”|“水平翻转”命令，得到的图像效果如图9-18所示。

图9-17 设置图像不透明度

图9-18 复制、移动图像

步骤15 使用相同的方法，再复制两次花纹图像，并调整不同的方向，分别放到画面下方的左右两个角，效果如图9-19所示。

图9-19 复制两次图像

步骤16 选择横排文字工具T，在图像中单击输入文字“仲夏之梦”，然后在属性栏中单击“切换字符和段落”在同板按钮，打开“字符”面板，设置字体为“方正超粗黑简体”、颜色为白色，其余参数设置如图9-20所示。

步骤17 在“图层”面板中设置文字图层的不透明度为60%，如图9-21所示。

图9-20 输入文字

图9-21 设置图像不透明度

步骤18 在中文字的下方再输入一行英文字，填充为白色，并在“字符”面板中设置文字属性，如图9-22所示，然后同样设置文字图层不透明度为60%，得到的文字效果如图9-23所示。

图9-22 设置文字属性

图9-23 文字效果

步骤19 新建一个图层，使用矩形选框工具，在英文字的下方绘制一个很细的长方形选区，填充为白色，然后调整该图层的不透明度为60%，得到的图像效果如图9-24所示。

图9-24 添加线条

步骤20 新建一个图层，选择工具箱中的钢笔工具，在图像区域单击创建一个锚点，在创建的第一个锚点的右侧单击并拖动鼠标，在两个锚点间创建一条曲线段，如图9-25所示。

图9-25 绘制路径

步骤21 继续绘制一段完整的路径，如图9-26所示，设置前景色为白色。然后选择铅笔工具，在属性栏中选择画笔样式为柔角，设置画笔笔头直径大小为2px，如图9-27所示。

步骤22 新建一个图层，单击“路径”面板下方的用画笔描边路径按钮，对路径进行描边，效果如图9-28所示。

步骤23 按【Ctrl】键同时单击路径描边图像图层，载入选区。执行“编辑”|“定义画笔预设”命令，打开如图9-29所示的“画笔名称”对话框，然后单击“确定”按钮。

图9-26 绘制完整的路径

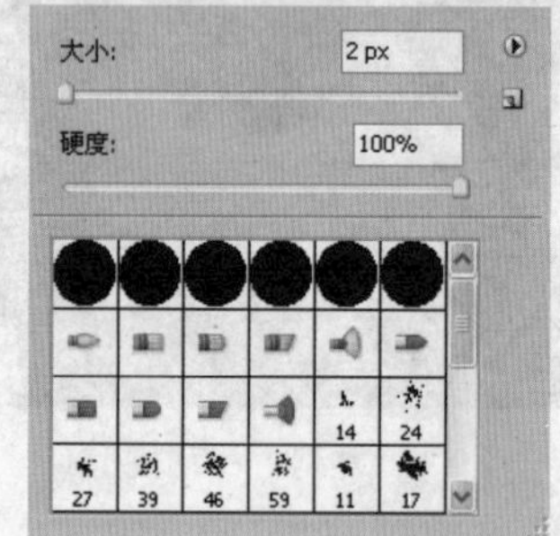

图9-27 设置画笔属性

图9-28 路径描边效果

图9-29 画笔预设

步骤24 单击工具属性栏中的“切换画笔面板”按钮，在打开的“画笔”面板中选择刚创建的画笔样式，并将间距设置为1%，如图9-30所示。

步骤25 在图像区域单击并拖动鼠标，得到如图9-31所示的图像效果。

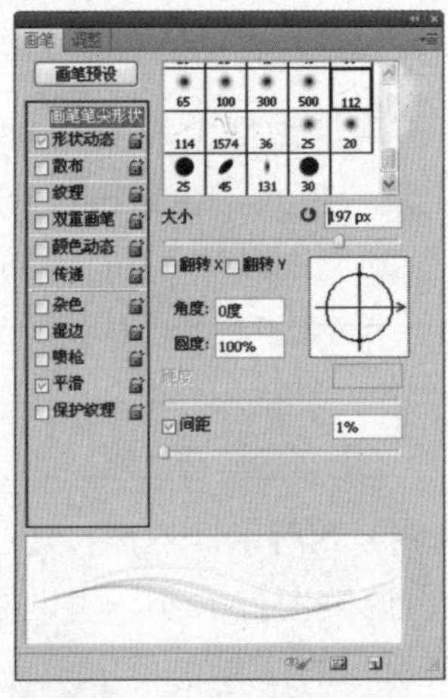

图9-30 设置画笔样式

图9-31 拖动鼠标绘制图像

步骤26 使用同样的方法，创建路径拖动鼠标绘制图像，得到的图像轻纱效果如图9-32所示。

图9-32 图像效果

步骤27 在“图层”面板中设置该图像的不透明度为50%，得到的最终图像效果如图9-33所示。

图9-33 最终图像效果

实例113 永恒的爱恋

本实例将介绍使用拍摄出来的婚纱照片制作成艺术婚纱照的方法。实例效果如图9-34所示。

图9-34 实例效果

技法解析

本实例所制作的“永恒的爱恋”艺术婚纱照，首先使用了图层蒙版工具，对图像背景或图像边缘部分进行隐藏，然后对图像设置不同的图层混合模式，达到与背景融合的效果，通过这个工具可以很方便地修饰照片中的红眼现象。

	实例路径	实例\第9章\永恒的爱恋.psd
	素材路径	素材\第9章\戒指.jpg、侧面.jpg

步骤01 执行“文件”|“新建”命令，打开“新建”对话框，设置文件“名称”为永恒的爱恋、宽度为15厘米、高度为10厘米、分辨率为300像素/英寸，其余参数设置如图9-35所示。

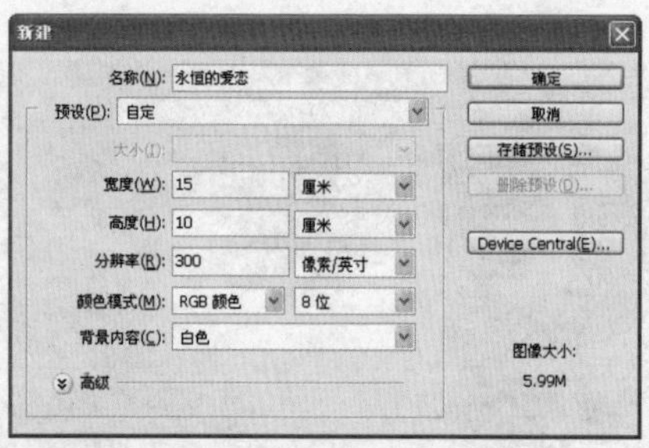

图9-35 新建文件

步骤02 设置前景色为R247、G210、B229，然后按【Alt+Delete】组合键填充图像颜色，效果如图9-36所示。

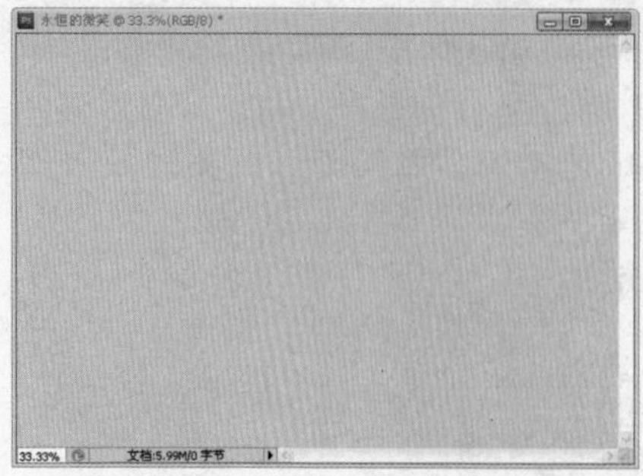

图9-36 填充背景颜色

步骤03 按【Ctrl+O】组合键，打开“戒指.jpg”照片素材，如图9-37所示。

步骤04 选择移动工具将戒指图像拖动到当前文件中，这时“图层”面板自动生成图层1，如图9-38所示，然后按【Ctrl+T】组合键适当调整图像大小，并将图像放置到如图9-39所示的位置。

图9-37 打开素材照片

图9-38 得到图层1

图9-39 移动图像

步骤05 单击“图层”面板下方的“添加图层蒙版” 按钮，选择画笔工具对画面中的戒指图像进行涂抹，制作出片边缘隐藏效果如图9-40所示。

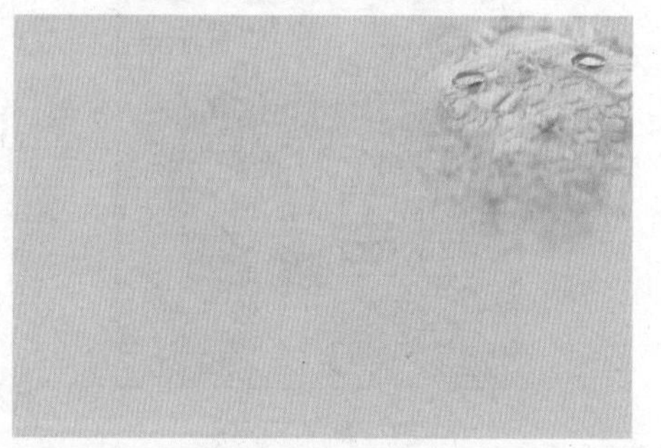

图9-40 边缘隐藏

步骤06 执行“文件”|“打开”命令，打开“侧面.jpg”照片素材，如图9-41所示。

图9-41 打开素材照片

技巧提示

如果使用图层蒙版对图像进行隐藏效果后，觉得隐藏的图像效果不好，想修改或者恢复，可以将前景色设置为白色，背景色设置为黑色，用画笔在图像中涂抹进行修复。

步骤07 使用移动工具将人物照片直接拖曳到当前文件中，按【Ctrl+T】组合键适当调整图像大小和方向后放置到如图9-42所示的位置。

步骤08 在“图层”面板中对人物图像添加图层蒙版，然后使用画笔工具对图像进行部分隐藏操作，得到的图像效果如图9-43所示。

图9-42 调整图像位置

图9-43 对图像添加图层蒙版

步骤09 在“图层”面板中设置图层2的图层混合模式为正片叠底，如图9-44所示，得到的图像效果如图9-45所示。

图9-44 设置图层混合模式

图9-45 图像效果

步骤10 新建图层3，选择钢笔工具在画面的下方绘制一个弧线造型如图9-46所示的路径。

图9-46 绘制路径

步骤11 按【Ctrl＋Enter】组合键将路径转换为选区，然后选择渐变工具，单击属性栏中的渐变编辑条，打开“渐变编辑器”对话框，选择从白色到透明的渐变方式，如图9-47所示。

图9-47 设置渐变颜色

步骤12 单击属性栏中的“线性渐变”按钮，在选区中从左上到右下做线性渐变填充，效果如图9-48所示。

图9-48 填充渐变效果

步骤13 在“图层”面板中设置图层3的不透明度为60%，然后再复制一次图层3，得到图层3副本，如图9-49所示。

图9-49 复制图层

步骤14 得到复制的图像后，将图层3副本的图像向下移动一些位置，得到的图像效果如图9-50所示。

图9-50 移动图像

步骤15 新建图层4，选择矩形选框工具在图像中绘制一个矩形选区，然后填充为白色，效果如图9-51所示。

图9-51 绘制选区并填充颜色

步骤16 执行“图层”|“图层样式”|“外发光”命令，打开“图层样式”对话框，设置外发光颜色为淡黄色，其余参数设置如图9-52所示。

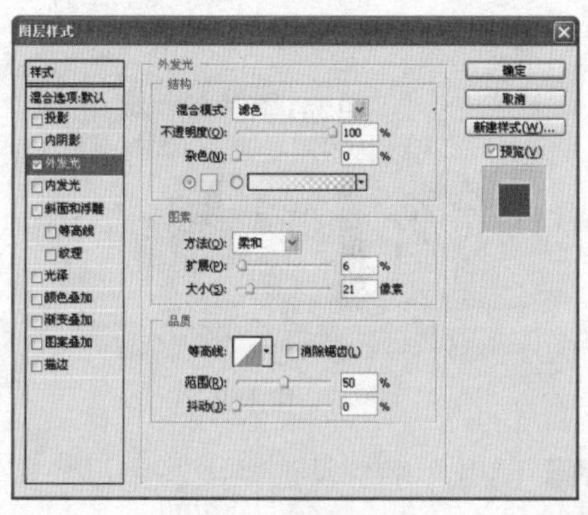

图9-52 设置图层样式

步骤17 单击“确定”按钮返回到画面中，在“图层”面板中将图层4的填充设置为0%，如图9-53所示，得到的图像效果如图9-54所示。

图9-53 设置图层填充度

图9-54 图像效果

步骤18 打开“户外.jpg”照片素材，如图9-55所示。然后使用移动工具将户外图像拖动到当前文件中，并适当调整图像大小，放到外发光方框中，得到的图像效果如图9-56所示。

步骤19 打开“背影.jpg、捧花.jpg”照片素材，如图9-57、图9-58所示。

图9-55 打开照片素材

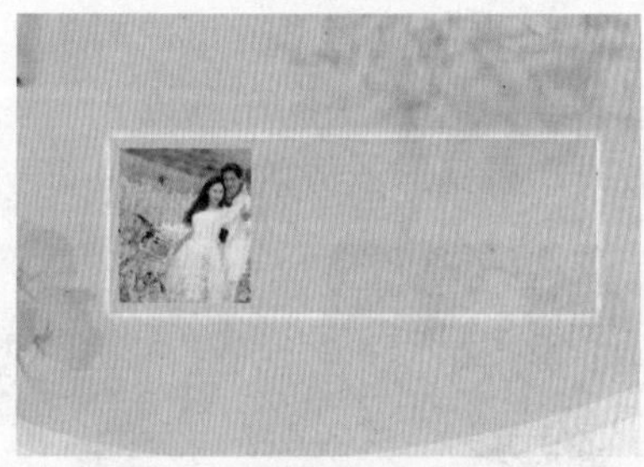

图9-56 调整图像大小和位置

图9-57 捧花照片

图9-58 背影照片

步骤20 使用移动工具分别将这两幅图像拖曳到当前文件中，适当调整图像大小，然后放置到方框中，参照如图9-59所示的方式排列。

图9-59 排列图像

步骤21 新建一个图层，设置前景色为白色，选择画笔工具，在属性栏中分别选择画笔样式为“柔角”和“星形放射”，然后调整图像不同的大小，在画面中绘制点点星光效果，得到的图像效果如图9-60所示。

图9-60 绘制星光效果

步骤22 选择横排文字工具T输入文字“永恒的爱恋”，然后选择文字在属性栏中设置文字颜色为R233、G0、B120、字体为汉仪秀英体简，使用移动工具将文字放到外发光方框的上方，得到的图像效果如图9-61所示。

图9-61 输入文字

步骤23 在中文字下方再输入一行英文“Love story”，同样设置文字颜色为R233、G0、B120，得到的文字效果如图9-62所示。

图9-62 输入文字

步骤24 使用文字工具选择大写字母“L”，在“字符”面板中设置文字大小为22.4，得到首字母放大的图像效果如图9-63所示。

图9-63 首字母放大

步骤25 新建一个图层，选择钢笔工具，在图中绘制一个曲线形图形，如图9-64所示，然后按【Ctrl+Enter】组合键将路径转换为选区，选择填充颜色为R233、G0、B120，得到的图像效果如图9-65所示。

图9-64 绘制路径

图9-65 填充选区

步骤26 按【Ctrl＋T】组合键旋转图像，并适当缩小和变换图像，得到的图像效果如图9-66所示。

图9-66 变换图像

步骤27 在“图层”面板中设置不透明度为20%，得到的图像效果如图9-67所示。

图9-67 设置图像不透明度

步骤28 复制一次曲线图像，按【Ctrl】键并单击该图层载入图像选区，填充为白色，然后设置图层不透明度为50%，得到的图像效果如图9-68所示。

图9-68 图像效果

步骤29 打开“花朵1.jpg、花朵2.jpg”照片素材，如图9-69、图9-70所示。使用移动工具将这两个花朵图像拖动到当前文件中，按【Ctrl＋T】组合键分别调整这两幅图像的大小和方向，并放置到如图9-71所示的位置。

图9-69 花朵图像1　图9-70 花朵图像2

图9-71 调整图像大小和方向

步骤30 在“图层”面板中分别设置这两个图层的图层混合模式为正片叠底、不透明度为50%，得到的最终图像效果如图9-72所示。

图9-72 最终图像效果

实例114 你的微笑

本实例将介绍将多张婚纱照组合在一起制作成合成婚纱照的方法。实例效果如图9-73所示。

图9-73 实例效果

技法解析

本实例所制作的“你的微笑”艺术婚纱照，首先使用了一张很漂亮的图像做为整个画面背景，然后在画面中添加人物图像，最后通过对文字做一些修饰，并添加一些细致的具有艺术效果的小方格，丰富画面效果，完成画面效果的制作。

	实例路径	实例\第9章\你的微笑.psd
	素材路径	素材\第9章\漂亮背景.jpg、微笑.jpg、双人婚纱.jpg

步骤01 执行“文件”|“打开”命令，打开“漂亮背景.jpg、微笑.jpg”素材照片，如图9-74、8-75所示。

图9-74 打开素材照片

图9-75 打开素材照片

步骤02 使用移动工具将人物图像拖动到背景图像中，并按【Ctrl＋T】组合键调整图像大小，如图9-76所示，这时“图层”面板中自动生成图层1，如图9-77所示。

图9-76 调整人物图像大小

图9-77 生成新图层

步骤03 在“图层”面板中设置图层1的混合模式为“线性加深”，如图9-78所示，得到的图像效果如图9-79所示。

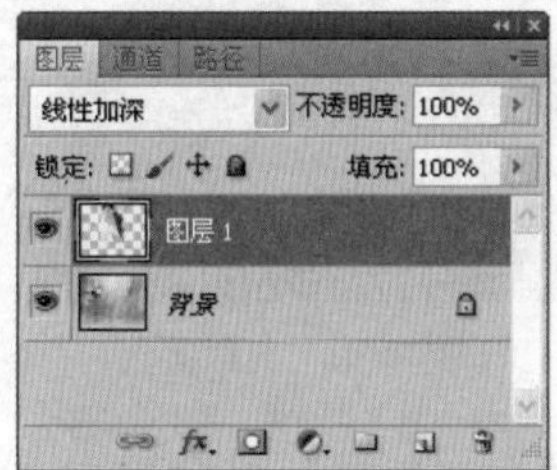

图9-78 设置图层混合模式

图9-79 图像效果

步骤04 单击“图层”面板下方的添加图层蒙版按钮，进入图层蒙版编辑模式，然后选择画笔工具，在属性栏中设置画笔大小为100，对人物图像边缘进行涂抹，隐藏部分图像，如图9-80所示，这时图层面板中可以看到图像的遮盖部分，效果如图9-81所示。

步骤05 按【Ctrl＋O】组合键，打开“双人婚纱.jpg”照片素材如图9-82所示，使用移动工具将图像拖曳到当前文件中，放置到画面的右下角，如图9-83所示。

图9-80 隐藏部分图像

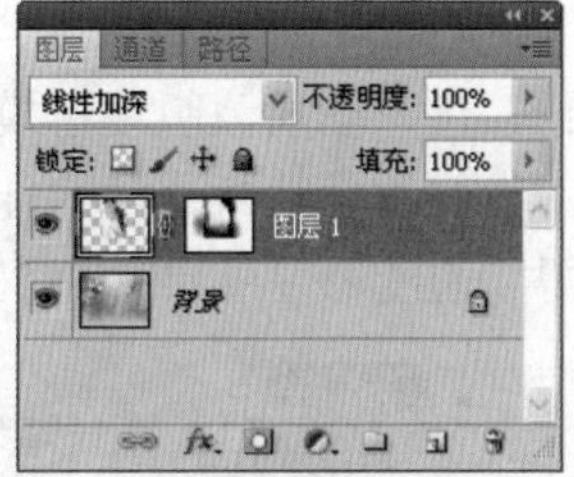

图9-81 图层蒙版

图9-82 素材照片

图9-83 调整图像位置

步骤06 “图层”面板中自动得到图层2，设置图层2的图层混合模式为“叠加”，图层不透明度为80%，得到的图像效果如图9-84所示。

图9-84 图像效果

步骤07 单击“图层”面板下方的添加图层蒙版 按钮，进入图层蒙版编辑模式，使用画笔工具对人物图像背景进行涂抹，隐藏背景图像，得到的图像效果如图9-85所示。

图9-85 隐藏背景图像

步骤08 选择钢笔工具，在图像中单击得到起点，然后绘制一段曲线图形的路径，如图9-86所示。

图9-86 绘制路径

步骤09 新建图层3，按【Ctrl＋Enter】组合键将将路径转换为选区，然后选择任意一个选框工具，将鼠标移动到选区中单击右键，在弹出的菜单中选择“羽化”命令，设置羽化半径为10像素，如图9-87所示。

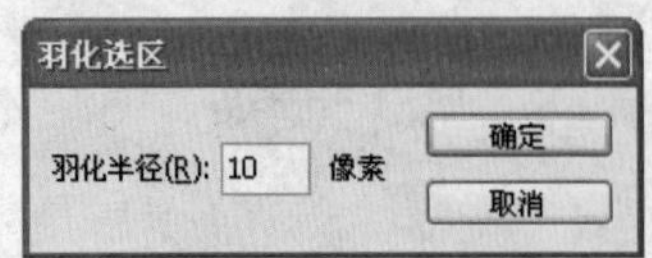

图9-87 设置羽化半径

步骤10 设置前景色为白色，然后按【Alt＋Delete】组合键填充前景色，得到的图像效果如图9-88所示。

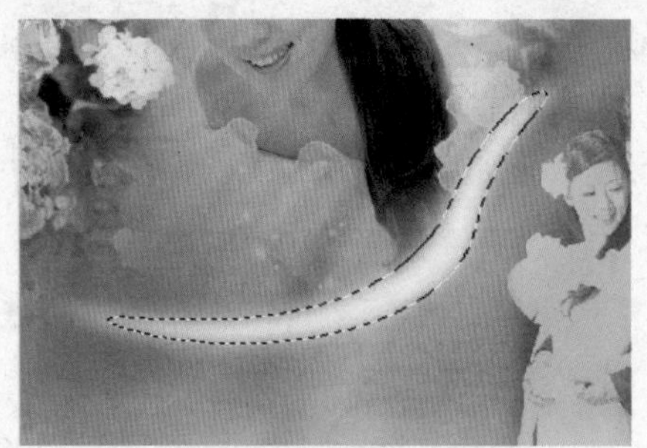

图9-88 填充选区

步骤11 按【Ctrl＋D】组合键取消选区，然后按【Ctrl＋T】组合键放大羽化图像，并放到画面中央，将两幅人物图像隔开，效果如图9-89所示。

图9-89 放大图像

步骤12 在“图层”面板中设置图层3的不透明度为70%，这样羽化图像能更加自然地融合在背景图像中，效果如图9-90所示。

图9-90 降低图像不透明度

步骤13 选择工具箱中的自定形状工具，在属性栏中单击“形状”旁边的三角形按钮，在打开的面板中选择叶子5图形，如图9-91所示。

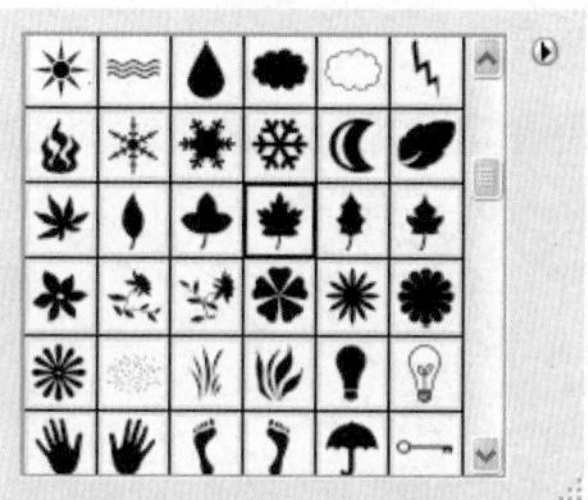
图9-91 选择图形

步骤14 选择好图形后，按【Shift】键绘制叶子图形，如图9-92所示。

图9-92 绘制图形

步骤15 新建图层4，切换到“路径”面板中，单击面板下方的将路径做为选区载入按钮，然后设置前景色为白色，按【Alt+Delete】组合键填充选区颜色，得到的图像效果如图9-93所示。

图9-93 填充选区

步骤16 设置图层4的图层不透明度为50%，如图9-94所示。然后执行“编辑”|“变换”|“缩放”命令，将图形适当缩小，再执行“编辑”|“变换”|“旋转”命令，将图像适当旋转，放置到画面的左边，如图9-95所示。

图9-94 设置图层不透明度

图9-95 图像效果

步骤17 复制几次图层4图像，分别调整各图像的大小和不透明度，参照如图9-96所示的方式进行图像排列。

图9-96 复制叶子图像

步骤18 在工具箱中选择横排文字工具T，在图中输入文字“你清雅的微笑”，执行“窗口”|“字符”命令，打开“字符”面板，在其中设置字体为“方正粗宋简体”、颜色为浅绿色R155、G224、B117，其余参数设置如图9-97所示。

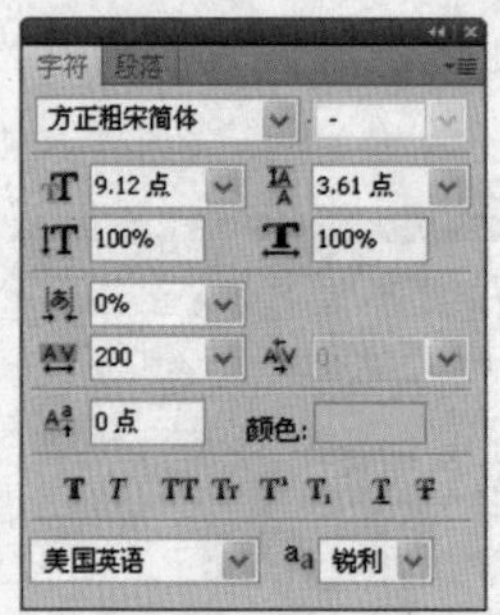

图9-97 设置文字属性

步骤19 设置好文字属性后，返回到画面中，将文字放置到图像的左下方，如图9-98所示。

图9-98 输入文字

步骤20 分别选择“你”和“的”两个字，在“字符”面板中设置文字大小为6点，得到的文字效果如图9-99所示。

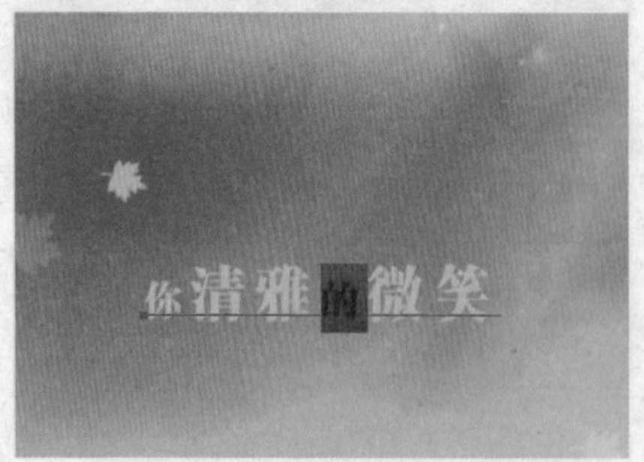

图9-99 调整单个文字大小

步骤21 执行“图层”|“图层样式”|“投影”命令，打开“图层样式”对话框，设置投影颜色为黑色，其余参数设置如图9-100所示。

步骤22 设置好各项参数后，单击“确定”按钮，返回到画面中，将“图层”面板中的不透明度设置为80%，得到的图像效果如图9-101所示。

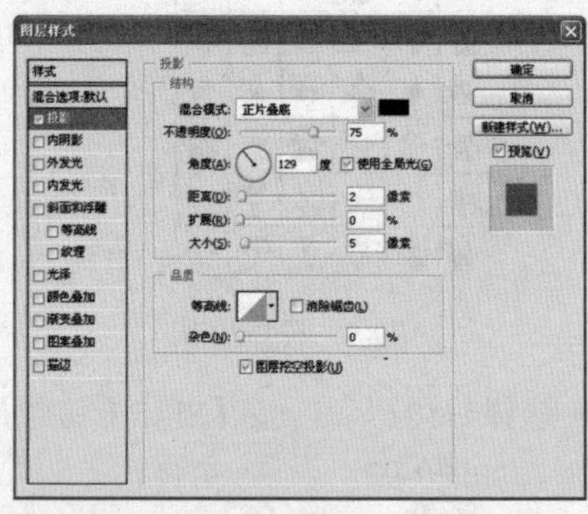

图9-100 设置投影样式

图9-101 文字投影效果

步骤23 新建一个图层，选择矩形选框工具在文字下方绘制一个细长的矩形选区，填充颜色为R155、G224、B117，得到的图像效果如图9-102所示。

图9-102 绘制矩形选区

步骤24 使用矩形选框工具，按【Shift】键，在细长矩形的左右两边绘制多个相同大小的正方形选区，并分别填充不同深浅的绿色，如图9-103所示。

步骤25 在细长矩形下方再输入一行文字，在“字符”面板中设置字体为“汉仪秀英简体”，颜色为R202、G255、B173如图9-104所示，得到的文字效果如图9-105所示。

图9-103 绘制多个正方形

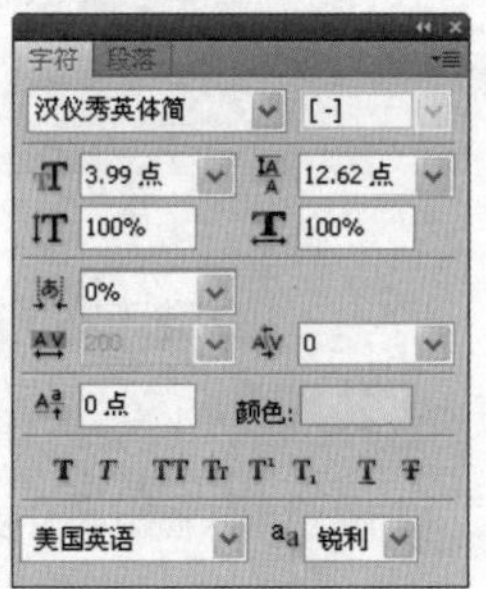

图9-104 设置文字属性

图9-105 文字排列效果

步骤26 双击工具箱中的抓手工具，显示整个图像，得到的最终图像效果如图9-106所示。

图9-106 最终图像效果

实例115 艺术照设计

本实例将介绍用一种涂鸦式的设计风格制作出儿童写真图像。实例效果如图9-107所示。

图9-107 实例效果

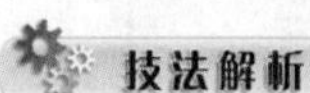

本实例所制作的是美丽童“画”，运用了浅绿色的背景颜色，并用画笔工具在背景图

像中添加随意涂鸦笔触，使画面产生一些淡彩的效果，然后添加多种图像元素，将画面中的儿童衬托的更加天真、可爱。

	实例路径	实例\第9章\美丽童“画”.psd
	素材路径	素材\第9章\儿童1.jpg、荷花.jpg、树叶1.jpg、青蛙.jpg等

步骤01 执行“文件”|“新建”命令，打开“新建”对话框，设置文件“名称”为美丽童画，宽度为15厘米、高度为10厘米、分辨率为300像素/英寸，其余参数设置如图9-108所示。

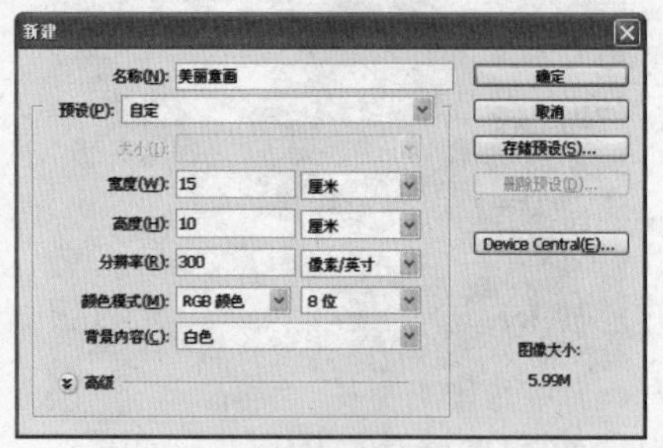

图9-108 新建文件

步骤02 选择工具箱中的渐变工具，单击属性栏中的渐变编辑条，打开“渐变编辑器”对话框，设置渐变色从R190、G255、B181到R251、G253、B233，如图9-109所示。

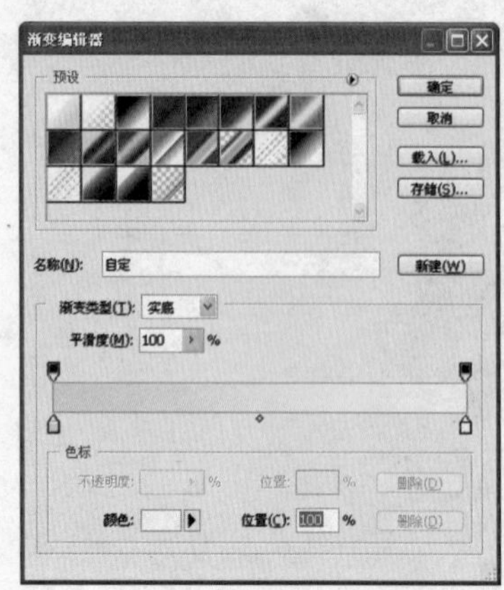

图9-109 设置渐变色

步骤03 设置好渐变颜色后，单击属性栏中的“线性渐变”按钮，在画面中从左上方到右下方做拉伸，填充渐变色，得到的图像效果如图9-110所示。

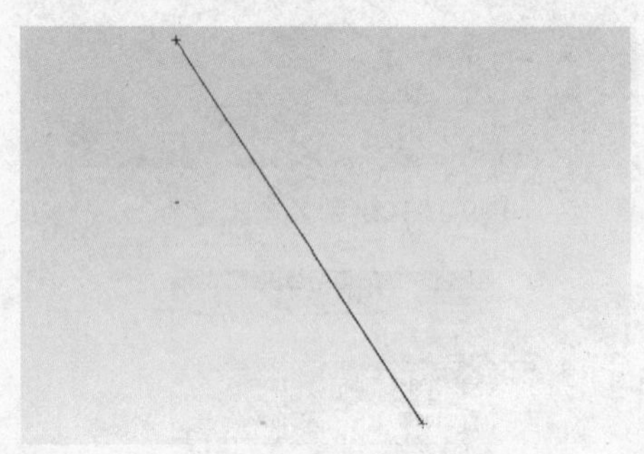

图9-110 填充渐变色

步骤04 执行“文件”|“打开”命令，打开“树叶1.jpg”图像素材，如图9-111所示。

图9-111 打开图像素材

步骤05 执行“选择”|“色彩范围”命令，打开“色彩范围”对话框，选择吸管工具然后单击画面中的白色背景部分，设置颜色容差为200，如图9-112所示。

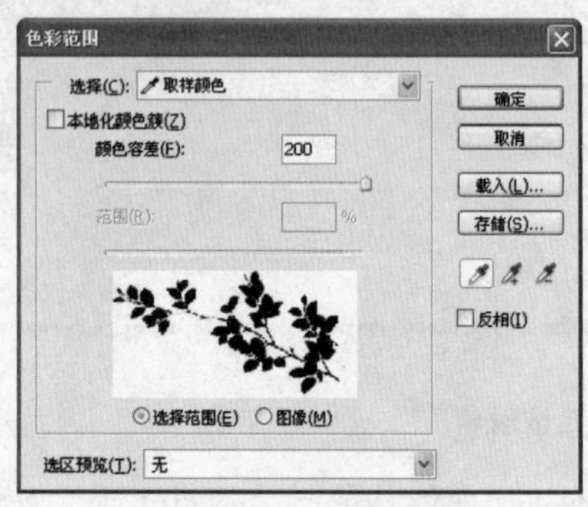

图9-112 选择色彩范围

步骤06 单击“确定”按钮，获取背景图像的选区，按【Ctrl+Shift+I】组合键反选选区，获取树叶图像的选区，如图9-113所示。

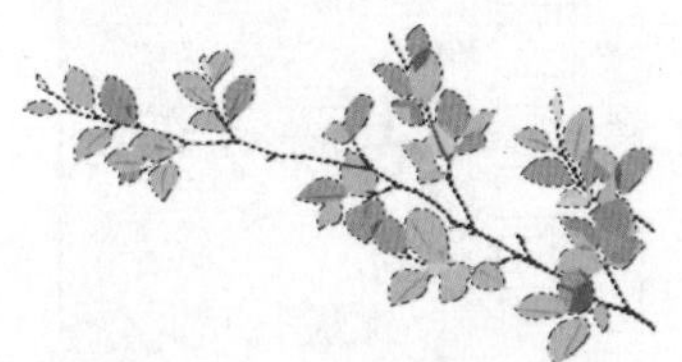
图9-113 获取选区

步骤07 选择移动工具，将鼠标光标放到图像选区中，按住鼠标左键将选区中的图像直接拖曳到当前文件中，将其放置到画面的右上角，得到的图像效果如图9-114所示。

图9-114 拖动图像到画面中

步骤08 执行“文件”|“打开”命令，打开本书“树叶2.jpg”照片素材，使用“色彩范围”命令获取图像选区，然后将其拖曳到当前文件中，放置到画面的左上角，得到的图像效果如图9-115所示。

图9-115 拖动图像

步骤09 单击“图层”面板下方的“创建新图层”按钮 新建一个图层，选择画笔工具，单击属性栏中的“切换画笔面板”按钮，在“画笔笔尖形状”中选择“滴溅”画笔，如图9-116所示，然后在“传递”中设置“控制”为“渐隐”，如图9-117所示。

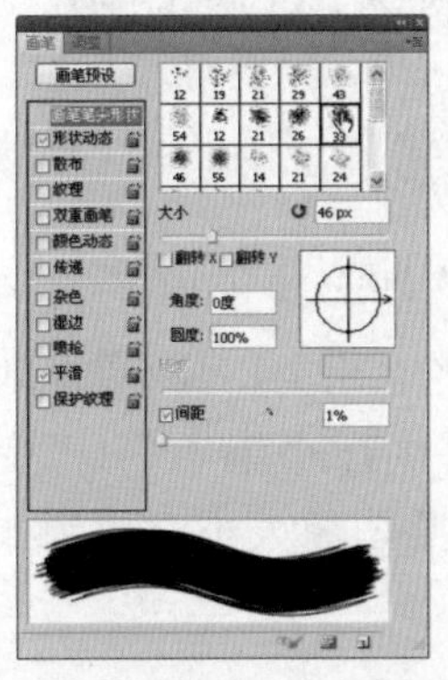
图9-116 选择画笔样式

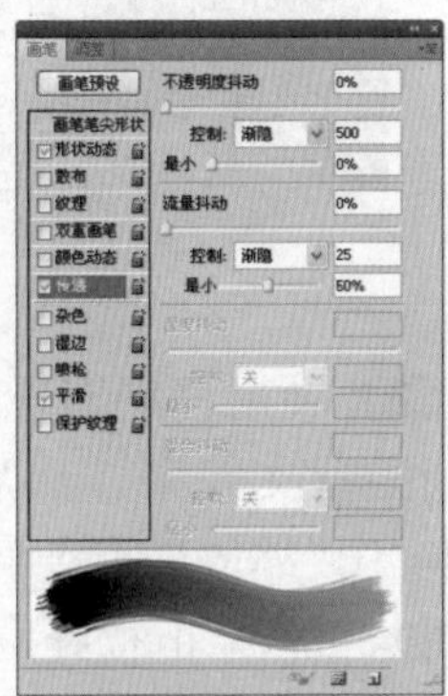
图9-117 设置传递参数

步骤10 分别设置前景色为R134、G240、B113和R215、G255、B175，然后在图像中拖动画笔，随意的绘制几笔，得到涂鸦的图像效果如图9-118所示。

图9-118 图像效果

技巧提示

使用画笔工具可以创建出较为柔和的线条，其效果类似水彩笔或毛笔的效果。在拖动画笔进行涂鸦时，可以按【[】或【]】键调整画笔大小，让绘制出来的涂鸦有自然变化的效果。

步骤11 执行“文件”|“打开”命令，打开“儿童1.jpg”照片素材，如图9-119所示。

图9-119 素材照片

步骤12 使用移动工具将“儿童1”图像拖动到当前文件中，然后执行“编辑”|“变换”|“缩放”命令调整图像大小，放到如图9-120所示的位置。

图9-120 调整图像大小和位置

步骤13 单击“图层”面板下方的“添加图层蒙版”按钮，然后选择画笔工具，确认前景色为黑色、背景色为白色，对儿童图像的背景图像进行涂抹，隐藏背景图像，得到的图像效果如图9-121所示。

图9-121 隐藏背景图像

步骤14 添加图层蒙版后，“图层”面板中将显示图层蒙版状态，如图9-122所示。

图9-122 “图层”蒙板

步骤15 按【Ctrl＋O】组合键，打开“荷花.jpg”图像素材，如图9-123所示。

图9-123 打开图像素材

步骤16 使用移动工具将该图像拖动到当前文件中，并设置其图层混合模式为“正片叠底”，然后将其放置到画面的左下角，如图9-124所示。

图9-124 设置图层混合模式效果

步骤17 按【Ctrl＋O】组合键，打开“儿童2.jpg”照片素材，将图像拖动到当前文件中，并参照图9-125适当调整图像的大小和位置。

步骤18 新建一个图层，选择画笔工具，单击属性栏中的“切换画笔面板”按钮，在“画笔”面板中选择“滴溅”画笔，并设置画笔直径为84、间距为10%，如图9-126所示。

图9-125 导入照片素材

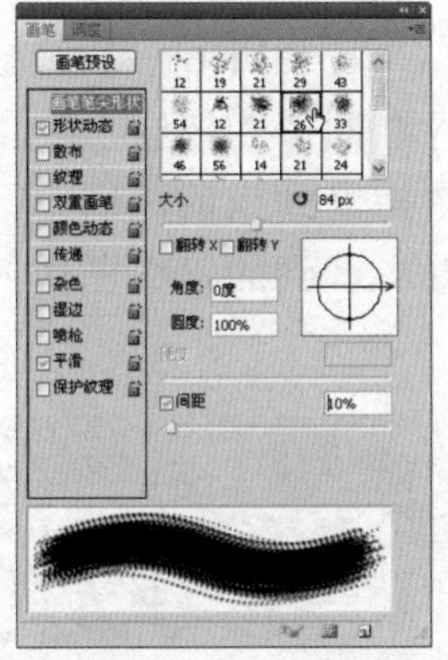

图9-126 设置画笔属性

步骤19 设置前景色为R101、G166、B63参照图9-127的位置，在“儿童2”的图像周围徒手绘制一个绿色画框。

图9-127 绘制画框

步骤20 选择自定形状工具，在属性栏中打开“自定形状”面板，选择蝴蝶形状，如图9-128所示。

步骤21 设置前景色为黄色，然后单击属性栏中的“形状图层”按钮，参照图9-129的位置在画面中画框上下两段绘制出两个蝴蝶图形。

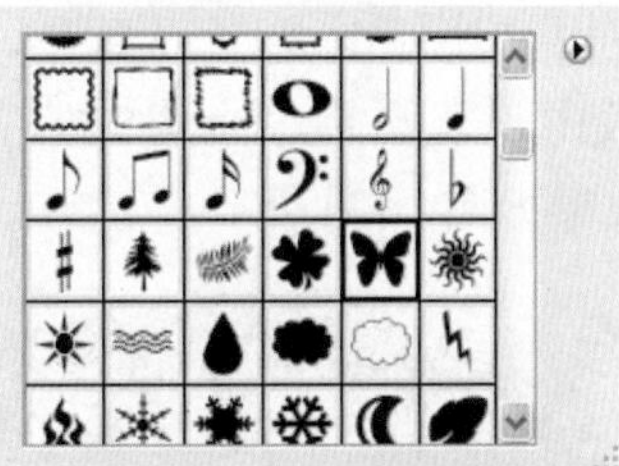

图9-128 自定形状面板

图9-129 绘制蝴蝶图像

技巧提示

使用Photoshop中的路径功能，可以单击“形状图层”按钮绘制出来的图形，将在“图层”面板中自动生成一个形状图层；单击“路径”按钮绘制图形，则需要将绘制的路径转换为选区后进行填充，才能得到图像。

步骤22 设置前景色为R224、G65、B134，选择横排文字工具输入文字“美丽童”三个字，在属性栏中设置字体为汉仪凌波体简，然后参照图9-130将文字放置到画面的下方。

图9-130 输入文字

步骤23 使用文字工具选择“童”，在“字符”面板中设置文字大小为32点，设置后的文字效果如图9-131所示。

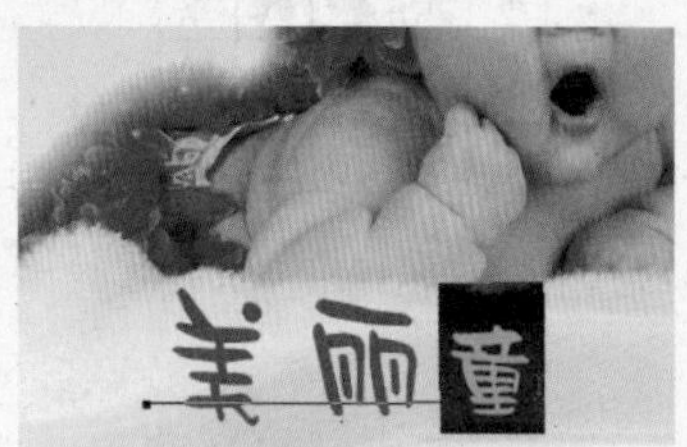

图9-131 调整文字大小

步骤24 再输入一个文字“画”，设置与之前文字相同的字体和颜色，然后按【Ctrl+T】组合键适当调整文字大小并旋转一定的角度，得到的文字效果如图9-130所示。

图9-132 输入文字

步骤25 按【Ctrl+O】组合键，打开“青蛙.jpg”素材照片，选择魔棒工具，单击属性栏中的“添加到选区”按钮，然后单击画面中的白色背景图像和音符中的白色图像，获取选区，如图9-133所示。

图9-133 获取选区

步骤26 按【Ctrl+Shift+I】组合键反选选区，获取青蛙图像的选区，使用移动工具将青蛙图像拖曳到当前画面中，适当调整大小和位置，得到的最终图像的效果如图9-134所示。

图9-134 最终图像效果

实例116 蜗牛小孩

本实例将通过添加素材图像和绘制彩色背景的方法来为宝宝制作艺术照。实例效果如图9-135所示。

图9-135 实例效果

技法解析

本实例所制作的儿童写真——努力向上，首先使用了路径功能和多边形套索工具来绘制有变化的背景图像，然后添加素材图像和文字，让画面效果显得更加饱满。另外，在人物的处理上，运用了图层蒙版将图像自然的融入花朵图像中。

	实例路径	实例\第9章\蜗牛小孩.psd
	素材路径	素材\第9章\花朵.jpg、儿童3.jpg、儿童4.jpg

步骤01 执行“文件”|“新建”命令，打开“新建”对话框，设置文件名称为“努力向上”、宽度为17厘米、高度为14厘米、分辨率为300像素/英寸，其余参数设置如图9-136所示。

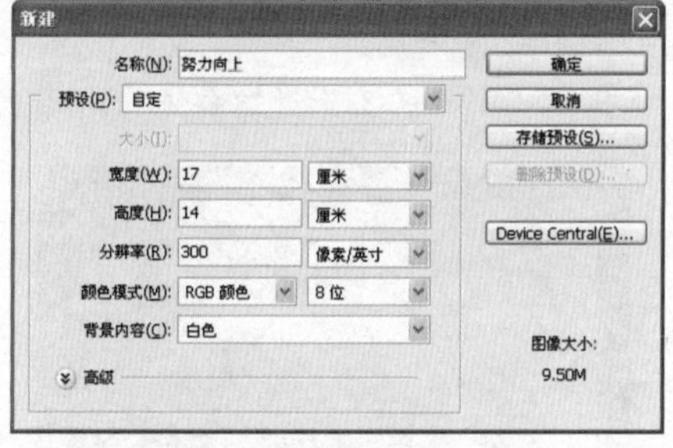

图9-136 新建文件

步骤02 设置前景色为R244、G184、B69，按【Alt＋Delete】组合键填充图像颜色，得到的图像效果如图9-137所示。

图9-137 填充颜色

步骤03 新建图层1，选择矩形选框工具在画面中绘制一个矩形选区，并填充颜色为R193、G221、B243，得到的图像效果如图9-138所示。

图9-138 填充选区

步骤04 新建图层2，选择矩形工具，单击属性栏中的“路径”按钮，在画面中绘制一个矩形图形，得到的图像效果如图9-139所示。

图9-139 绘制矩形图形

步骤05 选择工具箱中的画笔工具，执行“窗口”|“画笔预设”命令，打开“画笔预设”面板，单击该面板右上角的三角形，在弹出的菜单中选择“方头画笔”命令，如图9-140所示，在弹出的提示对话框中单击“确定”按钮。

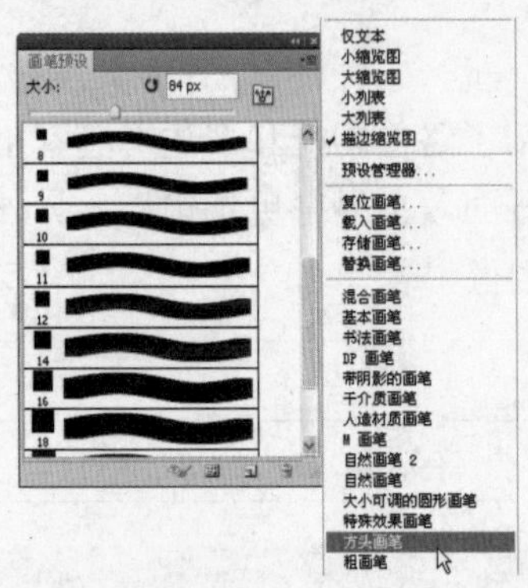

图9-140 新建文件

步骤06 执行"窗口"|"画笔"命令，打开"画笔"面板，选择一种方头画笔，设置画笔"大小"为18、"间距"为269，如图9-141所示。

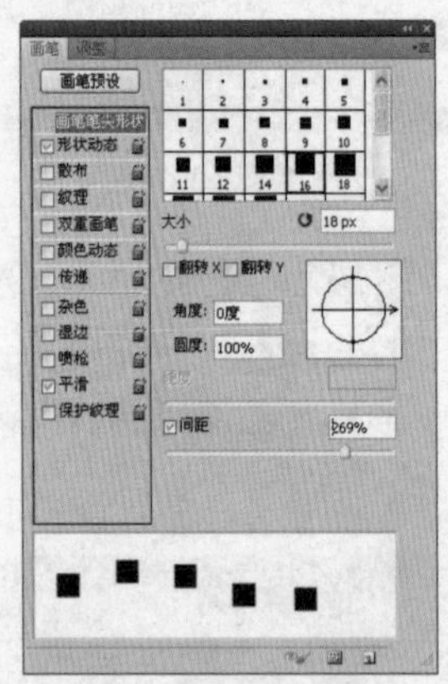

图9-141 填充颜色

步骤07 设置前景色为白色，然后切换到"路径"面板中，单击该面板下方的"用画笔描边路径"按钮，得到填充的图像效果如图9-142所示。

图9-142 描边路径

步骤08 打开"花朵.jpg"照片素材如图9-143所示，使用移动工具将花朵图像直接拖曳到当前文件中，然后执行"编辑"|"变换"|"缩放"命令，适当缩小图像，放置到浅蓝色矩形的左下角，得到的图像效果如图9-144所示。

图9-143 打开图像素材

图9-144 缩小图像

步骤09 单击"图层"面板下方的"添加图层蒙版"按钮，选择画笔工具，对花朵图像的边缘部分进行涂抹，使图像与浅蓝色背景自然地融合在一起，得到的图像效果如图9-145所示。

图9-145 隐藏部分图像

步骤10 新建一个图层，选择多边形套索工具绘制一个不规则选区，如图9-146所示，设置前景色为R251、G92、B168，填充选区为紫红色，然后按【Ctrl+D】组合键取消选区，效果如图9-147所示。

图9-146 绘制选区

图9-147 填充选区颜色

步骤11 使用多边形套索工具再绘制两个选区，分别填充为白色和黄色，效果如图9-148所示。

图9-148 填充图像

步骤12 在“图层”面板中设置该图层的不透明度为30%，得到的图像效果如图9-149所示。

图9-149 设置图像不透明度

步骤13 复制一次该图层，将得到的图像移动到画面的左上方，并改变其图层不透明度为20%，得到的图像效果如图9-150所示。

图9-150 复制图像

步骤14 执行“图像”|“调整”|“色相/饱和度”命令，打开“色相/饱和度”对话框，设置色相为-66，其余参数设置如图9-151所示。

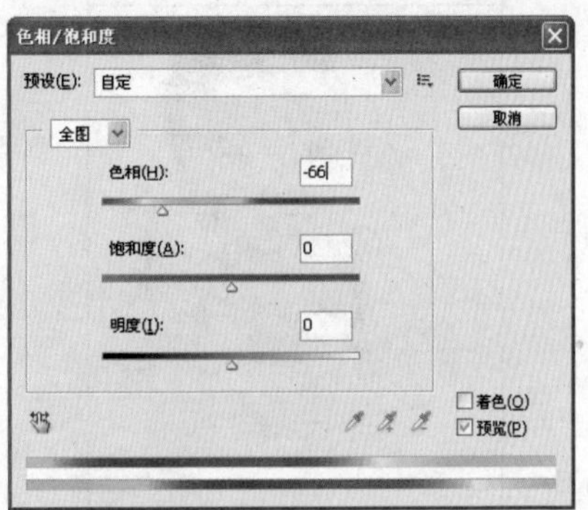

图9-151 调整图像颜色

步骤15 单击“确定”按钮返回到画面中，得到已经改变颜色的彩条图像效果如图9-152所示。

图9-152 改变图像颜色

步骤16 打开“儿童3.jpg”照片素材，如图9-153所示，然后选择魔棒工具，在属性栏中设置容差为15，再按【Shift】键单击照片素材中的背景图像，获取背景图像的选区，如图9-154所示。

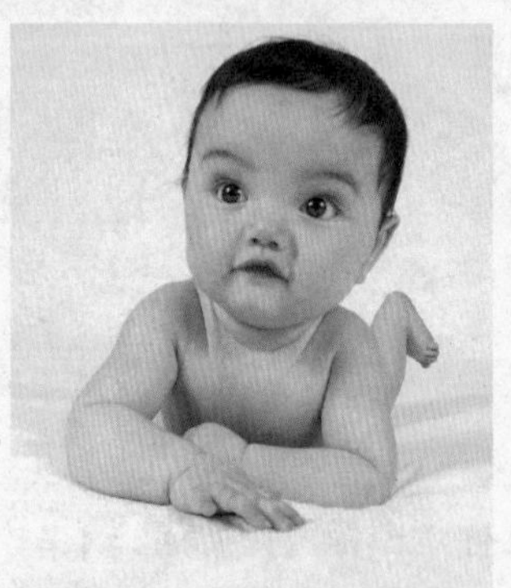
图9-153 素材照片

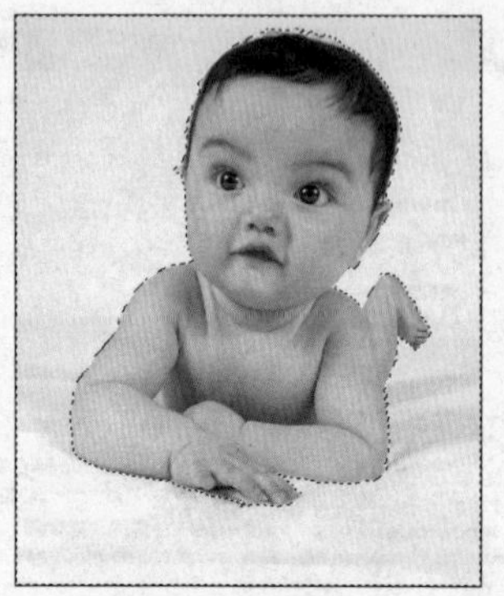
图9-154 获取选区

步骤17 执行“选择”|“反向”命令，获取人物图像的选区，在选区中单击，在弹出的菜单中选择“羽化”命令，设置羽化半径为2像素，如图9-155所示。

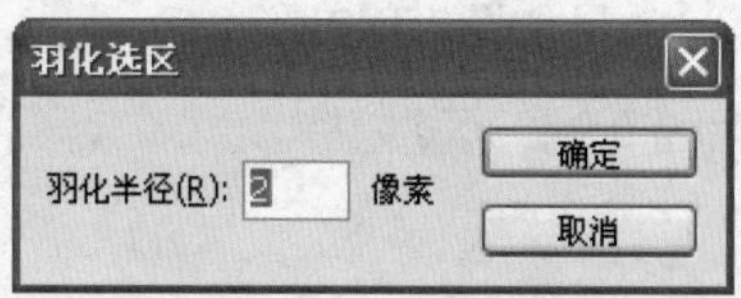

图9-155 设置羽化半径

步骤18 使用移动工具将选区中的图像拖动到当前文件中，适当调整图像大小后放置到如图9-156所示的位置。

图9-156 调整图像位置

步骤19 新建一个图层，选择自定形状工具，在属性栏中打开“自定形状”面板，选择“花6”图形，如图9-157所示。

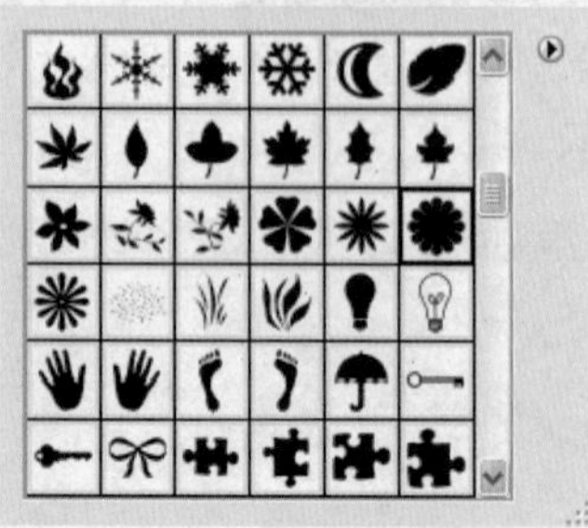
图9-157 选择图形

步骤20 在图像中绘制花瓣图形，并放置到画面的左上角如图9-158所示，然后按【Ctrl+Enter】组合键将路径转换为选区，并填充选区为黄色，得到的图像效果如图9-159所示。

图9-158 绘制花瓣图形

图9-159 填充颜色

步骤21 执行“图层”|“图层样式”|“投影”命令，打开“图层样式”对话框，设置投影颜色为R235、G82、B112，其余参数设置如图9-160所示。

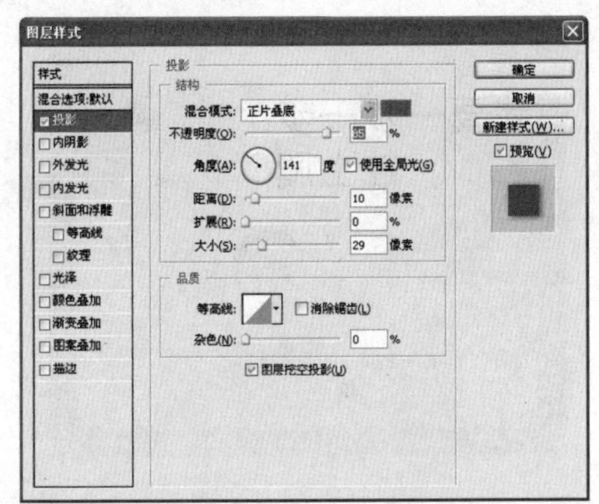

图9-160 设置投影参数

步骤22 选中该对话框左侧中的“内发光”复选框，设置内发光颜色为白色，其余参数设置如图9-161所示。

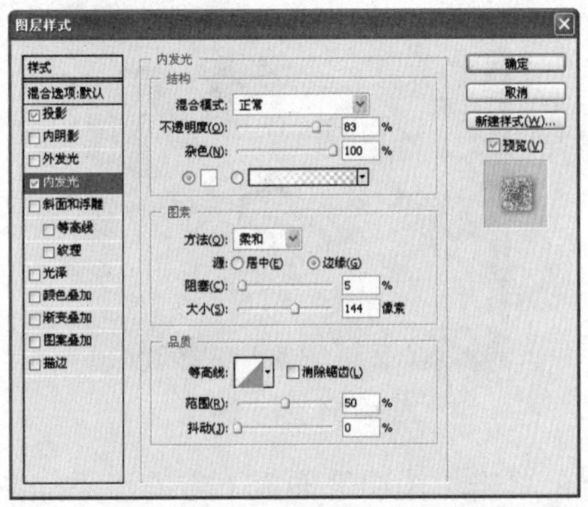

图9-161 设置内发光参数

步骤23 单击“确定”按钮返回到画面中，得到的图像效果如图9-162所示。

图9-162 添加图层样式后的效果

步骤24 打开“儿童4.jpg”照片素材，如图9-163所示。

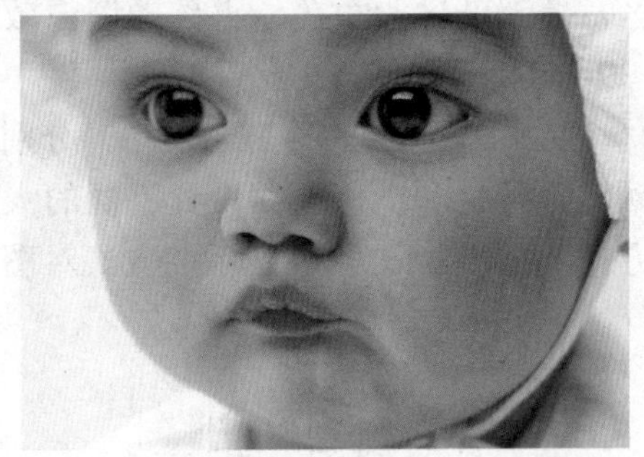
图9-163 打开照片素材

步骤25 使用移动工具将图像拖动到当前文件中，执行“编辑”|“变换”|“缩放”命令，将人物图像适当缩小，放置到花瓣图像中，如图9-164所示。

PART 09

图9-164 缩小图像

步骤26 单击“图层”面板下方的“添加图层蒙版”按钮，然后选择画笔工具涂抹画笔中的人物图像边缘，使人物图像自然地融合在花瓣图像中，效果如图9-165所示。

图9-165 隐藏边缘图像

步骤27 新建一个图层，选择自定形状工具，在属性栏中打开“自定形状”面板，选择“爪印（猫）”图形，如图9-166所示，在画面中绘制一个猫爪图形，转换为选区后填充选区为黄色，得到的图像效果如图9-167所示。

步骤28 在画面中绘制多个猫爪图像，分别填充颜色为黄色和白色，并设置不同的大小和方向，参照如图9-168所示的方式对图像进行排列。

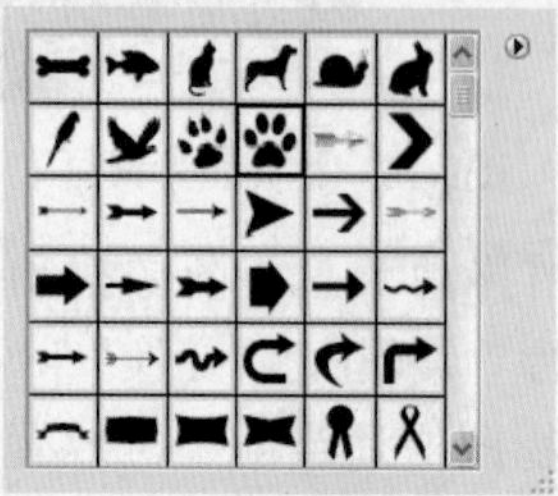
图9-166 选择图形

图9-167 绘制猫爪图形

图9-168 绘制多个猫爪图像

步骤29 选择横排文字工具T在图像左上方输入文字，将文字排列为两排，如图9-169所示，然后在属性栏中设置文字颜色为R255、G181、B39，字体为汉仪凌波简体，并将文字适当旋转。

图9-169 输入文字

步骤30 执行“图层”|“图层样式”|“投影”命令。然后打开“图层样式”对话框，设置投影颜色为R102、G0、B66，其

余参数设置如图9-170所示。然后单击“确定”按钮返回到画面中，得到的最终图像效果如图9-171所示。

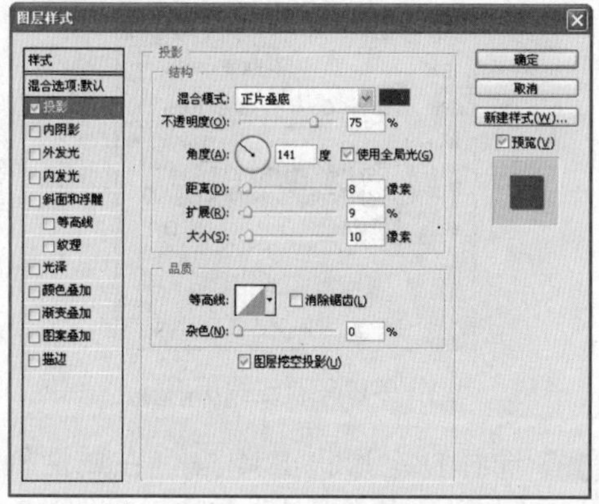

图9-170 设置投影参数

图9-171 最终图像效果

技巧提示

在制作投影时，除了可以添加“投影”图层样式外，还可以通过复制图层，填充颜色，略微向下移动得到投影效果。

实例117 星座天使

本实例将根据儿童的出生日期设计出一个星座天使的画面，并使整个画面显得活泼、简洁。实例效果如图9-172所示。

图9-172 实例效果

技法解析

本实例所制作的是一个星座天使的卡通画面，首先在绘制背景时运用了渐变填充，使画面有视觉上的变化，然后再添加多个不同颜色的图形做为背景中的点缀，再将人物图像裁剪成花瓣图形，并对花瓣图像进行投影设置，使其具有立体感，而文字的添加更能突现出整个设计的别致。

	实例路径	实例\第9章\星座天使.psd
	素材路径	素材\第9章\天使.jpg、文字.txt

步骤01 执行“文件”|“新建”命令，打开“新建”对话框，设置文件名称为星座天使、宽度为15厘米、高度为10厘米、分辨率为300像素/英寸，其余参数设置如图9-173所示。

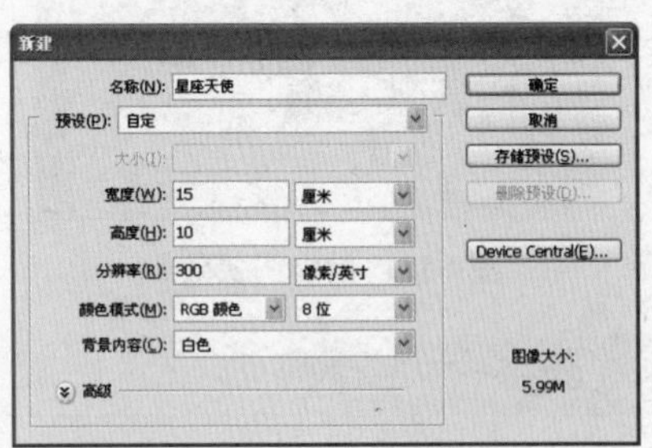

图9-173 新建文件

步骤02 选择工具箱中的渐变工具，然后单击属性栏中的渐变编辑条按钮，打开“渐变编辑器”对话框，设置渐变颜色为从R168、G83、B207到R255、G214、B254，如图9-174所示。

图9-174 设置渐变色

步骤03 单击属性栏中的“菱形渐变”按钮，从图像中间向右下角进行拉伸，得到渐变填充图像效果如图9-175所示。

图9-175 填充图像颜色

步骤04 单击“图层”面板下方的“创建新组”按钮，得到“组1”，然后在组1中新建图层1，如图9-176所示。

图9-176 新建图层组

步骤05 选择自定形状工具，在属性栏中打开“自定形状”面板，选择“蝴蝶”图形，如图9-177所示。

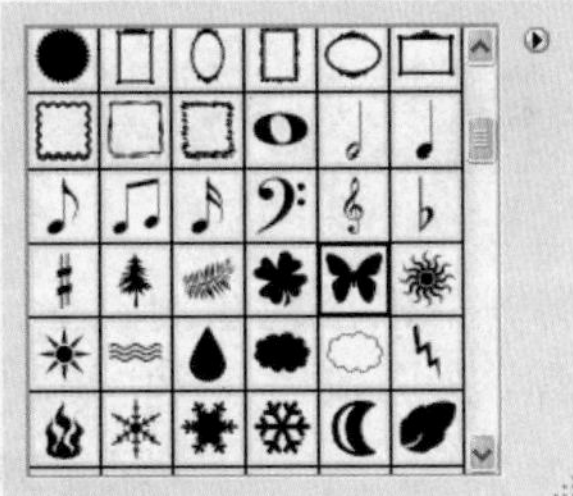

图9-177 选择图形

技巧提示

将图层进行层组是指将所需的多个图层放置在一个图层组中，以使面板变得有条不紊，方便操作。组创建后，图层组中的图层仍然以“图层”面板中的排列顺序在图像窗口中显示。

步骤06 在画面中绘制一个蝴蝶图形，然后按【Ctrl＋Enter】组合键将路径转换为选区，设置前景色为R213、G255、B82，填充选区颜色，并将蝴蝶图像放置到如图9-178所示的位置。

步骤07 多次复制图层1，分别改变复制的蝴蝶图像颜色与透明度，参照如图9-179所示的方式对图像进行排列。

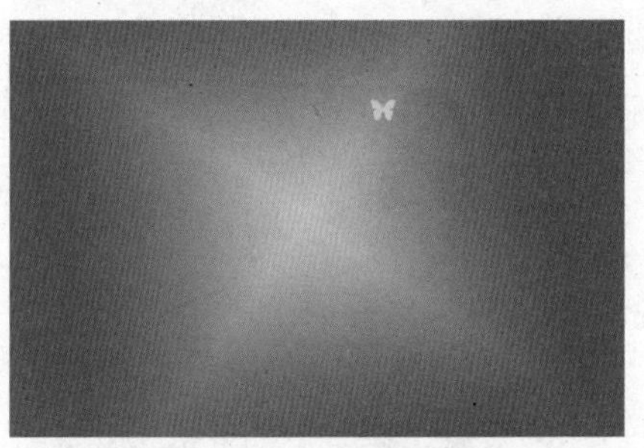
图9-178 绘制蝴蝶图像

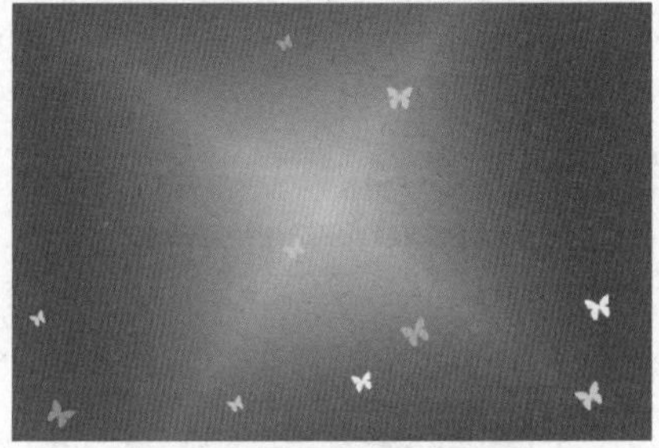
图9-179 复制多个蝴蝶图像

步骤08 再新建一个图层，在“自定形状”面板中选择“花4”图形，如图9-180所示。

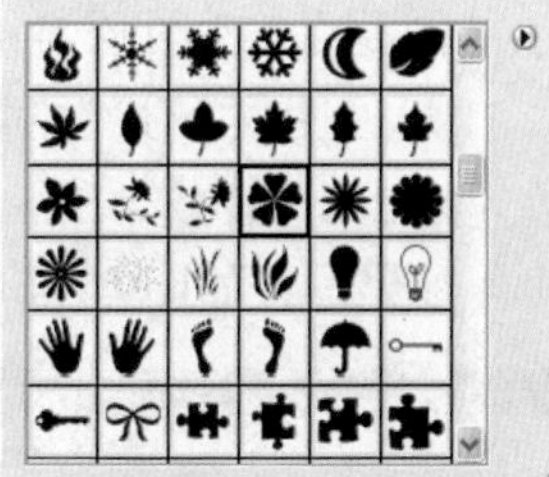
图9-180 选择图形

步骤09 在画面中绘制花瓣图形，将路径转换为选区，然后填充花瓣选区颜色为R82、G253、B255，如图9-181所示。

图9-181 填充选区

步骤10 复制多个花瓣图形，分别填充为浅蓝色和橘黄色，并调整图像不同程度的图层不透明度，参照如图9-182所示的样式对图像进行排列。

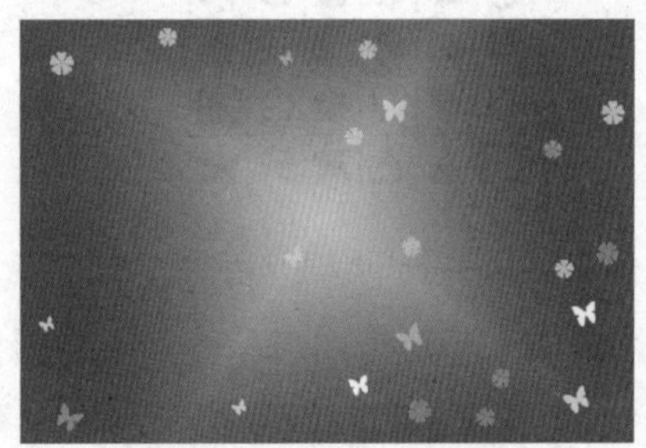
图9-182 复制多个花瓣图像

步骤11 打开“天使.jpg”照片素材，如图9-183所示，选择移动工具将天使图像直接拖动到当前图像文件中，执行“编辑”|“变换”|“缩放”命令适当放大图像，放置到如图9-184所示的位置。

图9-183 打开照片素材

图9-184 放大图像

步骤12 单击“图层”面板下方的“创建新图层”按钮，得到新建的图层4，选择自定形状工具，在属性栏中打开“自定形状”面板，选择“花1”图形，如图9-185所示。

图9-185 选择图形

步骤13 绘制一个花瓣图形，放到人物图像的位置，使人物图像的头部和肩部刚好被框住，效果如图9-186所示。

图9-185 绘制花瓣图形

步骤14 单击“路径”面板下方的“将路径做为选区载入”按钮，转换为选区后再按【Shift+Ctrl+I】组合键反选选区，如图9-187所示。

图9-187 反选选区

步骤15 按【Delete】键删除选区中的图像，然后再按【Shift+Ctrl+I】组合键获取花瓣图形的选区，如图9-188所示。

图9-188 获取选区

步骤16 为花瓣选区填充任意一个颜色，然后在“图层”面板中设置填充为0%，如图9-189所示。

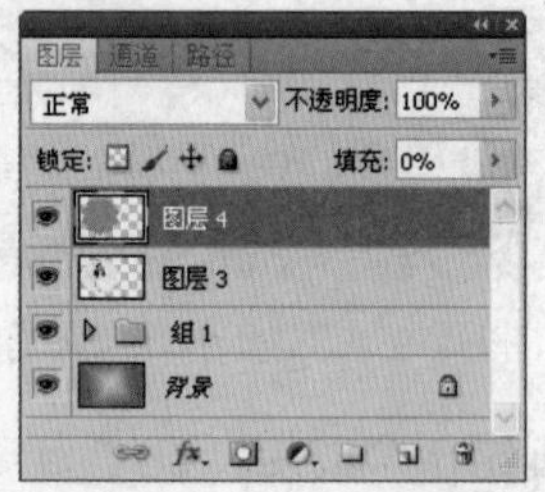

图9-189 设置图层填充度

步骤17 执行“图层”|“图层样式”|“描边”命令，打开“图层样式”对话框，设置描边颜色为R220、G142、B255，大小为27像素，其余参数设置如图9-190所示。

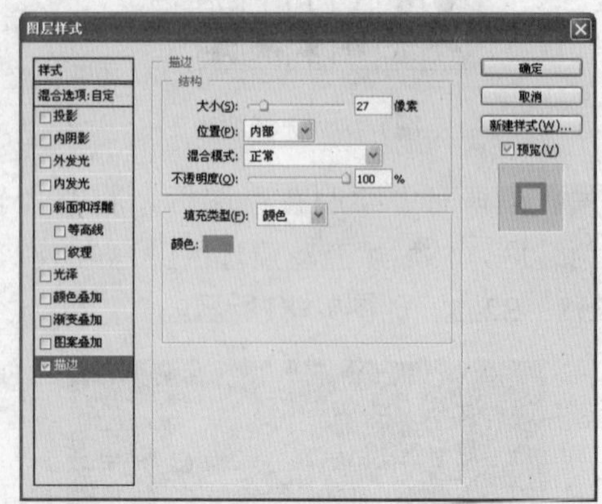

图9-190 设置描边属性

步骤18 此时得到的图像描边效果，如图9-191所示，在“图层样式”对话框中选中“投影”复选框，设置投影颜色为黑色，其余参数设置如图9-192所示。

图9-191 图像描边效果

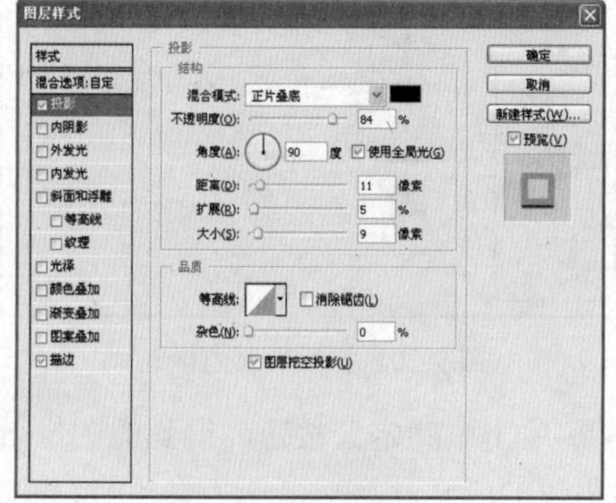

图9-192 设置投影样式

步骤19 选中“内阴影”复选框，设置内投影颜色为黑色，其余参数设置如图9-193所示。然后单击“确定”按钮返回到画面中，得到的图像效果如图9-194所示。

步骤20 新建一个图层，选择自定形状工具，在属性栏中打开“自定形状”面板选择“新月”图形如图9-195所示，在花瓣图像的右上角绘制月牙图形，然后转换为选区填充为黄色，得到的图像效果如图9-196所示。

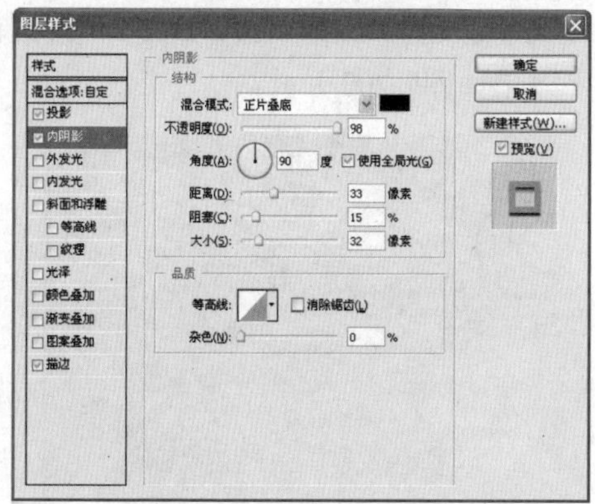

图9-193 设置内阴影样式

图9-194 添加图层样式效果

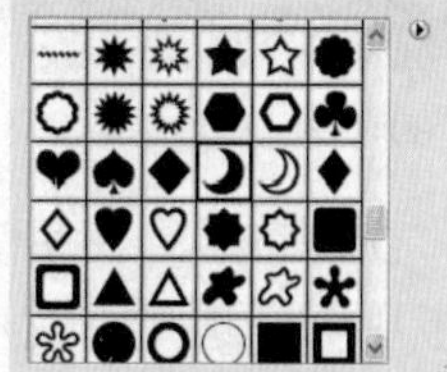

图9-195 选择图形

图9-196 填充图像颜色

步骤21 执行“图层”|“图层样式”|“描边”命令，打开“图层样式”对话框，设置描边颜色为R225、G88、B40，如图9-197所示。然后单击“确定”按钮，得到的图像效果如图9-197所示。

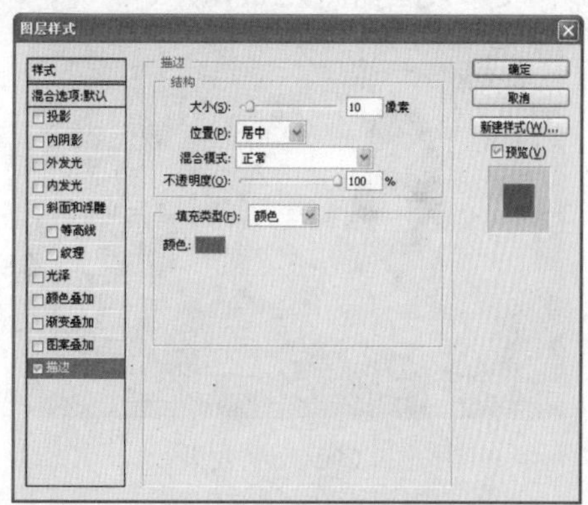

图9-197 设置描边样式

图9-198 图像描边效果

步骤22 使用自定形状工具，在属性栏中的“自定形状”面板中分别选择“花形装饰4”和“红桃”图形，绘制在画面中，填充为浅绿色和蓝色，分别设置描边样式，参照如图9-199所示的颜色和排列方式对图像进行处理。

图9-199 描边效果

步骤23 选择横排文字工具 T 在图像中输入文字“狮子座”，在属性栏中设置字体为汉仪嘟嘟体简，颜色为R92、G0、B134，得到的文字效果如图9-200所示。

图9-200 文字效果

步骤24 单击“图层”面板下方的“添加图层样式”按钮 fx，在弹出的菜单中选择“外发光”命令，打开“图层样式”对话框，设置外发光颜色为白色，其余参数设置如图9-201所示。

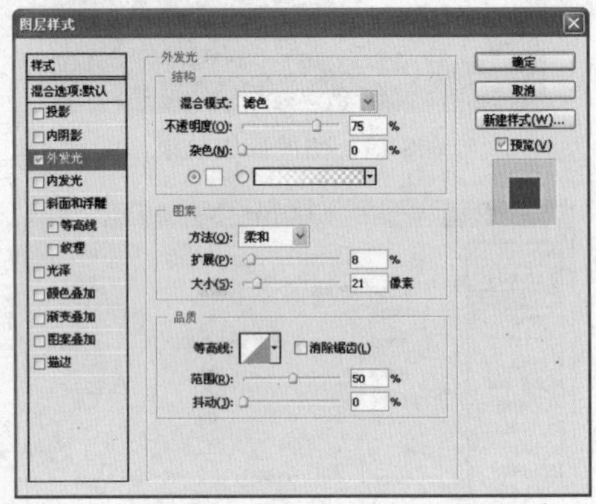

图9-201 设置外发光样式

步骤25 单击“确定”按钮，得到的图像效果如图9-202所示。

图9-202 文字效果

步骤26 再输入文字“7月23日－8月22日”，然后在属性栏中设置字体为汉仪哈哈简体，文字颜色为R92、G0、B134，得到的文字效果如图9-203所示。

图9-203 输入文字

步骤27 选择“狮子座”文字图层并单击，在弹出的菜单中选择“拷贝图层样式”命令，选择“7月23日-8月22日”文字图层并单击，在弹出的菜单中选择“粘贴图层样式”命令，得到文字外发光效果如图9-204所示。

图9-204 文字外发光效果

步骤28 设置前景色为黑色，打开“文字.txt”文件，将文档复制到当前文件中，参照如图9-205所示的样式进行排列得到最终图像效果。

图9-205 最终图像效果

技巧提示

文字工具属性栏中只包含了部分字符属性控制参数，而“字符”面板则集成了所有的参数控制，可以设置字体、字号、样式、颜色、字符间距、垂直缩放以及水平缩放等参数。

实例118 可爱女孩

本实例将为一个可爱的小女孩制作艺术写真图像，使整个画面显得可爱、活泼。实例效果如图9-206所示。

图9-206 实例效果

技法解析

本实例所制作的是可爱女孩，首先使用了矩形选区工具来绘制矩形，并调整不同程度的透明度，布满整个画面，然后添加人物图像和文字，并对人物图像应用动感模糊效果，最后对文字添加投影，使画面效果显得更加饱满。

	实例路径	实例\第9章\可爱女孩.psd
	素材路径	素材\第9章\女孩.jpg

步骤01 执行“文件”|“新建”命令，打开“新建”对话框，设置文件名称为可爱女孩、宽度为15厘米、高度为10厘米、分辨率为300像素/英寸，其余参数设置如图9-207所示。

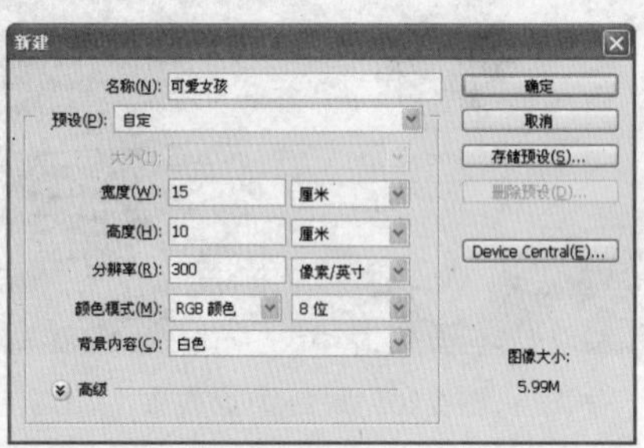

图9-207 新建文件

步骤02 设置前景色为R44、G89、B255，然后按【Alt+Delete】组合键填充图像颜色，得到的图像效果如图9-208所示。

图9-208 填充颜色

步骤03 新建图层1，选择矩形选框工具在画面中绘制一个矩形选区，并填充为白色，如图9-209所示。

图9-209 填充矩形选区

步骤04 在“图层”面板中设置图层1的不透明度为60%，如图9-210所示，得到的图像效果如图9-211所示。

图9-210 设置图层不透明度

图9-211 图像透明效果

步骤05 绘制多个不同宽度的矩形，都填充为白色，然后在“图层”面板中设置不同程度的不透明度，参照如图9-212所示的方式对矩形进行排列。

图9-212 绘制多个白色透明矩形

步骤06 新建一个图层，选择自定形状工具，单击属性栏中“形状”旁边的三角形按钮，在打开的“自定形状”面板中选择

“溅泼”图形，如图9-213所示。

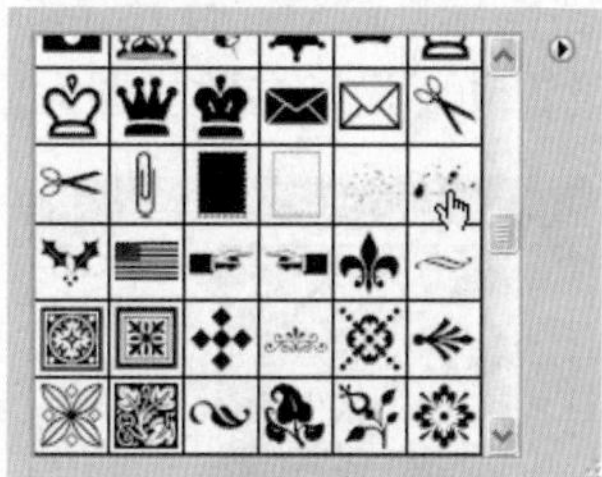

图9-213 选择图形

步骤07 单击属性栏中的“路径”按钮，在画面中绘制“贱泼图形”，效果如图9-214所示。

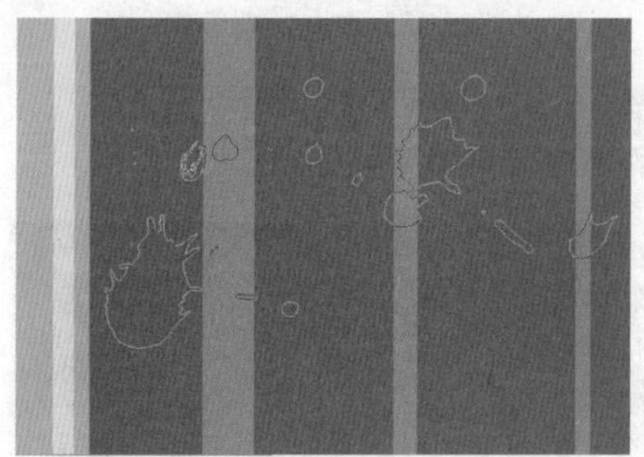

图9-214 绘制图形

步骤08 按【Ctrl＋Enter】组合键，将路径转换为选区，并填充为白色，得到的图像效果如图9-215所示。

图9-215 填充选区颜色

步骤09 在“图层”面板中设置图像不透明度为60%，如图9-216所示，得到的图像效果如图9-217所示。

步骤10 复制多个“溅泼图形”，并按【Ctrl＋T】组合键调整图像大小和方向，然后调整不同程度的透明度，参照如图9-218所示的样式进行排列。

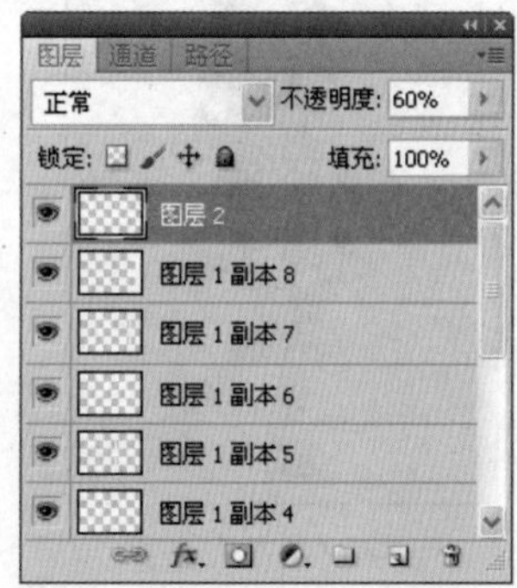

图9-216 设置图层不透明度

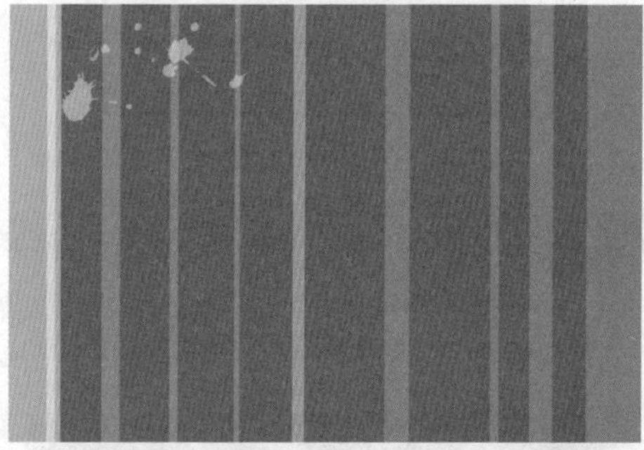

图9-217 图像效果

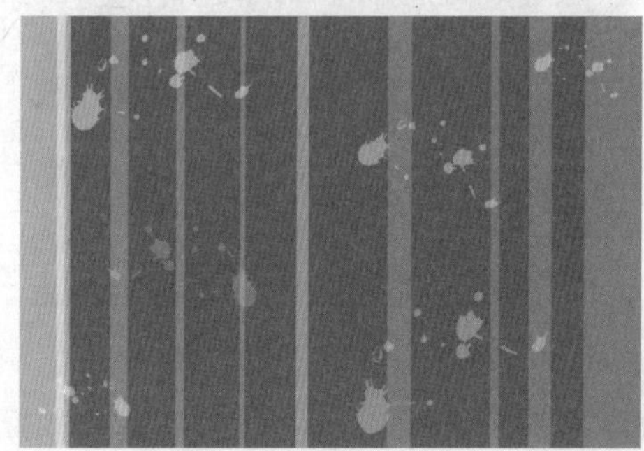

图9-218 复制多个图像

步骤11 按【Ctrl＋O】组合键，打开“女孩.jpg”照片素材，选择魔棒工具，在属性栏中设置“容差”为10，然后按【Shift】键对背景图像进行选择，如图9-219所示。

步骤12 执行“选择”|“反向”命令，获取人物图像选区，将鼠标光标放到选区中单击，在弹出的菜单中选择“羽化”命令，设置羽化半径为5像素，如图9-220所示。

图9-219 获取选区

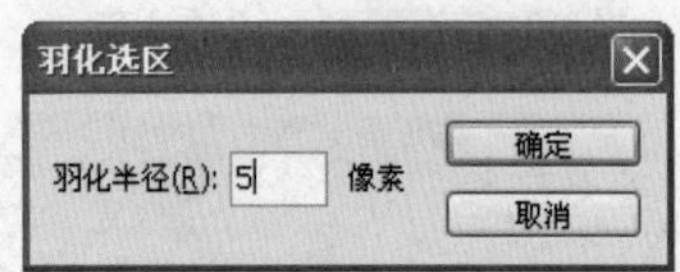

图9-220 设置羽化半径

步骤13 选择移动工具，将鼠标光标移动到选区中，拖动人物图像到当前文件中，适当调整大小后放置到如图9-221所示的位置。

图9-221 拖动人物图像

步骤14 此时“图层”面板自动生成图层3，复制一次图层3，得到图层3副本，如图9-222所示。

图9-222 复制图层

步骤15 选择图层3，执行“滤镜”|“模糊”|“动感模糊”命令，打开“动感模糊”对话框，设置动感模糊参数如图9-223所示。

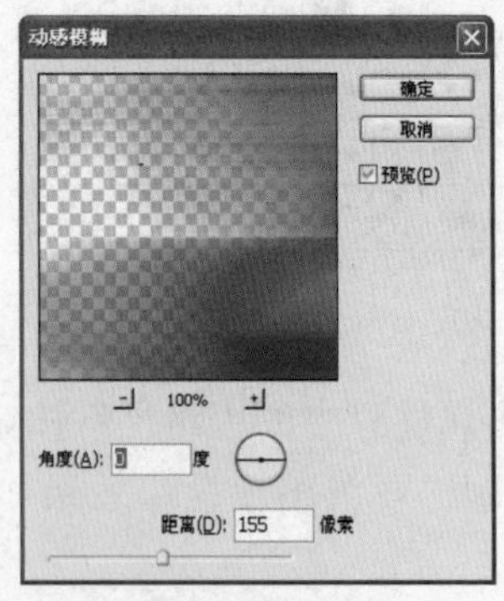

图9-223 设置模糊参数

步骤16 单击“确定”按钮返回到画面中，得到的图像效果如图9-224所示。

图9-224 图像模糊效果

步骤17 新建一个图层，选择自定形状工具，在属性栏中打开“自定形状”面板选择“雌性符号”，如图9-225所示。

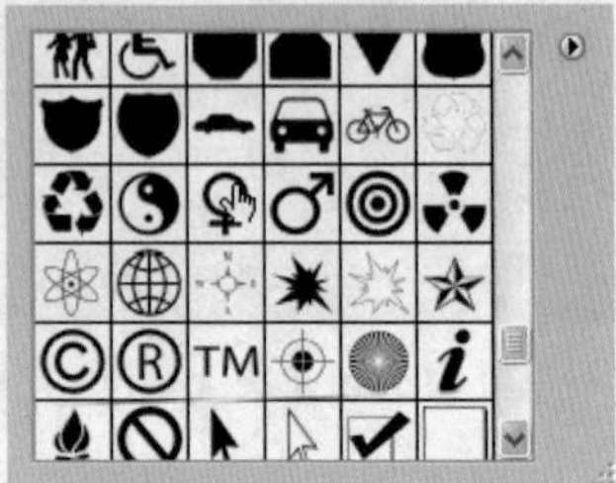

图9-225 选择图形

步骤18 在画面中绘制“雌性符号”，将路径转换为选区后填充为白色，并参照图7-226适当调整图像大小和方向。

图9-226 绘制图像

步骤19 执行"图层"|"图层样式"|"投影"命令，打开"图层样式"对话框，设置投影颜色为R0、G25、B115，其余参数设置如图9-227所示。

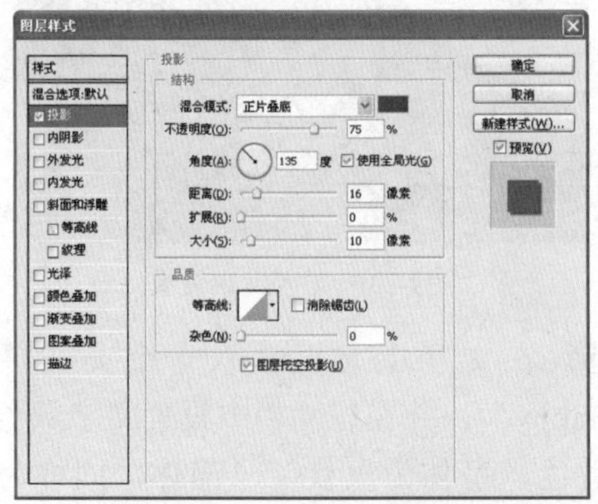

图9-227 设置投影参数

步骤20 单击"确定"按钮返回到画面中，得到的图像效果如图9-228所示。

图9-228 图像投影效果

步骤21 选择图层3副本，选择套索工具对人物头部绘制一个不规则选区，如图9-229所示，然后执行"图层"|"新建"|"通过拷贝的图层"命令，得到复制的图层，如图9-230所示。

图9-229 绘制不规则选区

图9-230 复制的图层

步骤22 使用移动工具将复制的人物图像放到"雌性符号"中，效果如图9-231所示。

图9-231 移动图像

步骤23 执行"编辑"|"变换"|"水平翻转"命令，然后按【Ctrl+T】组合键适当调整人物图像大小，得到的图像效果如图9-232所示。

步骤24 调整好人物图像后，单击"图层"面板下方的"添加图层蒙版"按钮，然后使用画笔工具对人物肩部图像进行涂抹，将超出白色"雌性符号"中的肩部图像隐藏，效果如图9-233所示。

图9-232 调整图像大小和位置

图9-233 隐藏部分图像

步骤25 选择横排文字工具，在画面下方输入文字“我的快乐心情”，然后在属性栏中设置文字颜色为白色、字体为汉仪丫丫简体，然后适当倾斜文字，放到画面的下方，得到的文字效果如图9-234所示。

图9-234 输入文字

步骤26 执行“图层”|“图层样式”|“投影”命令，打开“图层样式”对话框，设置投影颜色为黑色、混合模式为“正片叠底”，其余参数设置如图9-235所示。

27 单击“确定”按钮返回到画面中，得字投影效果如图9-236所示。

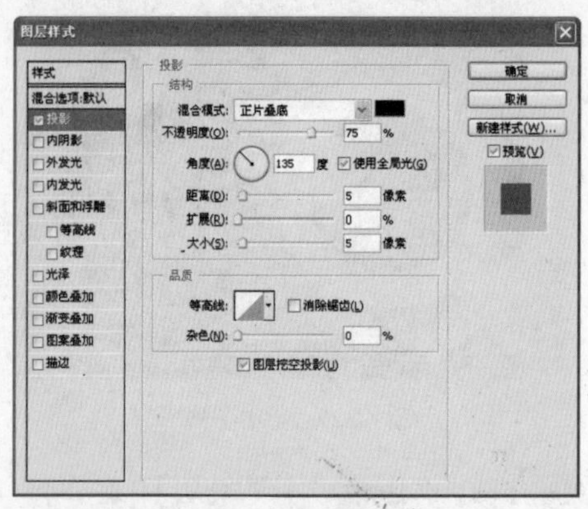

图9-235 设置投影参数

图9-236 文字投影效果

步骤28 在文字上方再输入一个英文单词“Happy”，并在属性栏中设置文字颜色为橘黄色、字体为汉仪丫丫简体，同样为文字添加投影样式，得到的最终图像效果如图9-237所示。

图9-237 最终图像效果

技巧提示

在“图层”面板中双击文本图层前面的缩略图，可以快速地选择该图层上的所有文本。